华章 IT

HZBOOKS | Information Technology

Mastering Data Analysis with R

R语言数据分析

[美] 盖尔盖伊·道罗齐（Gergely Daróczi） 著

潘怡 译

图书在版编目（CIP）数据

R 语言数据分析 /（美）盖尔盖伊·道罗齐（Gergely Daróczi）著；潘怡译 . —北京：机械工业出版社，2016.9

（数据分析与决策技术丛书）

书名原文：Mastering Data Analysis with R

ISBN 978-7-111-54795-2

I. R…　II. ①盖…　②潘…　III. ①程序语言 – 程序设计　②数据处理　IV. ① TP312 ② TP274

中国版本图书馆 CIP 数据核字（2016）第 233020 号

本书版权登记号：图字：01-2016-1891

R 语言数据分析

出版发行：机械工业出版社（北京市西城区百万庄大街 22 号　邮政编码：100037）

责任编辑：何欣阳　　责任校对：董纪丽

印　　刷：北京市荣盛彩色印刷有限公司　　版　　次：2016 年 10 月第 1 版第 1 次印刷

开　　本：186mm × 240mm　1/16　　印　　张：18.25

书　　号：ISBN 978-7-111-54795-2　　定　　价：69.00 元

凡购本书，如有缺页、倒页、脱页，由本社发行部调换

客服热线：（010）88379642　88361066　　投稿热线：（010）88379604

购书热线：（010）68326294　88379649　68995259　　读者信箱：hzit@hzbook.com

The Translator's Words 译者序

R 语言在数据分析与机器学习领域已经成为一款重要的工具，根据 Tiobe、PyPL 以及 Redmonk 等编程语言的人气排名结果显示，它所受到的关注程度正在快速提升，并成为统计领域最具人气的语言选项。了解并掌握 R 语言的编程开发，也就意味着我们能够更高效地分析和处理数据。

位于英国伯明翰的 Packt 公司是世界上发展最快、产品最丰富的技术书籍出版商之一，本书是 Packt 公司近年推出的又一本技术力作，全书一共分为 14 章，重点探讨了数据预处理的方法，包括数据获取、筛选、重构、建模、平滑以及降维，本书还介绍了分类和聚类等几种主要的数据分析方法，以及网络数据、时序数据、空间数据及社交媒体数据等一些特殊类型数据的分析处理。本书以数据科学家、R 开发人员和具备基础 R 语言知识的工程师为目标读者，通过阅读本书，读者能够更多地了解有关 R 的高级功能及工具，同时提高 R 语言的开发能力。为了照顾初学者，尽管作者没有过多地介绍 R 语言的基本知识，但依然很贴心地提供了相关的参考资料，以帮助读者快速进入角色并掌握相关技术。

本书作者盖尔盖伊 • 道罗齐（Gergely Daróczi）是一位狂热的 R 用户及开发人员，也是 rapporter.net 网站的创始人及 CTO，现就职于洛杉矶的 www.card.com 网站，担任首席 R 语言开发及研究的数据专家。受作者自身的研究背景影响，本书花了相当多的篇幅分析在数据预处理环节开发人员可能遇到的各类问题，并给出了多种经过实践证明的解决方案。书中所有源代码和实验数据在华章网站（www.hzbook.com）上都可以免费下载，相信阅读完本书并亲自动手实践完成所有案例方法后，读者将对在数据科学领域应用 R 语言有更深入的了解，也将对数据处理及分析有更多的领悟及体会。

本书能够得以出版，要感谢机械工业出版社的缪杰和何欣阳编辑，他们在翻译过程中给予了我很多建设性的指导意见。其次，还要感谢吴怡编辑，是她让我与机械工业出版社结缘。

由于教学科研需要，译者很早就已经接触了 R 语言，之前翻译《机器学习与 R 语言实战》一书，也让我获益匪浅，但由于学科发展速度日新月异，在翻译过程中我仍然遇到了一些问题，尽管在此期间我查阅了大量的文献及网络资源，并逐字逐句地对译稿进行了反复推敲和琢磨，但还是不可避免地存在错误和疏漏之处，还望各位读者不吝指正。

潘怡

2016 年 8 月

Preface 前　言

自 20 多年前发源于学术界以来，R 语言已经成为统计分析的通用语言，活跃于众多产业领域。目前，越来越多的商业项目开始使用 R，兼之 R 用户开发了数以千计易于上手的开发包，都使得 R 成为数据分析工程师及科学家最常用的工具。

本书将帮助读者熟悉 R 语言这一开源生态系统，并介绍一些基本的统计背景知识，以及一小部分相关的数学知识。我们将着重探讨使用 R 语言解决实际的问题。

由于数据科学家在数据的采集、清洗及重构上将耗费大量时间，因此本书首先将通过第一手实例来重点探讨从文件、数据库以及在线资源中导入数据的方法，然后再介绍数据的重构和清洗——不包含实际的数据分析，最后几章将对一些特殊的数据类型以及经典的统计模型和部分机器学习算法进行说明。

本书主要内容

第 1 章从与所有数据相关项目都有关的关键性的第一步——从文本文件和数据库中导入数据开始。重点探讨使用优化的 CSV 分析器把数据载入 R，预筛选数据，并对不同数据库后台对 R 的支持能力进行比较。

第 2 章介绍如何使用面向 Web 服务和 API 通信的包实现数据的导入，包括如何从主页上整理和抽取数据。还将对处理 XML 和 JSON 格式数据进行概括性说明。

第 3 章继续介绍基础的数据处理知识，包括多种数据筛选和聚集，并对 data.table 和 dplyr 这两个常见开发包在性能和使用语法方面进行比较。

第 4 章介绍更多有关复杂数据类型的转换方法，相关函数包括处理数据子集、数据合并、长宽表数据格式到适合用户需要的工作流源数据格式之间的转换等。

第 5 章开始介绍真实的统计模型，包括回归的概念、常用回归模型等。这一章篇幅不长，还介绍了模型测试的方法以及基于真实数据集如何解释某个多元线性回归模型结果。

第 6 章在前述章节的基础上，探讨了预测变量的非线性关联，以及诸如逻辑回归和泊松回归等广义线性模型的样例。

第 7 章介绍一些新的非结构化数据类型，读者将通过实践文本挖掘算法及对结果的可视化处理，了解使用统计模型来处理类似这样一些非结构化数据的方法。

第 8 章探讨有关原始数据集的另一个常见问题。大多数时候，数据科学家需要处理脏数据，包括去掉错误数据、孤立点以及其他不正确的值，同时又要将缺失值带来的影响降到最低。

第 9 章介绍如何从大数据中进行特征提取，假设我们已经装载了一个干净的数据集，并且完成了格式转换，当我们开始处理高维变量时，需要采用一些统计方法来进行降维以及其他包括主成分分析、因子分析和多维尺度分析等方法完成连续变量的转换。

第 10 章讨论使用监督及非监督统计和机器学习方法来处理样本分组问题。这些方法包括层次聚类、k 均值聚类、潜类别模型、判别分析、逻辑回归和 k 近邻算法，以及分类树和回归树。

第 11 章重点探讨一类特殊的数据结构，包括其基本概念以及可视化网络分析技术，igraph 包是该章的重点。

第 12 章展示如何通过平滑、季节性分解以及 ARIMA 等方法处理分析时间 - 日期数据及其相关值，同时还将讨论有关预测和孤立点检测等技术。

第 13 章探讨一类重要的数据维度——空间维，重点会放在通过主题图、交互图、等高线和冯洛诺伊图完成空间数据的可视化。

第 14 章提供了一个更完整的样例，该样例中包含了很多前述章节中提到的方法来帮助读者复习这本书所学习到的主要内容，以及应对未来工作中可能遇到的问题和困难。

附录给出了 R 语言的帮助索引，以及对前述章节中涉及内容的补充阅读。

阅读准备

本书所展示的代码都应该在 R 控制台内运行，读者需要事先安装好 R，可以从 http://r-project.org 下载免费软件以及为所有主流操作系统准备的安装指南。

本书并不会探讨其他更深入的内容，例如在集成开发环境（Integrated Development Environment IDE）下使用 R 的方法，尽管 IDE 为诸如 Emacs、Eclipse、vi、NotePad++ 都提供了非常棒的插件和扩展。当然，我们还是建议读者能够使用 RStudio，这是一个为 R 开发的开源免费 IDE，访问地址为 https://www.rstudio.com/products/RStudio。

除了基础的 R 包，我们还会使用到部分用户自己提供的 R 包，它们大多都可以很容易地从 R 综合典藏网（Comprehensive R Archive Network，CRAN）处下载安装。附录中列出了本书用到的开发包以及多个版本。

如果要从 CRAN 安装包，读者要确保网络通畅。假如要下载二进制文件，可以在 R 控制台调用 install.packages 命令：

```
> install.packages('pander')
```

本书中所提到的部分包在 CRAN 上下载不了，但也许可以从 Bitbucket 或者 GitHub 处找到安装文件，然后再通过调用 devtools 包的 install_bitbucket 和 install_github 函数完成安装。Windows 用户则需首先从 https://cran.r-project.org/bin/windows/Rtools 处安装 rtools 包。

安装完毕后，我们应该在使用包之前先将其装载到 R 会话中，附录中列出了所有包的目录，而每一章的一开始则对相关的源码和 R 命令做了介绍：

```
> library(pander)
```

我们极力建议读者下载安装本书的样例源码（可以参考前言的“样例源码下载”小节），这样读者就可以在 R 控制台很容易地复制和粘贴相关命令，而不需要再按照书中文字输入代码。

如果读者之前没用过 R 语言，最好能够先从 R 主页上阅读一些免费的介绍性文章和帮助手册，本书附录中也列出了一些推荐阅读材料。

读者人群

如果你是数据科学家或者是 R 开发人员，希望更多地了解有关 R 的高级功能及工具，那么这本书就是为你而写。本书希望读者已经具备基础的 R 语言知识，了解数据库的逻辑。如果你是数据科学家、工程师或分析师，希望提高自己对 R 语言的开发能力，那么这本书也适合你。尽管需要掌握一些基本的 R 知识，本书还是为你提供了相关参考文档，能够帮助你快速进入角色并掌握相关技术。

本书约定

本书中任何将在 R 控制台输入或输出的命令行将采用如下格式：

```
> set.seed(42)
> data.frame(
+   A = runif(2),
+   B = sample(letters, 2))
          A B
1 0.9148060 h
2 0.9370754 u
```

符号“>”有提示的意思，指此处 R 控制台正在等待要输入执行的命令。如果命令长度超过一行，则第一行还是用“>”开头，但剩下的其余行都要在行首添加符号“+”，代表该行不是一个完整的命令（例如，缺圆括号或引号）。命令的输出不需要增加任何首字母，字体采用和输入文本相同的等宽字体。

新出现的术语和重要的文字将用粗体表示。

警告或重要提示将跟在这样的符号后面。

小窍门或诀窍将跟在这样的符号后面。

样例源码下载

你可以从 http://www.packtpub.com 通过个人账号下载你所购买书籍的样例源码。如果你是从其他途径购买的，可以访问 http://www.packtpub.com/support，完成账号注册，就可以直接通过邮件方式获得相关文件。

你也可以访问华章图书官网：http://www.hzbook.com，通过注册并登录个人账号，下载本书的源代码。

下载书中彩图

我们还为读者准备了一个 PDF 文件，该文件包含了本书所有截图和样图，可以更好地帮助读者理解输出的变化。你可以从以下地址下载：

http://www.packtpub.com/sites/default/files/downloads/1234OT_ColorImages.pdf

Contents 目录

第1章 Chapter 1

你好，数据！

大多数R项目都必须从数据导入到R的会话中开始，由于R语言能够支持多种文件格式和数据库后台，因此可以使用相当多的数据导入方法。本章，我们不会再讨论基础的数据结构，因为你应该已经对它们非常熟悉了。本章的重点将放在大数据集的导入以及处理一些特殊的文件类型。

> 如果读者希望对标准工具做一个粗略的回顾，复习一下普通类型数据导入的方法，可以参考官方有关CRAN介绍的手册，地址为：http://cran.r-project.org/doc/manuals/R-intro.html#Reading-data-from-files，或者访问Rob Kabacoff的Quick-R站点：http://www.statmethods.net/input/importingdata.html，该网站总结了大多数R任务中将使用的关键字和提示信息列表，更多相关内容，请参考本书附录。

尽管R语言拥有其自己的（序列化）二进制RData及rds文件格式类型，这种文件格式也可以非常方便地被R用户用来存放R对象的元数据信息。但大多数时候，我们还是需要能够处理一些由我们的客户或老板要求使用的其他类型数据。

平面文件是这其中最常见的一类数据文件，在这样的文件中，数据存放在简单的文本文件中，数据值之间通常会以空格、逗号，或者更常见的分号隔开。本章将对R语言提供的几种用于装载这些类型文档的方法展开讨论，并就哪种方法最适合于导入大数据集进行测试。

某些时候，我们也可能仅对一个数据集的子集感兴趣，并不需要对整个数据集进行处理。由于数据存放在数据库时都是以结构化的方式进行预处理的，因此，我们可以只使用简单并且有效的命令就可以查询得到我们需要的子集。本章1.4节将着重探讨三类最常用的数据库系统（MySQL、PostgreSQL和Oracle）与R进行交互的方法。

除了对部分常用工具以及其他一些数据库后台进行一个简要说明外，本章还将展示如何将 Excel 电子表格导入到 R 中，这种导入并不需要事先将电子表格文件转换为 Excel 文本文件或 Open/LibreOffice 格式文件。

当然，本章要讨论的内容绝不仅仅局限于文件格式、数据库连接以及类似一些让人提不起兴趣的内容。不过，请记住数据分析工程师总是首先从导入数据起步，这一部分的工作是不可回避的，必须要保证我们的机器和统计环境在进行实际的分析之前首先先弄清楚数据的结构。

1.1 导入一个大小合适的文本文件

本章的标题也可以换成“你好，大数据！”因为本章主要探讨如何将大数据装载到 R 会话中。但是，到底什么是大数据呢？究竟在 R 中处理多大规模的数据量会比较困难呢？合适的规模怎么定义呢？

R 原本是为处理单机规模的数据而设计的，因此比较适合数据集规模小于实际可用的 RAM 大小的情况，但要注意有时候我们必须考虑在做一些计算操作时，程序对内存的需求会增加，例如主成分分析。在本节中，将这类规模的数据集称为大小合适的数据集。

在 R 中完成从文本导入数据的操作非常简单，可以调用 read.table 函数来处理任何规模合适的数据集，唯一要考虑的就是数据读写所需的时间。例如，25 万行的数据集？可以参见：

```
> library('hflights')
> write.csv(hflights, 'hflights.csv', row.names = FALSE)
```

注意，我们对本书所有的 R 命令及其输出都采用特殊格式的文本显示。其中，R 命令以符号“>”开始，属于同一命令的不同行之间以“+”连接，与 R 控制台的处理方式类似。

没错，我们刚刚从 hflights 包中将 18.5MB 大小的文本文件下载到硬盘上，该文件包括了 2011 年从休斯顿（Houston）起飞的航班的部分数据：

```
> str(hflights)
'data.frame':  227496 obs. of  21 variables:
 $ Year             : int  2011 2011 2011 2011 2011 2011 2011 ...
 $ Month            : int  1 1 1 1 1 1 1 1 1 1 ...
 $ DayofMonth       : int  1 2 3 4 5 6 7 8 9 10 ...
 $ DayOfWeek        : int  6 7 1 2 3 4 5 6 7 1 ...
 $ DepTime          : int  1400 1401 1352 1403 1405 1359 1359 ...
 $ ArrTime          : int  1500 1501 1502 1513 1507 1503 1509 ...
 $ UniqueCarrier    : chr  "AA" "AA" "AA" "AA" ...
 $ FlightNum        : int  428 428 428 428 428 428 428 428 428 ...
 $ TailNum          : chr  "N576AA" "N557AA" "N541AA" "N403AA" ...
 $ ActualElapsedTime: int  60 60 70 70 62 64 70 59 71 70 ...
 $ AirTime          : int  40 45 48 39 44 45 43 40 41 45 ...
```

```
 $ ArrDelay          : int  -10 -9 -8 3 -3 -7 -1 -16 44 43 ...
 $ DepDelay          : int  0 1 -8 3 5 -1 -1 -5 43 43 ...
 $ Origin            : chr  "IAH" "IAH" "IAH" "IAH" ...
 $ Dest              : chr  "DFW" "DFW" "DFW" "DFW" ...
 $ Distance          : int  224 224 224 224 224 224 224 224 224 ...
 $ TaxiIn            : int  7 6 5 9 9 6 12 7 8 6 ...
 $ TaxiOut           : int  13 9 17 22 9 13 15 12 22 19 ...
 $ Cancelled         : int  0 0 0 0 0 0 0 0 0 0 ...
 $ CancellationCode  : chr  "" "" "" "" ...
 $ Diverted          : int  0 0 0 0 0 0 0 0 0 0 ...
```

用 hflight 包我们能非常方便地处理海量航线数据的子集，该数据集源自美国交通统计局的研究和创新技术局提供的海量航班数据集的子集，原始数据集中包括了自 1987 年以来，所有 US 航班的计划及实际出发 / 到达时间和其他一些我们可能感兴趣的信息。该数据集经常被用于验证机器学习及大数据技术。更多有关该数据集的详细内容，可以参考以下网址来获得有关列的描述以及其他元数据的内容：http://www.transtats.bts.gov/DatabaseInfo.asp?DB_ID=120&Link=0.

我们将使用这个包括了 21 列数据的数据集作为数据导入的测试平台。例如，使用 read.csv 测试导入 CSV 文件的时间。

```
> system.time(read.csv('hflights.csv'))
   user  system elapsed
  1.730   0.007   1.738
```

从某个 SSD 站点下载这些数据大约需要 1.5 秒，相对来说耗时还算可以接受。我们可以指定列数据的转换类型而不采用默认的 type.convert（参见 read.table 的文档获得更多详细信息，在 SatckOverflow 的搜索结果也表明有关 read.csv 的问题看起来是大家都很关心也经常提问的内容）来提高速度。

```
> colClasses <- sapply(hflights, class)
> system.time(read.csv('hflights.csv', colClasses = colClasses))
   user  system elapsed
  1.093   0.000   1.092
```

这个结果已经好了很多！但它可信吗？在使用 R 语言掌握数据分析的道路上，我们还将实践更多可靠的测试——对同一任务重复 *n* 次测试，然后再对仿真结果进行汇总。通过这个方法，我们可以得到关于数据的多种观测结果，并将它们用于分析确定结果中的统计的显著差异。microbenchmark 包就为类似任务提供了一个非常好的框架：

```
> library(microbenchmark)
> f <- function() read.csv('hflights.csv')
> g <- function() read.csv('hflights.csv', colClasses = colClasses,
+                          nrows = 227496, comment.char = '')
```

```
> res <- microbenchmark(f(), g())
> res
Unit: milliseconds
 expr       min        lq   median       uq      max neval
  f() 1552.3383 1617.8611 1646.524 1708.393 2185.565   100
  g()  928.2675  957.3842  989.467 1044.571 1284.351   100
```

我们定义了两个函数：函数 f 为 read.csv 的默认设置，在函数 g 中，我们对之前两列数据类型进行了更新以提高执行效率。其中，参数 comment.char 将通知 R 不需要在被导入的文件中寻找注释，参数 comment.char 确定了从文件中导入的行数，以节约导入操作所需的部分时间和空间。将 stringAsFactors 设置为 FALSE 也可以提高一点文件导入速度。

使用一些第三方工具可以确定要导入的文本文件的行数，例如 Unix 上的 wc，或使用 R.utils 包中自带的 countLines 函数，不过后者速度要稍微慢一点。

回到对结果的分析中，我们可以在图形中来展现中位数以及一些其他相关统计值，这些结果都是默认运行 100 次所得：

```
> boxplot(res, xlab = '',
+   main = expression(paste('Benchmarking ', italic('read.table'))))
```

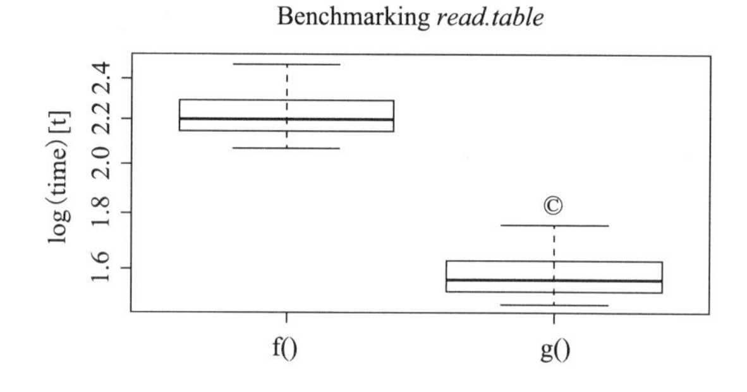

两者之间的差异看起来非常明显（读者也可以通过其他一些统计实验来验证这个结果），仅通过 read.table 函数的参数调优，我们就将性能提高了 50% 以上。

规模大于物理内存的数据集

如果从 CSV 文件中导入的数据集大小超过了机器的物理内存，可以调用一些专为这类应用而设计的用户开发包。例如，sqldf 包和 ff 包都支持基于特定数据类型以 chunk 到 chunk 方式装载数据集。前者使用 SQLite 或者类似 SQL 的数据库后台，而后者则使用与 ffdf 类对应的数据框将数据存储到硬盘上。bigmemory 包也提供了类似的功能。稍后将介绍相关的样例（可用于测试）：

```
> library(sqldf)
> system.time(read.csv.sql('hflights.csv'))
   user  system elapsed
```

```
   2.293   0.090   2.384
> library(ff)
> system.time(read.csv.ffdf(file = 'hflights.csv'))
   user  system elapsed
  1.854   0.073   1.918
> library(bigmemory)
> system.time(read.big.matrix('hflights.csv', header = TRUE))
   user  system elapsed
  1.547   0.010   1.559
```

请注意 bigmemory 包的 read.big.matrix 函数，其参数 header 默认值为 FALSE，因此在读者使用自己的测试数据平台时应首先阅读相关函数的帮助手册，因为部分函数也和 read.table 一样支持参数调优。更多相关案例，请参考“High-Performance and Parallel Computing with R CRAN Task View”中“ Large memory and out-of-memory data”的内容，地址为：http://cran.r-project.org/web/views/HighPerformanceComputing.html。

1.2　文本文件编译测试平台

从平面文件处理和导入一定规模的数据集到 R 还可以使用 data.table 包。该开发包语法格式与传统基于 S 的 R 语言不同，它也拥有大量的参考文档、页面以及针对各类数据库行为设计的令人印象深刻的优化操作的案例。我们将在本书第 3 章以及第 4 章中讨论类似应用和案例。

它提供了一个经用户优化后的 R 函数来处理文本文件：

```
> library(data.table)
> system.time(dt <- fread('hflights.csv'))
   user  system elapsed
  0.153   0.003   0.158
```

相对之前的样例，数据的导入速度非常快，算法的处理结果存放在特定的 data.table 类中，如果有必要可以将其转换成传统的 data.frame 类型：

```
> df <- as.data.frame(dt)
```

或者使用 setDF 函数，该函数也提供了非常快速和恰当的对象转换方法，这种转换并不需要将数据先复制到内存中。同样，也需要注意：

```
> is.data.frame(dt)
[1] TRUE
```

以上操作意味着 data.table 对象可以被当作 data.frame 类型并采用传统方式对其进行处理。保持导入的数据格式不变还是将其转换为 data.frame 类型要依据之后具体操作要求而确定。数据的聚集、合并和重构使用 data.table 格式的对象，其操作速度要比使用数据框这一标准的 R 数据格式更快。另外，用户也需要了解 data.table 的数据格式语法，例如，DT[i, j, by] 表示告诉 R “用 i 来选出行的子集，并计算通过 by 来分组的 j”，我们将在第 3 章讨论相关语法。

现在，让我们比较一下之前提到的这些数据导入方法，到底它们有多快？最终的赢家看起来应该是 data.table 包中的 fread 函数。我们将通过设计下列测试函数来确定一些待测试的方法：

```
> .read.csv.orig   <- function() read.csv('hflights.csv')
> .read.csv.opt    <- function() read.csv('hflights.csv',
+     colClasses = colClasses, nrows = 227496, comment.char = '',
+     stringsAsFactors = FALSE)
> .read.csv.sql    <- function() read.csv.sql('hflights.csv')
> .read.csv.ffdf   <- function() read.csv.ffdf(file = 'hflights.csv')
> .read.big.matrix <- function() read.big.matrix('hflights.csv',
+     header = TRUE)
> .fread           <- function() fread('hflights.csv')
```

现在，为了节约一些时间，我们将以上这些函数各运行 10 次，而不是像之前进行数百次的迭代操作：

```
> res <- microbenchmark(.read.csv.orig(), .read.csv.opt(),
+   .read.csv.sql(), .read.csv.ffdf(), .read.big.matrix(), .fread(),
+   times = 10)
```

然后，按规定字体大小输出测试结果：

```
> print(res, digits = 6)
Unit: milliseconds
               expr      min       lq   median       uq      max neval
   .read.csv.orig() 2109.643 2149.32 2186.433 2241.054 2421.392    10
    .read.csv.opt() 1525.997 1565.23 1618.294 1660.432 1703.049    10
    .read.csv.sql() 2234.375 2265.25 2283.736 2365.420 2599.062    10
   .read.csv.ffdf() 1878.964 1901.63 1947.959 2015.794 2078.970    10
 .read.big.matrix() 1579.845 1603.33 1647.621 1690.067 1937.661    10
           .fread()  153.289  154.84  164.994  197.034  207.279    10
```

注意，这里我们处理的数据集大小都没超过实际物理内存，其中一些开发包被设计为能够处理大规模的数据集。这意味着，如果对 rcad.tablc 进行优化，能够获得比默认配置更好的处理性能。因此，如果要快速导入规模合适的数据集，推荐使用 data.table 包。

1.3 导入文本文件的子集

某些时候，我们仅需要一部分存放在数据库或文本文件中的数据用来进行数据分析。此时，如果处理对象范围仅包括数据框中和应用相关的数据子集，其处理速度将比我们之前讨论过的那些特定开发包和性能优化程序更快。

假设我们仅对飞往纳什维尔的航班感兴趣，因为 2012 年在那召开了 useR! 的大会，那我们仅需要 CSV 文件中 Dest 属性为 BNA 的记录（BNA 为国际航空运输协会为纳什维尔规定的国际空港编号）。

与其先花将近 2000 毫秒导入所有的数据（如前述小节所述），然后再去掉不符合要求的行（参见第 3 章），不如让我们看看在数据装载时就对其进行筛选的处理方法。

可以使用前面提到的 sqldf 包来解决这个问题。通过设置 SQL 语句的内容来完成数据的筛选：

```
> df <- read.csv.sql('hflights.csv',
+   sql = "select * from file where Dest = '\"BNA\"'")
```

参数 sql 默认为“select * from file”，即从数据集中选择所有数据。现在，在此基础上增加一个筛选条件。注意，我们对更新后的 SQL 语句中查找条件上增加了双引号，因为 sqldf 不能自动识别出双引号，只会将其作为域的一部分处理。我们也可以在类 Unix 系统中通过一个特制的用户筛选参数，如下例所示来解决这个问题：

```
> df <- read.csv.sql('hflights.csv',
+   sql = "select * from file where Dest = 'BNA'",
+   filter = 'tr -d ^\\" ')
```

处理得到的结果数据框包含了从 227 496 个记录中筛选出的 3481 个样本值，而使用临时的 SQLite 数据库来进行筛选也能提高一点点导入速度：

```
> system.time(read.csv.sql('hflights.csv'))
   user  system elapsed
  2.117   0.070   2.191
> system.time(read.csv.sql('hflights.csv',
+   sql = "select * from file where Dest = '\"BNA\"'"))
   user  system elapsed
  1.700   0.043   1.745
```

之所以能加快一点处理速度，是因为所有的 R 命令首先都会将 CSV 文件先加载到一个临时的 SQLite 数据库中，这一过程所需要的时间是不能少的。为了加快处理速度，读者可以将 dbname 指定为 null，这样，系统就会在内存而非临时文件内创建 SQLite 数据库，但是这种方法有可能并不适合大数据集。

在导入到 R 会话前筛选平面文件

有没有其他更快或更便捷的方法来处理类似文本文件中的部分数据呢？有些人可能会采取一些常规的基于表达式的筛选条件，在导入平面文件之前对其进行筛选。例如，在 Unix 环境中，grep 或者 ack 都是非常不错的工具。但是在 Windows 平台上，我们默认是找不到类似方法的，并且将 CSV 文件采用常规表达式去进行解析也有可能导致一些意想不到的负面结果。相信我，你肯定不愿意从零开始写一个 CSV、JSON，或者 XML 的分析器。

无论如何，现在数据科学家在处理数据时，必须要具备万事通的能力。下面，我们将给出一个简单可行的样例来展示我们如何以低于 100 毫秒的速度读入筛选好的数据：

```
> system.time(system('cat hflights.csv | grep BNA', intern = TRUE))
   user  system elapsed
  0.040   0.050   0.082
```

相比之前我们得到的结果，这个结果确实非常棒！但如果我们希望再挑选出那些到达时延超过 13.5 分钟的航班呢？

另一种，也可能是更容易实现的方法，可以首先将数据导入到某个数据库中，然后根据需要，查询得到符合条件的数据子集。我们使用一个简单的例子来说明这种方法。例如，将 SQLite 数据库导入到某个文件中，然后在 read.csv.sql 的默认运行时间内来获取任意数据子集。

下面，我们将创建一个永久的 SQLite 数据库：

```
> sqldf("attach 'hflights_db' as new")
```

该命令在当前工作路径下创建了一个名为 hflights_db 的文件。接下来，我们还将创建一个名为 hflights 的表格，并将之前 CSV 文件的内容导入到该数据库中：

```
> read.csv.sql('hflights.csv',
+   sql = 'create table hflights as select * from file',
+   dbname = 'hflights_db')
```

至此，还没完成创建测试平台的任务，由于以上操作仅能执行一次，而对数据集进行筛选的操作之后有可能需要执行若干次：

```
> system.time(df <- sqldf(
+   sql = "select * from hflights where Dest = '\"BNA\"'",
+   dbname = "hflights_db"))
   user  system elapsed
  0.070   0.027   0.097
```

我们在少于 100 毫秒的时间内完成了数据库子集的导入！不过，如果计划经常需要对这个永久数据库进行查询，那我们还可以做得更好：为什么不设计一个真的数据库实例作为数据库而非使用一个简单的基于文件的、无服务器的 SQLite 测试后台呢？

1.4 从数据库中导入数据

使用一个专用的数据库测试平台比根据需要从磁盘中导入文件效率要高很多，这是由数据库本身特性决定的：

- ❑ 对大数据表的访问速度更快
- ❑ 在数据导入 R 前，提供了更快更有效的数据聚集和筛选方法
- ❑ 相比电子表格以及 R 对象实现的传统矩阵模型，能够提供更加结构化的关系数据模型来存储数据

- 提供对数据的连接及合并操作
- 在同一时间支持对多个客户端的并发远程访问
- 提供了安全和有限的访问
- 提供可扩展及可配置的数据存储后台

DBI 包提供了数据库操作的接口，可以作为 R 和不同**关系数据管理系统**（Relational Database Management System，RDBMS）之间的交互通道，例如 MySQL、PostgreSQL、Oracle 以及类似开放文档数据库等。一般并不需要安装各个数据库的相关包，因为作为一个接口，该包会在需要时被自动安装。

由于这些平台基本都是基于关系模型并采用 SQL 作为数据管理和查询工具，因此 R 与在这些不同平台中连接数据库与处理数据的方法都基本类似。但要注意在以上提到的数据库引擎之间还是存在一些比较重要的差别，也存在一些其他的开源和商业化的替代产品。我们不会深入讨论怎么选择这些数据库，也不会详细介绍构建数据仓库的方法，以及抽取、转换和装载（ETL）工作流的过程，我们的讨论仅局限于创建数据连接以及在 R 中如何管理数据。

SQL 最初由 IBM 开发，距今已有 40 多年的历史，它是世界上最重要的程序语言之一——具有多种不同的实现版本。作为应用最为广泛的声明性语言之一，有许多关于使用 SQL 进行数据查询和管理的在线指南和免费课程。SQL 可以说是数据科学家最重要的工具之一，就像我们家里的瑞士军刀一样。

因此，除 R 之外，对于诸如数据分析师这样的工作职位，精通 RDBMS 是非常普遍，也是非常重要的。

1.4.1　搭建测试环境

数据库后台服务器通常位于远离数据分析用户的服务器上，但为了测试需要，我们需要在本地环境安装实例。由于不同操作系统环境下的安装过程不同，我们不会介绍安装的细节内容，而更多地介绍软件下载的地址以及给出一些和安装有关的帮助文档和资源的链接。

请注意数据库安装和数据导入的过程很多是可选的，因此读者不需要完完全全地照搬我们给出的每一步操作指南——本书剩下的内容并不要求读者了解任何某一特定的数据库或具备类似的操作经验。读者如果不希望因为安装过多的临时数据库弄混了自己本机的环境，可以选择在虚拟机里面执行这些操作。Oracle 的 VirtualBox 能够更好地支持多种特定操作系统和用户空间环境。

有关下载和导入 VirtualBox 的内容，请参考 1.4.4 节。

通过虚拟机，读者可以快速得到一个功能完整的一次性的数据库环境来验证本章提到的样例。在接下来的图示中，我们将为读者展示一个包含 4 个虚拟机的 VirtualBox，其中三个在后台运行，能够实现部分测试功能。

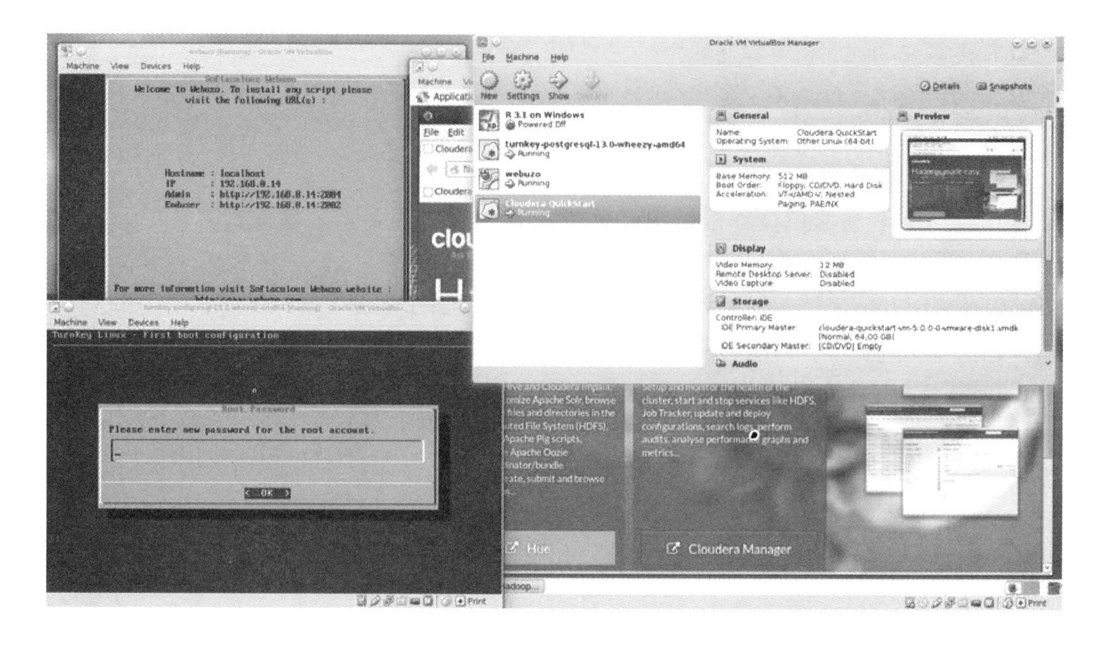

VirtualBox 可以在 Linux 环境通过包管理器安装，也可以从 http://www.virtualbox.org/wiki/Downloads 下载安装资源。有关不同操作系统下的特定安装过程，请参考本书第 2 章。

现在安装和使用虚拟机已经非常简单，只需要导入和启动虚拟机镜像文件即可。一些虚拟机应用，也被称为虚拟设备，包括操作系统和部分的软件都已经预先设置好了，可以很简单地完成配置。

再次申明，如果读者不乐意做安装和测试新软件的工作，或者不希望花时间了解用来控制数据需求的基础操作，下面这些操作步骤不是必要的，你可以快速略过以下为开发人员和数据科学家准备的内容。

Internet 上有关这些预先定义好可以运行在任何环境下的虚拟机系统的下载链接非常多，文件格式也多种多样，包括 OVF 和 OVA 等。比较通用的 VirtualBox 虚拟应用可以从 http://virtualboximages.com/vdi/index 或 http://virtualboxes.org/images/ 下载。

虚拟应用应该导入到 VirtualBox 内使用，而是非 OVF/OVA 磁盘镜像应该附加到新增加的虚拟机上，因此，读者有可能需要更多的操作指引。

Oracle 为满足数据科学家们以及其他开发者的需要，提供了丰富的虚拟镜像文件，访问地址为：http://www.oracle.com/technetwork/community/developer-vm/index.html。例如，Oracle Big Data Lite VM 开发者的虚拟应用就具有以下这些重要的部分：

- ❑ Oracle 数据库
- ❑ Apache Hadoop 以及各种云计算工具

- Oracle R 分布
- 企业版 Oracle Linux

声明：从个人角度而言，Oracle 不是我对数据库后台的首选，但该产品确实在与平台无关的虚拟化环境方面做得很棒，比方说基于他们的商业化产品提供的免费虚拟开发版本。简而言之，用 Oracle 做后台是没错的。

> 如果读者不能通过网络访问已经安装好的虚拟机，可以更改一下其网络设置，如果仅本机访问，可以使用 Host-only adapter 项，否则可以使用限制少的 Bridged Networking 项。后者需要为虚拟机保留一个额外的 IP 地址，使得虚拟机可以通过网络访问。更多详细内容及样例请参考 1.4.4 节。

Turnkey GNU/Linux 库（http://www.turnkeylinux.org/database）也可以作为创建开源数据库引擎虚拟应用的另一选择，其上镜像文件均基于 Debian Linux，全部开源，目前已经能够支持 MySql、PostgresSql、MongoDB 和 CouchDB。

Turnkey Linux 最大的优势就是其包含免费开源的非专有性软件。另外，磁盘镜像文件的规模也更小，仅包含数据库引擎需要的核心文件，使得它的安装速度更快，对硬盘和内存空间的要求更低。

类似虚拟机应用还可以从 http://www.webuzo.com/sysapps/databases 上面获得，这里支持的数据库后台类型更多，包括 Cassandra、HBase、Neoj4、Hypertable 以及 Redis 等，尽管这其中一部分 Webuzo 应用可能需要一些额外费用。

对于最近很热门的 Docker，我强烈建议读者了解并掌握它的概念，因为使用它来完成软件配置惊人地快捷。像 Docker 这样的容器可以被看成一个独立的文件系统，包括操作系统、库、工具、数据，这些内容全部位于 Docker 镜像提供的抽象层上，也意味着我们可以在自己的本地主机仅使用一行命令就能启动带有部分仿真数据的数据库，而开发类似的定制镜像也非常容易。请参阅 https://github.com/cardcorp/card-rocker，这是我的 R 以及和 Pandoc 有关的 Docker 镜像。

1.4.2 MySQL 和 MariaDB

利用 http://db-engines.com/en/ranking 推出的 DB 引擎，根据基于访问提交次数、工作机会次数、Google 搜索次数等项的排名结果可知，MySQL 目前是应用最为广泛的开源数据库引擎，特别是在 Web 开发应用方面。MySQL 广受欢迎的原因包括免费、平台独立以及易于安装和使用——就如同其简易版替代者 MariaDB 一样。

> MariaDB 是采用社区模式开发的，是 MySQL 的一个完全开源的分支，由 MySQL 的主要创始人 Michael Widenius 启动和引导。后来与 SkySQL 合并，很多前 MySQL 的研发人员和投资者都加入了这个项目。Sun Microsystem 在购买了 MySQL 后开始开发 MariaDB，目前由 Oracle 拥有，数据库引擎的开发也转移了。

在本书中为了简单起见，我们将这两种引擎都称为 MySQL，因为 MariaDB 可以被看成

MySQL 的简易版本，因此以下样例在两种引擎中都可用。

尽管 MySQL 的安装在很多操作系统上都非常简单（https://dev.mysql.com/downloads/mysql/），读者最好在虚拟机上来完成安装。Turnkey Linux 提供了一个功能完整的精简版，免费安装文件在 http://www.turnkeylinux.org/mysql。

R 语言提供了多种从 MySQL 中查询数据的方法。例如，使用 RMySQL 包，不过它的安装对一部分读者来说可能有点困难。如果读者使用 Linux 操作系统，记住要同时安装 MySQL 的开发包和 MySQL 客户端，以便能够在本机完成包的编译。由于 MySQL 版本太多了，因此在 CRAN 上没有为 Windows 用户提供二进制包，这部分用户应该从 source 完成包的编译：

```
> install.packages('RMySQL', type = 'source')
```

Windows 用户可以在 http://www.ahschulz.de/2013/07/23/installing-rmysqlunder-windows/ 上面找到详细的安装步骤指南。

> 为了简单，我们默认 MySQL 为本地服务器模式，端口为 3306，数据库连接的用户名和口令分别为 user/password。我们的工作表为 hflights_db 数据库中的 hflight 表，和之前介绍 SQLite 样例中的一样。如果读者是采用远程终端或虚拟机模式访问，请根据样例更改相应的 host，username 等参数信息。

当成功完成 MySQL 服务器安装后，我们必须创建一个测试数据库，以便在之后操作中将其导入到 R。现在，让我们启动 MySQL 命令行工具来创建数据库和测试用户。

请注意以下样例是运行在 Linux 环境下的，如果是 Windows 用户，请完善文件的路径以及 exe 文件的扩展名来完成 MySQL 命令行工具的启动：

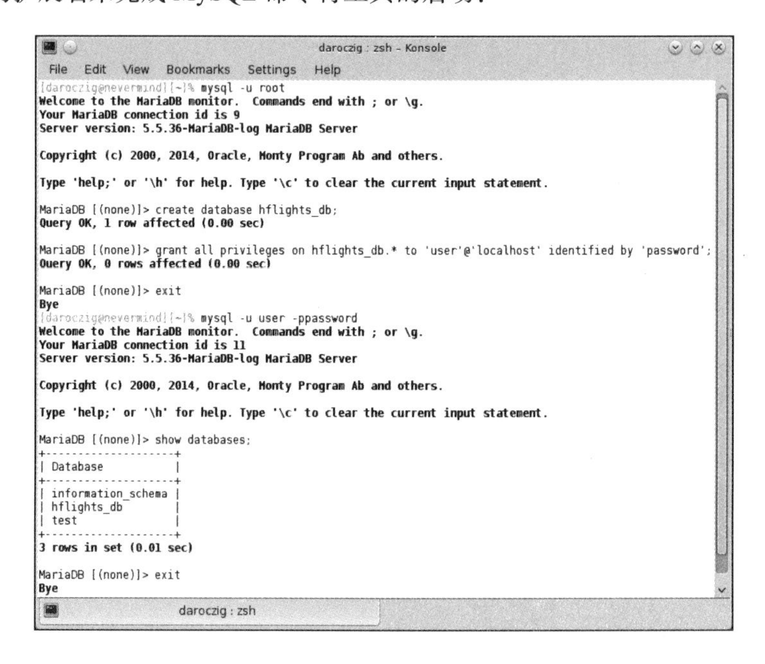

前面，我们在命令行中以root（管理员）用户身份连接MySQL服务器时也获取了类似截图。我们接着创建了一个名为hflights_db的数据库，将数据库所有的访问权限都赋给了一个名为user的新用户，该用户的密码为password。然后，我们简单地验证了是否能用该用户名及密码来连接数据库，就退出了MySQL客户端。

为了导入数据到R会话中，我们必须首先连接数据库并获得服务器访问的授权许可，可以在附加RMySQL时自动装载DBI包：

```
> library(RMySQL)
Loading required package: DBI
> con <- dbConnect(dbDriver('MySQL'),
+   user = 'user', password = 'password', dbname = 'hflights_db')
```

现在将MySQL连接命名为con，在下次连接中，将部署hflights数据库：

```
> dbWriteTable(con, name = 'hflights', value = hflights)
[1] TRUE
> dbListTables(con)
[1] "hflights"
```

函数dbWriteTable将hfilghts数据框以同名方式写入之前定义好的连接，其后的命令显示了当前访问的数据库中所有的表的信息，等同于SQL命令中的SHOW TABLES的作用。现在，我们已经将原始的CVS文件导入到MySQL中，接下来我们再确认一下完成所有数据读入需要的时间：

```
> system.time(dbReadTable(con, 'hflights'))
   user  system elapsed
  0.993   0.000   1.058
```

我们也可以使用DBI包中dbGetQuery直接来达到同样效果：

```
> system.time(dbGetQuery(con, 'select * from hflights'))
   user  system elapsed
  0.910   0.000   1.158
```

同时，为了简化后面的样例，我们再次使用了sqldf包，该包表示“在数据框上执行SQL查询”。事实上，sqldf是DBI的dbSendQuery函数的封装器，某些参数是默认的，返回结果为data.frame。它能够处理包括SQLite、MySQL、H2和PostgreSQL等多种数据库引擎。可以在sqldf.driver中指明某种特定需要处理的数据库引擎，如果该值为NULL，那么系统会检测上述后台数据库是否正确加载了R包。

由于前面我们已经导入了RMySQL，因此sqldf会默认使用MySQL而非SQLite引擎。不过我们还是要指明要使用的连接，否则函数会试图新建一个连接——并忽视掉我们所提供的复杂用户名及密码组合，更不用说难以理解的数据库名称了。可以在每个sqldf表达式中声明该连接，也可以在全局选项一次定义：

```
> options('sqldf.connection' = con)
> system.time(sqldf('select * from hflights'))
   user  system elapsed
  0.807   0.000   1.014
```

前面三种执行方式之间并没有显著的差别，与之前测试的结果相比，1秒多一点的执行时间看起来还不错——尽管使用data.table来装载整个数据集依然需要比较多的时间。如果我们仅需要处理一部分数据子集该怎么办呢？让我们尝试选取那些以Nashville为终点的航班信息，就像之前在SQLite中做的一样：

```
> system.time(sqldf('SELECT * FROM hflights WHERE Dest = "BNA"'))
   user  system elapsed
  0.000   0.000   0.281
```

与SQLite的测试结果相比，MySQL的结果并没有太多过人之处，因为SQLite可以得到小于100毫秒的结果。但是值得注意的是这种方式的user时间和system时间都为零，这是SQLite没办法达到的。

> system.time的返回值是自系统启动评估所经历的时间，这里的user时间和system时间对用户来说稍微有点难以理解，但幸好它们是由操作系统自己检测的。大体上，user时间指函数（R或者MySQL服务器）调用所需占用的CPU时间，而system时间指系统内核以及其他操作系统进程（例如打开一个要读取的文件）所需要的时间总和。可以调用?proc.time获得更多详细信息。

这两个时间为零意味着读取数据子集不需要耗费CPU资源，SQLite花在这上面大概需要100毫秒，这可能吗？如果我们在Dest属性上建立索引又会怎样呢？

```
> dbSendQuery(con, 'CREATE INDEX Dest_idx ON hflights (Dest(3));')
```

> SQL索引的存在能够极大提高带WHERE条件的SELECT语句的执行效率，有了索引，MySQL就不用为了确定最终结果而去遍历整个数据库对每一行记录都进行比较。数据集规模越大，索引的效果就越明显。不过需要注意的是，如果是对数据子集进行反复操作使用索引会更有价值，但如果每次处理的结果基本都是数据的全集，则更适合用顺序处理的方法。

例如：

```
> system.time(sqldf('SELECT * FROM hflights WHERE Dest = "BNA"'))
   user  system elapsed
  0.024   0.000   0.034
```

看起来结果优化很多！当然，不仅仅是MySQL，我们也能在SQLite数据库上建立索引。为了再做一次测试，我们将sqldf驱动重新指定为SQLite，它之前被RMySQL包给覆盖了：

```
> options(sqldf.driver = 'SQLite')
> sqldf("CREATE INDEX Dest_idx ON hflights(Dest);",
+   dbname = "hflights_db"))
NULL
> system.time(sqldf("select * from hflights where
+   Dest = '\"BNA\"'", dbname = "hflights_db"))
   user  system elapsed
  0.034   0.004   0.036
```

从结果可知两种数据库引擎在获取数据子集所花的时间都不到 1 秒，与之前耗费了大量时间的 data.table 操作相比优化了很多。

尽管对之前一些样例的测试 SQLite 比 MySQL 性能更优，但在很多情况下仍然更适合选择 MySQL。原因如下：首先，SQLite 是基于文件系统的数据库，这意味着数据库是放在附加在运行 R 的机器的文件系统上，也就是说 R 会话和 SQLite 数据库操作是在同一台机器上执行。类似地，MySQL 可以处理大数据集，可以在用户管理和基于规则的控制方面有更多的优化，并且实现了对数据集的并发访问。而聪明的数据科学家知道该如何依据任务的不同特性来选择不同的数据库后台。让我们再看看在 R 中我们有哪些选择！

1.4.3 PostgreSQL

如果 MySQL 是最流行的开源关系数据库管理系统，PostgreSQL 则以“世界上最先进的开源数据库”闻名。这意味着与功能简单但速度更快的 MySQL 相比，PostgreSQL 功能更丰富，例如数据分析功能，这也使得 PostgreSQL 经常被看成开源版的 Oracle。

这个比方现在听起来有点可笑，特别是 Oracle 已经收购了 MySQL。而在过去的 20 到 30 年里，RDMBS 发生了非常大的变化，PostgreSQL 也不再像过去那样慢了。另一方面，MySQL 也增加了一些新的功能——例如，MySQL 通过 InnoDB 引擎也实现了 ACID 特性，支持对数据库操作的回滚。但在这两大类流行的数据库引擎之间依然存在一些不同，读者可以根据需要来选择合适的数据库。现在，我们来看一下如果数据提供者较 MySQL 更喜欢 PostgreSQL 会怎样！

安装 PostgreSQL 的过程和安装 MySQL 差不多。读者可以从 http://www.enterprisedb.com/products-services-training/pgdownload 上下载一个图形安装工具，再使用操作系统的包管理器来安装该软件。或者基于某个虚拟应用，例如 Turnkey Linux，可以从 http://www.turnkeylinux.org/postgresql 获得一个精简但配置好的免费的磁盘镜像文件。

样例下载：读者可以使用自己的账号从 http://www.packtpub.com 下载 Packt 出版公司提供的样例源代码。如果读者是从其他渠道购买的本书，可以访问 http://www.packtpub.com/support，注册成功后直接通过邮件获得源代码文件。

当成功安装好并启动服务器后，让我们来创建测试数据库——就像之前安装好 MySQL

以后做的工作一样。

```
daroczig : bash - Konsole
File  Edit  View  Bookmarks  Settings  Help
[postgres@nevermind ~]$ createuser --pwprompt user
Enter password for new role:
Enter it again:
[postgres@nevermind ~]$ createdb hflights_db
[postgres@nevermind ~]$ psql -U postgres
psql (9.3.4)
Type "help" for help.

postgres=# \du
                             List of roles
 Role name |                   Attributes                   | Member of
-----------+------------------------------------------------+-----------
 postgres  | Superuser, Create role, Create DB, Replication | {}
 user      |                                                | {}

postgres=# \list
                                  List of databases
    Name     |  Owner   | Encoding |   Collate   |    Ctype    |   Access privileges
-------------+----------+----------+-------------+-------------+-----------------------
 hflights_db | postgres | UTF8     | en_US.UTF-8 | en_US.UTF-8 |
 postgres    | postgres | UTF8     | en_US.UTF-8 | en_US.UTF-8 |
 template0   | postgres | UTF8     | en_US.UTF-8 | en_US.UTF-8 | =c/postgres          +
             |          |          |             |             | postgres=CTc/postgres
 template1   | postgres | UTF8     | en_US.UTF-8 | en_US.UTF-8 | =c/postgres          +
             |          |          |             |             | postgres=CTc/postgres
(4 rows)

postgres=# grant all privileges on hflights_db to user
postgres-# \q
daroczig : bash
```

这里的语法和前面的样例稍有不同，我们使用了一些命令行工具来完成创建用户和创建数据库的任务。其中的帮助程序是 PostgreSQL 自带的，在 MySQL 里面也可以使用 mysqladmin 来达到类似目的。

当设置好了最初的测试环境后，或者我们已经准备好了数据库连接实例，我们可以在 RPostgreSQL 包的帮助下完成之前提到的一些数据库管理任务：

```
> library(RPostgreSQL)
Loading required package: DBI
```

如果读者的 R 会话在执行下面的样例时弹出了某些陌生的错误信息，非常有可能是因为装载的 R 包之间有冲突。读者可以重新启动一个干净的 R 会话，或者去掉之前附加的 R 包，例如：detach ('package:RMySQL', unload = TRUE)。

连接数据库的操作也是类似的（服务器默认的监听端口为 5432）：

```
> con <- dbConnect(dbDriver('PostgreSQL'), user = 'user',
+   password = 'password', dbname = 'hflights_db')
```

让我们验证一下是否已经连接到正确的数据库实例上，此时 hflights 表应该是个空表：

```
> dbListTables(con)
character(0)
> dbExistsTable(con, 'hflights')
[1] FALSE
```

接下来在 PostgreSQL 里面处理样例表，并验证一下以前说用 PostgreSQL 要比用 MySQL 更慢的谣言是否属实：

```
> dbWriteTable(con, 'hflights', hflights)
[1] TRUE
> system.time(dbReadTable(con, 'hflights'))
   user  system elapsed
  0.590   0.013   0.921
```

看起来有点惊人！再看一下对数据子集的处理：

```
> system.time(dbGetQuery(con,
+ statement = "SELECT * FROM hflights WHERE \"Dest\" = 'BNA';"))
   user  system elapsed
  0.026   0.000   0.082
```

在没使用索引的条件下，执行时间也小于 100 毫秒！请注意 Dest 上面多出来的引号，因为 PostgreSQL 会将不带引号的列名默认处理成小写，而数据表中并不存在一个“ dest”的列，所以为了避免出错采取这样的处理。接下来可以像 MySQL 一样建立索引，也可以一样让结果得到优化。

1.4.4　Oracle 数据库

Oracle 数据库的 Express 版本可以从：http://www.oracle.com/technetwork/database/database-technologies/expressedition/downloads/index.html 处下载并安装。尽管该版本功能并不完整，也存在诸多局限，但 Express 版本免费，适合用于在本机上建立对资源要求不那么高的应用。

Oracle 数据库被称为世界上最流行的数据库管理系统，它需要专门的授权才能使用，这与之前我们讨论过的两类开源数据库不同，Oracle 提供的产品对许可期限有要求。另一方面，这也意味着有专门的团队对其提供支持，而这常常是企业级应用所必需的。Oracle 数据库自 1980 年诞生伊始，一直以功能丰富著称，例如数据共享、主机－主机复制和完全 ACID 支持等。

也可以从 Oracle 预编译开发虚拟环境下载一个用于测试的 Oracle 数据库（http://www.oracle.com/technetwork/community/developer-vm/index.html），或者从 Oracle Technology Network Developer Day（http://www.oracle.com/technetwork/database/enterprise-edition/databaseappdev-vm-161299.html）下载一个更小的为移动客户端定制的镜像文件。下面的说明将以后者为例。

当在 Oracle 完成版权授予注册得到一个免费的使用资格后，我们可以下载 OTN_Developer_Day_VM.ova 虚拟应用。然后使用 File 菜单下的 Import appliance 命令将其导入到 Virtual Box 中，选择 ova 文件，点击“Next”：

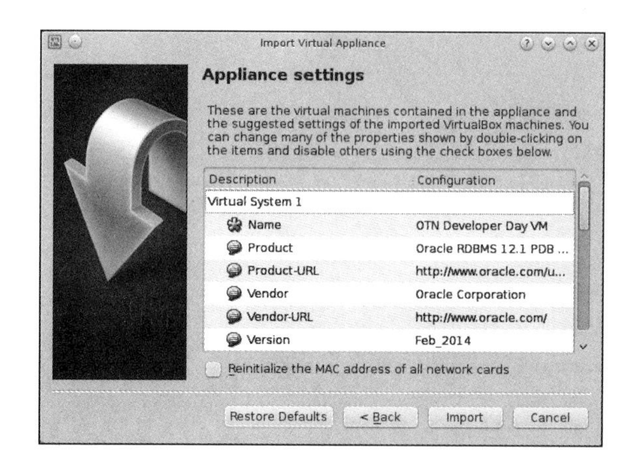

然后再点击“Import”，同意版本使用条件。可能需要花一点时间来完成镜像文件（15GB）的导入：

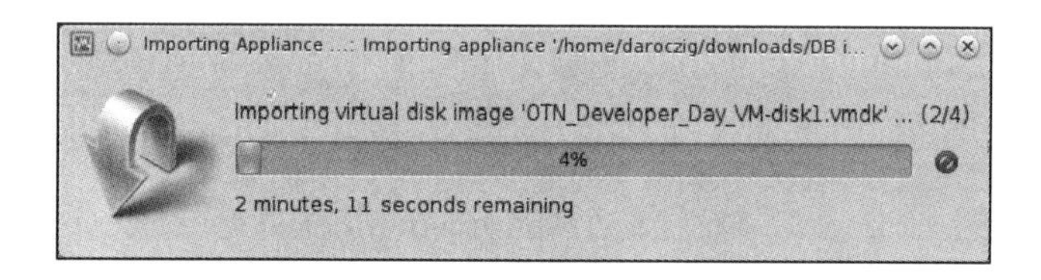

完成导入后，首先要更新网络配置，使得可以通过网络来访问虚拟机上的数据库文件。可以通过从“NAT”切换到“Bridged Adapter”完成设置：

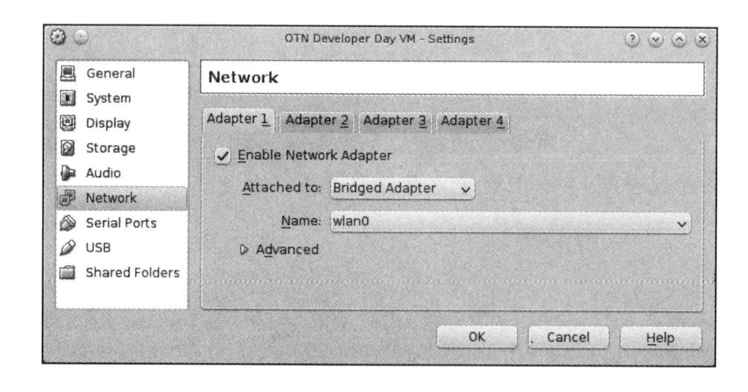

然后在Virtual Box启动新生成的虚拟机，当Oracle Linux启动后，就可以使用默认的oracle口令登录。

尽管已经为虚拟机设置了桥接网络模式，VM也可以使用一个真正的IP地址直接连接到实际的局域网络内，此时还不能通过网络来访问该虚拟机。为了使用默认的DHCP配置来完成连接，将鼠标移动到上面的红色按钮，找到网络项，选择System eth0项。几秒钟后，就可以从本机访问虚拟机了，此时客户机也已经能够联网。读者可以通过在控制台执行ifconfig或者ip addr show eth0命令来验证。

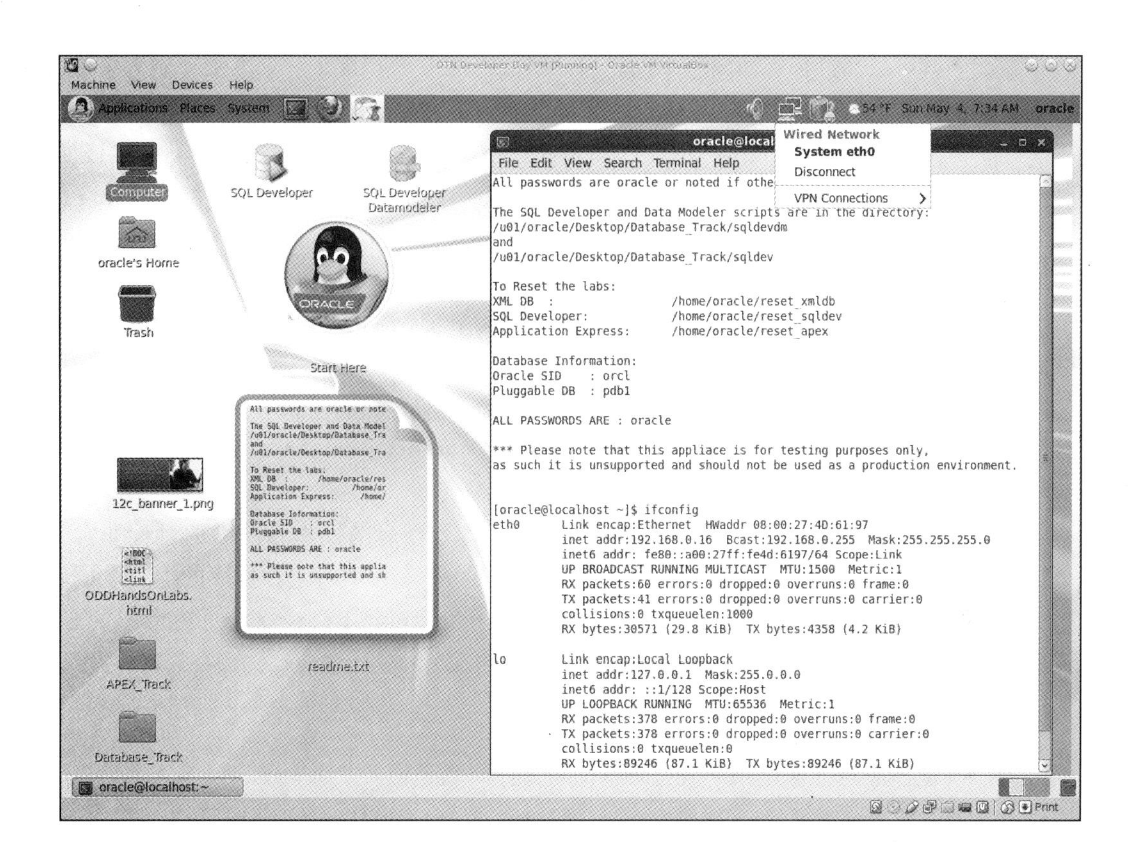

不过，这个已经启动的 Oracle 数据库实例还不能被虚拟机以外的应用访问。开发版本的 VM 有严格的防火墙设置，首先应该取消该防火墙。要查看哪些规则在起作用，可以运行标准的 iptables-L-n 命令或者执行 iptables-F 来废除所有的规则：

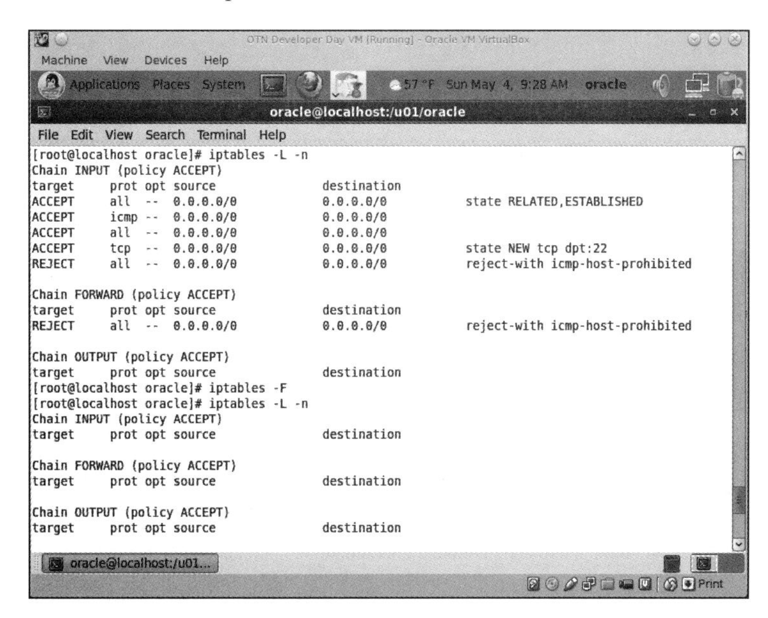

现在我们就可以通过远程访问这个已经启动了的 Oracle 数据库了。接下来我们再来准备 R 客户端。在某些操作系统上安装 ROracle 包可能有点困难，因为没有这样已经预编译好的包，读者需要在编译之前手动安装 Oracle Instant Client Lite 以及 SDK 库。如果编译器对之前安装 Oracle 库的路径存在疑问，请用 --configure-args 参数，--with-oci-lib 参数和 --with-oci-inc 来配置路径文件。更多相关内容可以参考包安装帮助文档：http://cran.r-project.org/web/packages/ROracle/INSTALL。

例如，在 Arch Linux 系统下，读者可以在 AUR 上完成 Oracle 库的安装，然后在从 CRAN 上下载 R 包后以批处理方式执行以下命令：

```
# R CMD INSTALL --configure-args='--with-oci-lib=/usr/include/    \
>  --with-oci-inc=/usr/share/licenses/oracle-instantclient-basic' \
>  ROracle_1.1-11.tar.gz
```

完成包的导入和安装后，使用 DBI::dbConnect 连接数据库的操作和前面的过程非常类似。这里只需要再增加一个额外的参数。首先，在 dbname 参数中指定数据库的主机名或者直接访问的 IP 地址，然后为了节约时间和空间，连接开发者机器上已经建好的 PDB1 数据库而不是前面用过的 hflights_db 数据库，因为数据库管理这个问题稍微有点偏离我们的主题了：

```
> library(ROracle)
Loading required package: DBI
> con <- dbConnect(dbDriver('Oracle'), user = 'pmuser',
+   password = 'oracle', dbname = '//192.168.0.16:1521/PDB1')
```

再为 Oracle 关系数据库建立一个连接：

```
> summary(con)
User name:              pmuser
Connect string:         //192.168.0.16:1521/PDB1
Server version:         12.1.0.1.0
Server type:            Oracle RDBMS
Results processed:      0
OCI prefetch:           FALSE
Bulk read:              1000
Statement cache size:   0
Open results:           0
```

现在让我们来看一下在开发虚拟机带的免费数据库有什么内容：

```
> dbListTables(con)
[1] "TICKER_G" "TICKER_O" "TICKER_A" "TICKER"
```

一个名为 TICKER 的数据表，对股票数据采用三类标记建立了三种视图。将 hflights 表存放到同一数据库中不会产生不良后果，我们也可以马上通过读取整个表，对 Oracle 数据库的速度进行测试：

```
> dbWriteTable(con, 'hflights', hflights)
[1] TRUE
> system.time(dbReadTable(con, 'hflights'))
   user  system elapsed
  0.980   0.057   1.256
```

非常相似的子集包含 3481 条实例：

```
> system.time(dbGetQuery(con,
+ "SELECT * FROM \"hflights\" WHERE \"Dest\" = 'BNA'"))
   user  system elapsed
  0.046   0.003   0.131
```

注意表名两边的引号，在前述 MySQL 和 PostgreSQL 样例中，SQL 语句不需要增加这些标记，但是在 Oracle 数据库中我们必须添加，因为我们的表名全部使用了小写字母，而 Oracle 默认对象名称全部使用大写字符。因此最好的方法就是像我们一样，用双引号进行区分，就可以使用小写字符来标注表名了。

在 MySQL 中不需要用引号去标注表名和列名，而 R 在访问 PostgreSQL 数据库中必须要使用转义字符标注变量名称，在 Oracle 数据库中必须要使用双引号进行标注—这也证明了在标准 ANSI SQL 范围下不同风格的 SQL 之间的细微差别（例如，MySQL，PostgreSQL，Oracle 的 PL/SQL 以及 Microsoft 的 Transact-SQL）。更重要的是，不要让你的项目全部依赖于某一种数据库引擎，在公司政策允许的条件下，应该根据情况选择合适的 DB。

与 PostgreSQL 的结果相比，Oracle 数据库的结果不那么让人心动，让我们看一下带索引的查询：

```
> dbSendQuery(con, 'CREATE INDEX Dest_idx ON "hflights" ("Dest")')
Statement:             CREATE INDEX Dest_idx ON "hflights" ("Dest")
Rows affected:         0
Row count:             0
Select statement:      FALSE
Statement completed:   TRUE
OCI prefetch:          FALSE
Bulk read:             1000
> system.time(dbGetQuery(con, "SELECT * FROM \"hflights\"
+ WHERE \"Dest\" = 'BNA'"))
   user  system elapsed
  0.023   0.000   0.069
```

我将完整的测试留给读者自己完成，这样读者就能根据自己的确切需求设计查询，可以肯定的是不同搜索引擎对不同样例的执行效率肯定是有所区别的。

为了让这个测试过程更流畅也更易于实现，让我们尝试 R 中另外一种连接数据库的方法，尽管它可能在性能上要差一点。如果要比较在R中用不同方法连接Oracle数据库的差别，可以参考https://blogs.oracle.com/R/entry/r_to_oracle_database_connectivity。

1.4.5 访问ODBC数据库

如前所述，为了从某些服务终端安装特定R包，而不得不安装特定的客户端软件、库、不同数据库的头文件，某些时候比较无聊并且难度也不低。不过幸好，我们可以尝试反着来做这件事。例如，在数据库中安装类似**应用程序接口**（Application Programming Interface，API）这样的中间件软件，这样R或者其他工具，就能以一种标准且简便的方式访问数据库。不过值得注意的是，由于需要在应用程序和DBMS之间进行转换，因此这样一种方式是以牺牲效率为代价的。

RODBC包提供了对类似这种功能的支持。**开放数据库互联**（Open Database Connectivity，ODBC）驱动能够支持大多数数据库系统，即使是CSV和Excel文件也没问题。RODBC包对任何安装了ODBC驱动的数据库都能够提供一种标准化的方式实现数据访问。作为一个与平台无关接口，它支持SQLite、MySQL、MariaDB、PostgreSQL、Oracle数据库、Microsoft SQL、Microsoft Access，以及Windows和Linux上的IBM DB2。下面简单使用一个样例进行说明，我们将先连接本地主机（或虚拟机）的MySQL。设置好数据源（Database Source Name DSN）的详细信息，包括：

- 数据库驱动
- 主机名或地址，端口号，也可以选择Unix socket
- 数据库名称
- 连接需要的用户名、口令

可以在安装好unixODBC程序后，在命令行编辑Linux上odbc.ini和odbcinst.ini两个文件完成。对于MySQL驱动，需要在/etc文件夹下增加如下配置信息：

```
[MySQL]
Description     = ODBC Driver for MySQL
Driver          = /usr/lib/libmyodbc.so
Setup           = /usr/lib/libodbcmyS.so
FileUsage       = 1
```

odbc.ini文件包含了前面说的DSN配置信息，明确了数据库和服务器的名称：

```
[hflights]
Description     = MySQL hflights test
Driver          = MySQL
Server          = localhost
Database        = hflights_db
Port            = 3306
Socket          = /var/run/mysqld/mysqld.sock
```

也可以使用 Mac OS 或 Windows 上的图形编辑器，如下图所示：

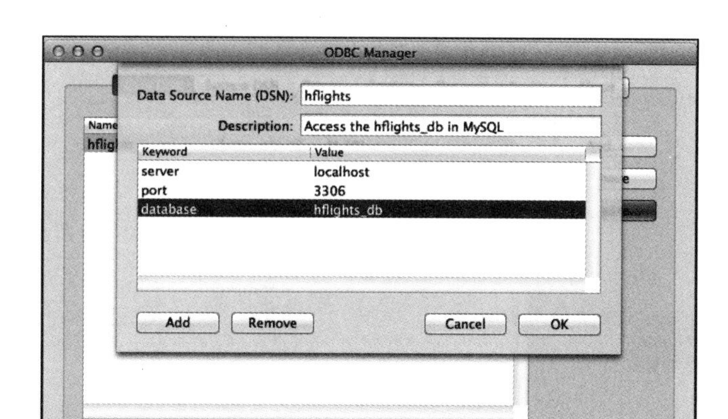

当配置好 DSN 后，就可以在命令行里开始连接数据库：

```
> library(RODBC)
> con <- odbcConnect("hflights", uid = "user", pwd = "password")
```

让我们访问一下之前存放在数据库中的数据：

```
> system.time(hflights <- sqlQuery(con, "select * from hflights"))
   user  system elapsed
  3.180   0.000   3.398
```

需要几秒钟的时间完成，这就是使用高层接口访问数据库实现操作的便捷性所付出的代价。如果要删除和更新数据也可以使用除了 odbc* 函数这种低层函数以外的类似的高层函数（例如 sqlFetch）。例如：

```
> sqlDrop(con, 'hflights')
> sqlSave(con, hflights, 'hflights')
```

读者可以使用同一查询命令来访问其他系统支持的数据库引擎，但要确保配置好每个后台的 DSN，并且在执行完毕后记得关闭连接：

```
> close(con)
```

RJDBC 包提供对 Java 数据库连接（JDBC）驱动的支持。

1.4.6　使用图形化用户面连接数据库

谈到高级接口，R 的 dbConnect 包支持使用图形用户界面连接 MySQL：

```
> library(dbConnect)
Loading required package: RMySQL
Loading required package: DBI
Loading required package: gWidgets
```

```
> DatabaseConnect()
Loading required package: gWidgetsRGtk2
Loading required package: RGtk2
```

图形化操作不需要配置参数，就像一个简单的对话窗口一样

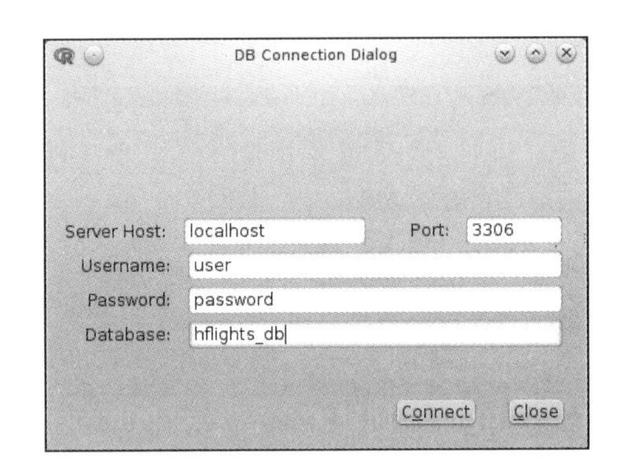

确定了连接内容后，我们可以很容易地浏览原始数据以及列的类型，同时执行特定的SQL 查询。查询生成器可以帮助新手从数据库中获取需要的样本子集：

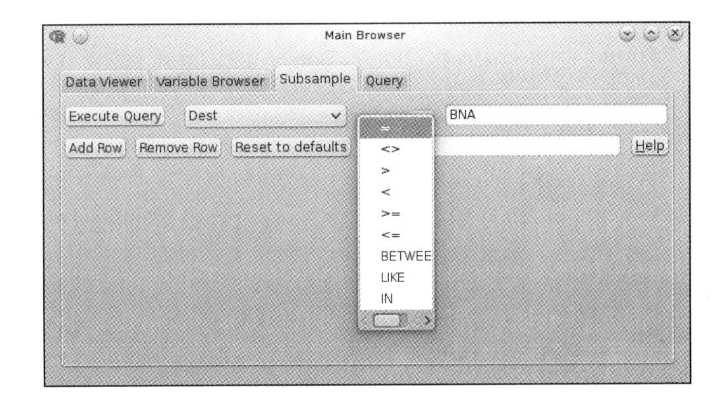

dbConnect 包提供了一个实用的函数 sqlToR，使用该函数我们可以将 SQL 的查询结果直接在 GUI 界面内转换为 R 对象。不过，dbConnect 包对 RMySQL 存在严重的依赖性，这也就意味着只能在 MySQL 环境下使用该包，目前针对该接口也没有更进一步的升级计划。

1.4.7 其他数据库后台

除了前面讨论过的流行的数据库系统，我们还将在本节对其他一些数据库后台进行简单介绍。

例如，像 MonetDB 这样一类基于列的数据库管理系统，经常被用于支持高性能数据挖掘，这些数据库中可能存储了包含几百万行以上和数千列的大型数据集。R 提供了 MonetDB.R 包对 MonetDB 数据库系统提供了多种支持，这也是 2013 年 useR！会议的热门话题。

应用变得日益广泛的NoSQL系统也提供了类似的方法，不过它们不支持SQL，而是采用基于模式自由（schema-free）的数据存储方式。Apache Cassandra也是一个典型的面向列的高效的分布式数据库管理系统。RCassandra包支持基础Cassandra特性，用户也可以使用RC.*函数族使用Cassandra查询语言。HBase数据库引擎源于Google的Bigtable思想，由rhbase包支持，RHadoop部分项目可以在https://github.com/RevolutionAnalytics/RHadoop/wiki获得。

对于海量并行处理，HP的Vertica和Cloudera的开源Impala都能在R中进行访问，因此我们能够以比较好的性能实现对海量数据的查询。

MongoDB是最具代表性的NoSQL数据库，它提供了面向文本的类似JSON格式的数据存储方式，支持动态模式。对MongoDB的开发一直比较活跃，它也支持一些类SQL的功能，例如查询语言和索引等，目前有很多R包支持对MongoDB数据库后台的存取。例如，RMongo包使用的是mongo-java-driver，该包依赖Java，对数据库访问提供了比较高层的接口。还有rmongodb包，由MongoDB团队开发和维护，更新频率较高，文档也比较多，但是由于rmongodb提供了对原始MongoDB函数以及BSON对象的访问，而不是专注在面向一般R用户的转换层，因此RMongo反而与R的结合更加紧密。

CouchDB，我个人很喜欢适合无模式项目的数据库，支持JSON对象和HTTP API，实现了非常方便的文档存储。CouchDB很容易集成到诸如R Script等应用中，例如RCurl包，尽管你可能发现R4CouchDB与数据库交互的速度更快。

Google BigQuery也支持类似的基于REST的HTTP API，提供类SQL语言，实现了对驻留在谷歌基础设施上百万兆字节数据访问。CRAN目前还不提供对bigrquery的下载服务，但我们可以很容易地通过devtools包从GitHub上下载安装它，这两个包的作者都是Hadley Wickham：

```
> library(devtools)
> install_github('bigrquery', 'hadley')
```

如果要在Google BigQuery上测试该包的功能，读者可以注册一个免费账号，然后从谷歌获得demo数据集，每天支持的请求不超过10 000。请注意目前仅提供对数据库的只读访问。

其他类似的数据库引擎和性能对比，可以参考http://dbengines.com/en/systems。大多数流行的数据库都能够得到R的支持，不过如果没有的话，我也可以确定肯定已经有人在着手这项工作了。好好找一下：http://cran.r-project.org/web/packages/available_packages_by_name.html是非常有必要的。也可去GitHub上面搜索，或者到http://R-bloggers.com来看一下R用户是如何与数据库系统进行交互的。

1.5 从其他统计系统导入数据

在最近一些学术项目中，我的任务是在R中实现一些金融模型。我要分析的样本数据是

Stata 的 .dta 文件。对于工作在学校的咨询工程师，在没接触过 Stata 的前提下，要理解其他统计软件所用的二进制文件格式可能有些困难，但 sta 文件的说明可从 http://www.stata.com/help.cgi?dta 获得，一些 Core R 团队的成员也在 foreign 包中加入了支持 .dta 的函数 read.dta。

尽管如此，装载（写入）Stata——或者类似 SPSS、SAS、Weka、Minitab、Octave 或 dBase 文件—在 R 中并不容易。请参考相关包的帮助文档，或者参考《*R Data Import/Export*》手册，了解所有 R 支持的文件格式以及样例内容，访问地址为：http://cran.r-project.org/doc/manuals/rrelease/R-data.html#Importing-from-other-statistical-systems。

1.6 导入 Excel 电子表格

在学术界和商业界，除了 CSV 文件，Excel 的 xls（或 xlsx，最近的一种新称呼）应该是应用最为广泛的进行存储和交换少量数据最为通用的数据格式。它最初源自 Microsoft 公司独有的二进制文件格式，对其文档的说明非常多（xls 指南长达 1100 页，50M），但是对多种表格、宏及公司的导入不直接，目前为止也是这样。本节将仅探讨与 Excel 交互的与平台无关的 R 包。

一种选择是使用前面介绍过的 RODBC 包，与 Excel 驱动器交互，查询 Excel 电子表格。还可以借助第三方工具来访问 Excel 数据，例如使用 Perl 自动将 Excel 文件转换为 CSV 文件，然后再通过 gdata 包的 read.xls 函数导入到 R。但有时候在 Windows 安装 Perl 过程比较繁琐，因此更多的时候，在 Windows 平台上人们会使用 RODBC。

一些平台独立的基于 Java 的解决方案也提供了对 Excel 文件的读写操作，特别是对 xlsx 文件和 Office Open XML 文件格式。在 CRAN 上提供了 xlConnect 和 xlsx 两个包来分别读取 Excel 2007 以及 97/2000/XP/2003 文件。这两个包都使用了 Apache POI Java API 项目，需要主动维护。可以运行在任何支持 Java 的平台上，而不需要再另外安装 Microsoft Excel 或 Office 程序。

另一方面，如果你不希望程序依赖于 Perl 或 Java，则可以使用最新发布的 openxlsx 包。Hadley Wickham 也发布了一个功能相似的包，但是稍微有所变化：readxl 包能够读（不能写）xls 和 xlsx 格式的文件。

记住：要为自己的应用选择最合适的工具！例如，如果要读取 Excel 文件而不希望依赖其他程序，我会选择 readxl 包，但如果要写入 Excel 2003 电子表格，并且要进行单元运算或者使用其他一些高级功能，有可能我们不能保存 Java 依赖关系，就应该选择 xlConnect 或 xlsx 包，而非 openxlsx 包。

1.7 小结

本章重点探讨了一些乏味但是很重要的工作，这些工作我们可能每天都要完成。对于每个数据科学项目而言，数据导入一定是第一步，因此要掌握数据分析就应该从如何有效地将数据导入到 R 会话中开始。

但是某种程度上，有效是个很含糊的概念：从技术角度出发，数据装载应该快速以免浪费我们的时间，但同时花几个小时来编程以提高导入的效率也不是那么重要。

本章还对读取文本文件，与数据库系统交互，在 R 中查询数据子集等问题给出了一些通用的解决方案。读者应掌握当下最流行的几种数据库系统的处理方法，学会选择最适合自己项目的数据库产品，并进行测试，就像我们之前所做的一样。

下一章，我们将更进一步地对这个问题展开探讨，我们将通过从 Web 和各类 API 中获取数据的样例对问题进行说明，使读者能够掌握在项目中应用公开数据的方法，即便你还没有获得相应的二进制数据文件或数据库后台。

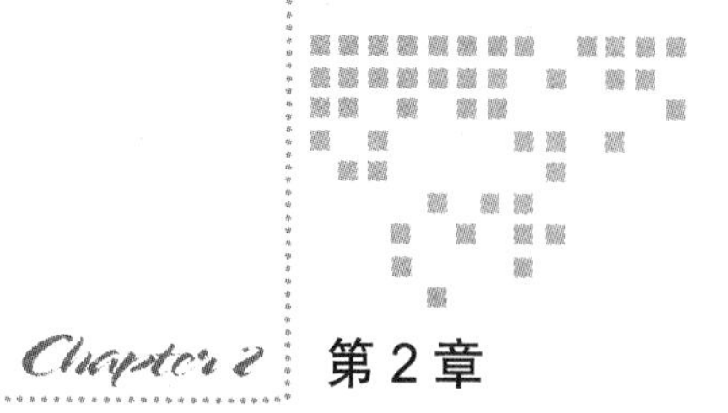

Chapter 2 第2章

从 Web 获取数据

实际项目中，经常会碰见所需数据不能从本地数据库或硬盘中获取而需要通过 Internet 获得的情况。此时，可以要求公司的 IT 部门或数据工程师按照下图所示的流程将原有的数据仓库扩展，从网络获取处理所需要的数据再倒入公司自己的数据库：

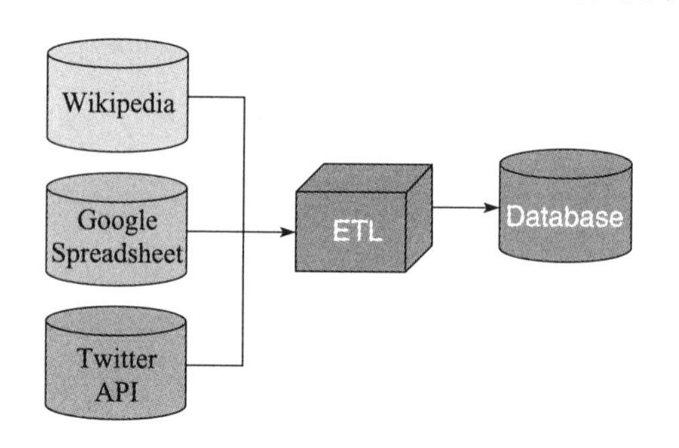

如果公司还没有建立 ETL 系统（抽取、转换装载数据），或者我们等不及 IT 部门用几个星期那么长的时间来完成任务，我们也可以选择自己动手，这样的工作对数据科学家来说是很常见的任务，因为大多数时候我们都在开发一些原型系统然后再由软件工程师们将其转化为实际产品。因此，在日常工作中，我们必须要掌握一些基本技能：

- 用程序从网络上下载数据
- 处理 XML 和 JSON 格式的数据
- 从原始的 HTML 源
- 与 API 实现交互

尽管数据科学家被认为是 21 世纪最具吸引力的工作（参见：https://hbr.org/2012/10/data-scientist-the-sexiest-job-ofthe-21st-century/），大多数数据科学家的工作都与数据分析无关。而有可能更糟糕的是，有些时候这样的工作看起来还很乏味，或者日常工作也仅需一些基本的IT技能就足以应付，与机器学习根本不相干。因此，我更愿意把这类工作称为“数据黑客”，而不是数据科学家，这也意味着我们在工作时必须学会亲自动手。

数据筛选和数据清洗是数据分析中最乏味的部分，但却是整个数据分析工作中最重要的步骤之一。也可以说，80%的数据分析工作其实都是在做数据清洗，在这一部分也不需要对这些垃圾数据用最先进的机器学习算法处理，因此，读者应该确保将时间用于从数据源取得有用和干净的数据。

本章将通过R包大量使用网络浏览器debugging工具，包括Chrome的DevTools和Firefox的FireBug。这些工具都比较容易使用，而为了下一步的工作，我们也有必要好好了解和掌握它们。因此，如果读者正面临获取在线数据的问题，可以关注其中一些工具的使用手册。本书的附录也列出了一些起步的方法。

读者也可以参考“Web Technologies and Services CRANTask View”（http://cran.r-project.org/web/views/WebTechnologies.html），快速了解R中能够实现获取Web数据以及与Web服务进行交互功能的包。

2.1 从Internet导入数据集

可以分两步完成从Web获取数据集并将其导入到R会话的任务：

（1）将数据集保存到磁盘。

（2）使用类似read.table这类标准函数完成数据读取，例如：foreign::read.spss可以导入sav格式的文件。

我们也可以通过直接从文件的URL读取平坦文本的数据文件来省略掉第一步的工作。下面的样例将从Americas Open Geocode（AOG）数据库（http://opengeocode.org），获取一个以逗号分隔的文件，AOG网站提供了政府和国家机构的统计信息、人口信息、以及全国各邮政机构的网址信息：

```
> str(read.csv('http://opengeocode.org/download/CCurls.txt'))
'data.frame':  249 obs. of  5 variables:
 $ ISO.3166.1.A2                  : Factor w/ 248 levels "AD" ...
 $ Government.URL                 : Factor w/ 232 levels ""  ...
 $ National.Statistics.Census..URL: Factor w/ 213 levels ""  ...
 $ Geological.Information.URL     : Factor w/ 116 levels ""  ...
 $ Post.Office.URL                : Factor w/ 156 levels ""  ...
```

在本例中，我们在read.table命令中将file参数的值设置为一个超链接，可以在处理之前下载相应的文本文件。read.table函数在后台会使用url函数，该函数支持HTTP和FTP协议，也能处理代理服务器，但还是存在一定的局限性。例如，除了Windows系统的一些特殊情况，它一般不支持**超文本安全传输协议**（Hypertext Transfer Protocol Secure，HTTPS），而该协议却是实现敏感数据Web服务通常必须要遵守的协议。

HTTPS 不是一个与 HTTP 独立的协议，而是在 HTTP 协议上再增加一个封装好了的 SSL/TLS 连接。由于 HTTP 在服务器和客户端之间可以传输未经封装的数据包，因此通常认为使用 HTTP 协议不能保证数据传输的安全。而 HTTPS 协议通过可信标记可以拒绝第三方窃取敏感信息。

如果是这类应用，最有效也最合理的解决方法就是安装和使用 RCurl 包，该包支持 R 客户端和 curl（http://curl.haxx.se）的接口。Curl 支持非常多的协议类型，也支持 URI 框架，还能处理 cookie，授权、重定向、计时等多项任务。

例如，我们先检查一下 http://catalog.data.gov/dataset 上 U.S. 政府部门的公开数据日志。尽管不使用 SSL 也可以访问这个常用网址，但大多数提供下载功能的 URL 地址遵守的还是 HTTPS URL 协议。在以下样例中，我们将从消费者金融保护局的顾客意见反馈数据库（http://catalog.data.gov/dataset/consumercomplaint-database）提供的网址上下载**逗号分隔值文件**（Comma Separated Values，CSV）格式的文件。

该 CSV 文件包括了自 2011 年以来，大约 25 万条顾客对金融产品和金融服务的反馈意见。文件大小约为 35M ~ 40M，因此下载可能会需要花一点时间。而且读者也可能不希望在移动网络或受限环境下重复接下来的操作。如果 getURL 函数在验证的时候出现错误（常见于某些 Windows 系统），可以通过 Options 参数手动填写验证路径（RCurlOptions = list(cainfo= system.file ("CurlSSL", "cacert.pem", package = "RCurl"))），或者尝试使用 Hadley Wickham 提供的 httr（RCurl 前端）或者是 Jeroen Ooms 提供的 curl 包——详细说明参见下文。

当把这些 CSV 文件下载下来直接导入 R 后，让我们先看一下有关产品类别的反馈意见：

```
> library(RCurl)
Loading required package: bitops
> url <- 'https://data.consumerfinance.gov/api/views/x94z-ydhh/rows.
csv?accessType=DOWNLOAD'
> df  <- read.csv(text = getURL(url))
> str(df)
'data.frame':  236251 obs. of  14 variables:
 $ Complaint.ID        : int  851391 851793 ...
 $ Product             : Factor w/ 8 levels ...
 $ Sub.product         : Factor w/ 28 levels ...
 $ Issue               : Factor w/ 71 levels "Account opening ...
 $ Sub.issue           : Factor w/ 48 levels "Account status" ...
 $ State               : Factor w/ 63 levels "","AA","AE",,..
 $ ZIP.code            : int  14220 64119 ...
 $ Submitted.via       : Factor w/ 6 levels "Email","Fax" ...
 $ Date.received       : Factor w/ 897 levels  ...
```

```
 $ Date.sent.to.company: Factor w/ 847 levels "","01/01/2013" ...
 $ Company             : Factor w/ 1914 levels ...
 $ Company.response    : Factor w/ 8 levels "Closed" ...
 $ Timely.response.    : Factor w/ 2 levels "No","Yes" ...
 $ Consumer.disputed.  : Factor w/ 3 levels "","No","Yes" ...
> sort(table(df$Product))

     Money transfers         Consumer loan            Student loan
                 965                  6564                    7400
     Debt collection      Credit reporting Bank account or service
               24907                 26119                   30744
         Credit card              Mortgage
               34848                104704
```

从中可以发现大多数意见都是针对债权问题，这里工作的重点是介绍使用 curl 包从某个 HTTPS URL 下载 CSV 文件，然后通过 read.csv 函数（也可以使用其他后述章节将讨论的其他函数）读取文件内容的过程。

除了 GET 请求，读者还可以使用 POST、DELETE 或 PUT 请求与 RESTful API 端点交互，也可以使用 RCurl 包的 postForm 函数和 httpDELETE，httpPUT 或 httpHEAD 函数—详细内容请稍后参考下文关于 httr 包的内容。

也可以使用 Curl 从那些要求授权的有安全保护的站点下载数据。最简单的方法是在主页注册，将 cookie 保存到一个文本文件中，然后在 getCurlHandle 中将文件路径传给 cookiefile 参数。也可以在其他选项中指明 useragent 类型。请参考 http://www.omegahat.org/RCurl/RCurlJSS.pdf 获得更详细和全面（也是非常有用）有关 RCurl 重要特性的帮助。

curl 功能已经非常强大，但对于那些没有一定 IT 背景的用户来说，它的语法和众多选项让人难以适应。相比而言，httr 包是对 RCurl 的一个简化，既封装了常见的操作和日常应用功能，同时配置要求也相对简单。

例如，httr 包对连接同一网站的不同请求的 cookies 基本上都是自动采用统一的连接方式，对错误的处理方法也进行了优化，降低了用户的调试难度，提供了更多的辅助函数，包括头文件配置、代理使用方法以及 GET、POST、PUT、DELETE 等方法的使用等。另外，httr 包对授权请求的处理也更人性化，提供了 OAuth 支持。

OAuth 是中介服务提供商支持的一种开源授权标准。有了 OAuth，用户就不需要分享实际的信用证书，而可以通过授权方式来共享服务提供商的某些信息。例如，用户可以授权谷歌与第三方之间分享实际的用户名、e-mail 地址等信息，而不用公开其他敏感信息，也没必要公开密码。OAuth 最常见的应用是被用于以无密码方式访问各类 Web 服务和 API 等。更多相关信息，请参考本书第 14 章，我们将在 14 章中就如何使用 OAuth 和 Twitter 授权 R 会话获取数据进行详细探讨。

但如果遇到了数据不能以 CSV 文件格式下载的情况该怎么办呢？

2.2 其他流行的在线数据格式

在 Web 上数据通常采用 XML 或 JSON 两种格式存放，因为这两类文件都使用了人类可以理解的数据格式，从程序开发的角度而言也非常容易处理，同时也适合处理任意类型的层次化数据结构，而不像 CSV 文件一样仅能处理简单的表格数据。

> JSON 最初源于 JavaScript 对象标识，是当前应用最为广泛的一种人类可读的数据交换格式。JSON 使用属性 – 值对的形式，能够支持包括数值、字符串、布尔值、有序表以及关联矩阵等多种对象类型，被认为是一种低成本的 XML 替换语言。在 Web 应用、服务和 API 中已经大量地使用了 JSON 格式。

R 支持以 JSON 格式装载和存储数据，我们将借助 Socarata API（更多细节请参考本章 2.5 节）从前述样例中获取部分数据来证实这一点，这些数据是由消费者金融保护局提供的，相关 API 的完整文档可从 http://www.consumerfinance.gov/complaintdatabase/technical-documentation 获得。

该 API 的终端是一个不需授权即可访问的 URL，我们可通过该 URL 获得后台数据库的信息：http://data.consumerfinance.gov/api/views. 下图是从浏览器中返回的 JSON 链表，显示了数据的详细结构：

data.consumerfinance ×

data.consumerfinance.gov/api/views/25ei-6bcr/rows.json?max_rows=5


```
{
  "meta" : {
    "view" : {
      "id" : "25ei-6bcr",
      "name" : "Credit Card Complaints",
      "averageRating" : 0,
      "createdAt" : 1337199939,
      "displayType" : "table",
      "downloadCount" : 4843,
      "indexUpdatedAt" : 1392488390,
      "licenseId" : "PUBLIC_DOMAIN",
      "newBackend" : false,
      "numberOfComments" : 0,
      "oid" : 2956892,
      "publicationAppendEnabled" : false,
      "publicationDate" : 1364274981,
      "publicationGroup" : 342069,
      "publicationStage" : "published",
      "rowIdentifierColumnId" : 53173967,
      "rowsUpdatedAt" : 1364274443,
      "rowsUpdatedBy" : "dfzt-mv86",
      "tableId" : 756116,
      "totalTimesRated" : 0,
      "viewCount" : 66434,
      "viewLastModified" : 1364274981,
      "viewType" : "tabular",
      "columns" : [ {
        "id" : -1,
        "name" : "sid",
        "dataTypeName" : "meta_data",
        "fieldName" : ":sid",
        "position" : 0,
        "renderTypeName" : "meta_data",
```


鉴于 JSON 非常容易理解，因此可以在编译之前简单地浏览一下数据格式。下面可以使用 rjson 包将树状列表导入到 R 会话中：

```
> library(rjson)
> u <- 'http://data.consumerfinance.gov/api/views'
> fromJSON(file = u)
```

```
[[1]]
[[1]]$id
[1] "25ei-6bcr"

[[1]]$name
[1] "Credit Card Complaints"

[[1]]$averageRating
[1] 0
…
```

这和之前我们曾经看见过的用逗号分隔的文件略有不同！再仔细分析一下文档，可以发现API终端返回的是元数据文件而非我们之前在CSV文件中看到的原始表格数据。现在我们在浏览器中打开相关URL来查看前5行中ID为25ei-6bcr的数据内容：

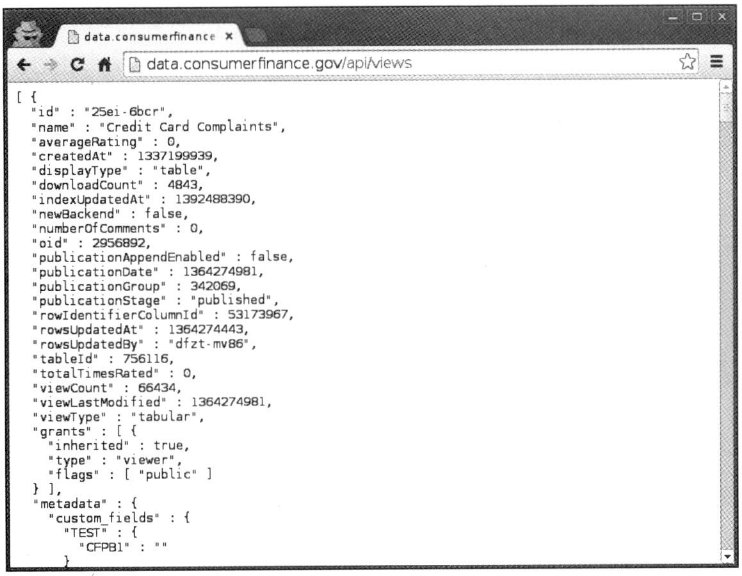

data.consumerfinance.gov/api/views


```
[ {
  "id" : "25ei-6bcr",
  "name" : "Credit Card Complaints",
  "averageRating" : 0,
  "createdAt" : 1337199939,
  "displayType" : "table",
  "downloadCount" : 4843,
  "indexUpdatedAt" : 1392488390,
  "newBackend" : false,
  "numberOfComments" : 0,
  "oid" : 2956892,
  "publicationAppendEnabled" : false,
  "publicationDate" : 1364274981,
  "publicationGroup" : 342069,
  "publicationStage" : "published",
  "rowIdentifierColumnId" : 53173967,
  "rowsUpdatedAt" : 1364274443,
  "rowsUpdatedBy" : "dfzt-mv86",
  "tableId" : 756116,
  "totalTimesRated" : 0,
  "viewCount" : 66434,
  "viewLastModified" : 1364274981,
  "viewType" : "tabular",
  "grants" : [ {
    "inherited" : true,
    "type" : "viewer",
    "flags" : [ "public" ]
  } ],
  "metadata" : {
    "custom_fields" : {
      "TEST" : {
        "CFPB1" : ""
      }
```


当然在JSON结果链表中的结构已经发生了变化。下面，让我们将水平链表读入到R中：

```
> res <- fromJSON(file = paste0(u,'/25ei-6bcr/rows.json?max_rows=5'))
> names(res)
[1] "meta" "data"
```

还可以利用诸如视图、列等一些更详细的元数据信息来获取数据，这里面可能有一些我们现在不感兴趣的内容，因为fromJSON返回的是一个list对象。从现在开始，我们可以直接删掉这些元数据，然后仅处理data行：

```
> res <- res$data
> class(res)
[1] "list"
```

此时结果还是一个list对象，可以将它转换为data.frame类型。该list对象拥有5个元素，每个元素包括了19个嵌入的子节点。我们首先观察其中第13个子元素，是一个5-5的向量列表。这意味着树状list对象无法直接转换成表格数据，更不用说我们还发现其中某些向量的值是未经处理的JSON格式。因此，为了简单起见，同时也为了证明我们的观点，现在去掉与地址相关的值，然后将剩下的数据转换成data.frame格式：

```
> df <- as.data.frame(t(sapply(res, function(x) unlist(x[-13]))))
> str(df)
'data.frame':  5 obs. of  18 variables:
 $ V1 : Factor w/ 5 levels "16756","16760",..: 3 5 ...
 $ V2 : Factor w/ 5 levels "F10882C0-23FC-4064-979C-07290645E64B" ...
 $ V3 : Factor w/ 5 levels "16756","16760",..: 3 5 ...
 $ V4 : Factor w/ 1 level "1364270708": 1 1 ...
 $ V5 : Factor w/ 1 level "403250": 1 1 ...
 $ V6 : Factor w/ 5 levels "1364274327","1364274358",..: 5 4 ...
 $ V7 : Factor w/ 1 level "546411": 1 1 ...
 $ V8 : Factor w/ 1 level "{\n}": 1 1 ...
 $ V9 : Factor w/ 5 levels "2083","2216",..: 1 2 ...
 $ V10: Factor w/ 1 level "Credit card": 1 1 ...
 $ V11: Factor w/ 2 levels "Referral","Web": 1 1 ...
 $ V12: Factor w/ 1 level "2011-12-01T00:00:00": 1 1 ...
 $ V13: Factor w/ 5 levels "Application processing delay",..: 5 1 ...
 $ V14: Factor w/ 3 levels "2011-12-01T00:00:00",..: 1 1 ...
 $ V15: Factor w/ 5 levels "Amex","Bank of America",..: 2 5 ...
 $ V16: Factor w/ 1 level "Closed without relief": 1 1 ...
 $ V17: Factor w/ 1 level "Yes": 1 1 ...
 $ V18: Factor w/ 2 levels "No","Yes": 1 1 ...
```

我们应用了一个简单的函数去掉了表中每个元素的地址信息（移除了每个x的第13个元素），然后自动将其简化为matrix（通过使用sapply而非lapply对list中每个元素迭代处理），完成调换（通过t），再将结果强制转换为data.frame。

也可以使用之前介绍的一些方法，通过一些辅助函数而不用手动转换所有list元素。plyr包（请参考本书第3章和第4章获得更多细节）就提供了一些非常有用能够实现数据划分和组合的函数：

```
> library(plyr)
> df <- ldply(res, function(x) unlist(x[-13]))
```

现在结果看起来熟悉一些了吧，尽管省略了变量的名字，而且所有值都被转换为字符向量或因子——尽管日期类型是以UNIX时间戳类型存放的。借助提供的元数据（res$meta），能够非常容易地解决这些难题。例如，可以通过抽取（通过[operator命令）除了已经被删掉的地址信息列13列之外的所有列的名字域：

```
> names(df) <- sapply(res$meta$view$columns, `[`, 'name')[-13]
```

也可以借助已经提供的元数据来确定对象的类别。例如，可以从域 renderTypeName 着手，然后使用 as.numeric 处理数值型，使用 as.POSIXct 处理所有的 calendar_date，就可以解决之前谈到的绝大部分问题了。

那么，你听过 80% 的数据分析时间是用在数据预处理过程上这一说法吗？

对 JSON 和 XML 进行解析和重构到 data.frame 对象会占用大量的时间，特别是在处理层次表时尤为突出。包 jsonlite 试图实现 R 对象到常规的 JSON 数据格式之间的转换而非原始处理来节约时间。从实际工作的角度来看，这意味着如果可能的话，从 jsonlite::fromJSON 就能够得到 data.frame 结果而不是一堆原始 list 对象，实现了更好的无缝数据转换。不幸的是，我们并不是总能将 list 对象转换为表格式，此时，可以通过 rlist 包来加速 list 对象的转换。更多实现细节请参考本书第 14 章。

> **扩展可标记语言**（Extensible Markup Language，XML）最初由万维网联盟于 1996 开发，一开始是以人类和机器都能读懂的格式存储文档。包括 Microsoft Office Open XML，Open/LibreOffice OpenDocument 在 RSS 站点信息共享和很多配置文件上都采用了 XML 格式。XML 格式也被广泛用于 Internet 上的数据交换，特别是某些老式 API，更是将 XML 作为唯一的数据交换格式。

让我们再看看除了 JSON 以外，我们还能使用其他哪些流行的在线数据交换格式。XML API 的使用方法类似 JSON，但我们必须要在端 URL:http://data.consumerfinance.gov/api/views.xml 指明期望的输出格式，如下图屏幕输出所示：

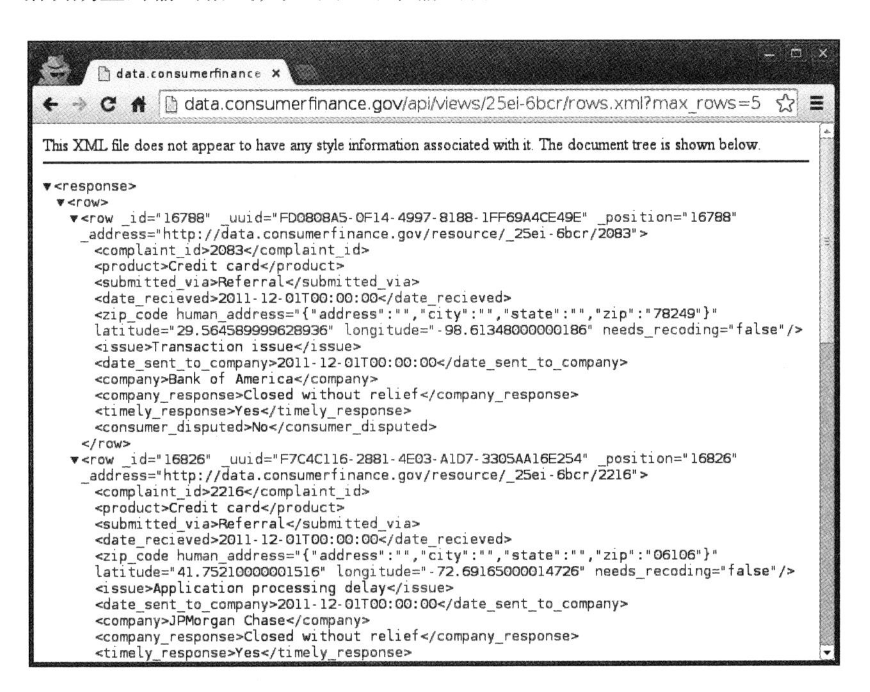

如图所示，API 的 XML 输出与之前我们看到的 JSON 格式不太相同，它的输出仅包含我们感兴趣的行。这样，就能很简单地完成 XML 文档的分析，并且从中抽取出我们感兴趣的行并将其转换为 data.frame：

```
> library(XML)
> doc <- xmlParse(paste0(u, '/25ei-6bcr/rows.xml?max_rows=5'))
> df  <- xmlToDataFrame(nodes = getNodeSet(doc,"//response/row/row"))
> str(df)
'data.frame':  5 obs. of  11 variables:
 $ complaint_id        : Factor w/ 5 levels "2083","2216",..: 1 2 ...
 $ product             : Factor w/ 1 level "Credit card": 1 1 ...
 $ submitted_via       : Factor w/ 2 levels "Referral","Web": 1 1 ...
 $ date_recieved       : Factor w/ 1 level "2011-12-01T00:00:00" ...
 $ zip_code            : Factor w/ 1 level "": 1 1 ...
 $ issue               : Factor w/ 5 levels  ...
 $ date_sent_to_company: Factor w/ 3 levels "2011-12-01T00:00:00" ...
 $ company             : Factor w/ 5 levels "Amex" ....
 $ company_response    : Factor w/ 1 level "Closed without relief"...
 $ timely_response     : Factor w/ 1 level "Yes": 1 1 ...
 $ consumer_disputed   : Factor w/ 2 levels "No","Yes": 1 1 ...
```

可以通过修改传递给 xmlToDataFrame 函数中参数 colClasses 的值来手动确定变量的类型，就像在 read.table 函数里那样做一样，也可以通过一个快速的 helper 函数来解决这个问题：

```
> is.number <- function(x)
+     all(!is.na(suppressWarnings(as.numeric(as.character(x)))))
> for (n in names(df))
+     if (is.number(df[, n]))
+         df[, n] <- as.numeric(as.character(df[, n]))
```

当 helper 函数返回为 TRUE 时，就可以验证我们对某个列仅包含数字的猜想，并将其转换为数值类型。请注意我们在将因子类型转换为数字时先要将其转换为字符类型，因为直接将因子转换为数值会返回因子的顺序而不是实际的数值。我们还可以通过 type.convert 函数来解决这个问题，read.table 默认会采用这一方法。

如果希望测试相似的 APIs、JSON 或 XML 源，可以尝试 Twitter、GitHub 上的 API 或其他任何一个在线服务提供商。另一方面，我们也可以找到其他的基于 R 的开源服务，能够从任意 R 代码返回 XML、JSON 或 CSV 文件。详细内容请参考：http://www.opencpu.org。

现在，我们已经能够基于各种不同类型的数据下载格式完成数据处理，不过鉴于我们还必须掌握一些其他的数据源操作，我建议读者们继续往下接着学习。

2.3　从 HTML 表中读取数据

万维网上传统的文本和数据以 HTML 页面为主，我们经常可以从例如 HTML 表找到一些有意思的信息，很容易就能通过复制和粘贴将数据转换成 Excel 电子表格，保存在磁盘上，稍后再导入到 R 中。但是这个过程比较费时间，也有点枯燥，因此可以考虑进行自动化处理。

可以借助前面提到过的客户反馈数据库的 APIs 来实现这一功能。如果我们不指定输出格式为 XML 格式或 JSON 格式，浏览器将默认返回一个 HTML 表格，输出结果如下图：

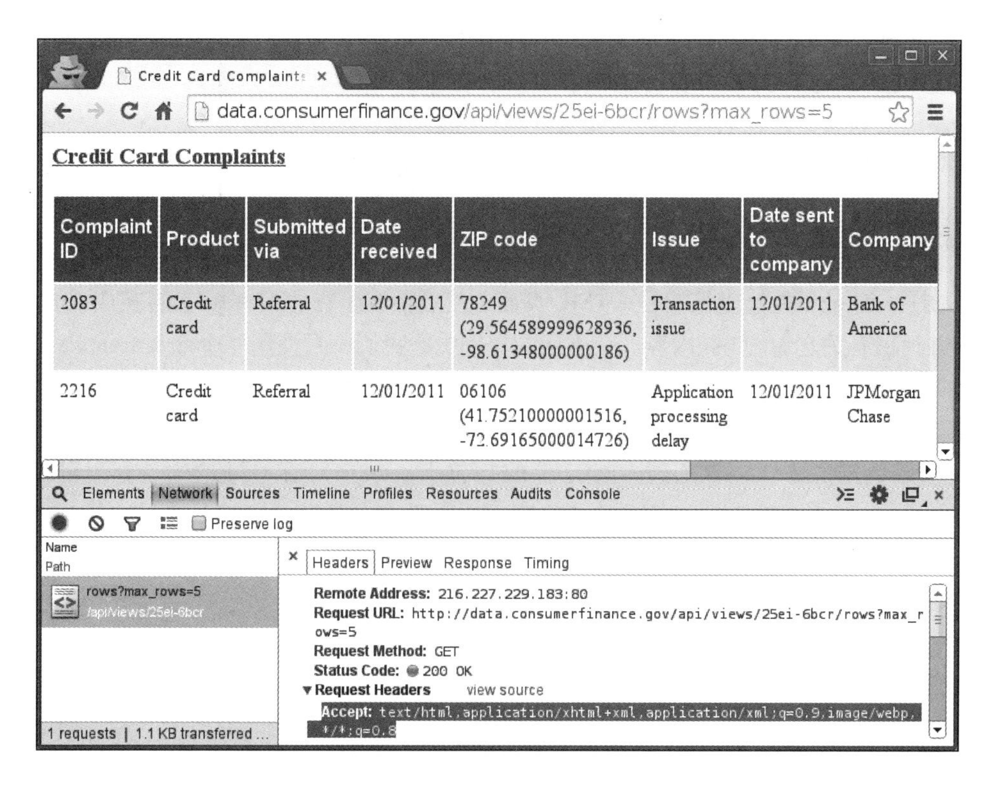

在 R 控制台中实现这个功能有点复杂，因为当使用 curl 时，浏览器将发送一些非默认的 HTTP 头，如果处理的是 URL 则简单返回一个 JSON 表。为了得到 HTML 格式，必须要让服务器知道我们期望的是 HTML 的输出格式，因此，需要在查询中设置合适的 HTTP 头：

```
> doc <- getURL(paste0(u, '/25ei-6bcr/rows?max_rows=5'),
+   httpheader = c(Accept = "text/html"))
```

XML 包也提供了一个非常简单的办法实现从某个文档或指定结点来解析所有的 HTML 表，调用 readHTMLTable 函数，该函数将默认返回一个 data.frames 的 list 对象：

```
> res <- readHTMLTable(doc)
```

如果仅希望获得页面的第一张表，我们可以稍后设置 res 的过滤器或者设置 readHTML-Table 中 which 参数的值。以下两个 R 表达式效果相同：

```
> df <- res[[1]]
> df <- readHTMLTable(doc, which = 1)
```

从静态 Web 页面读取表数据

到目前为止，我们已经在同一个主题上变换了不少花样，但如果我们发现下载了一个完全不是前述任何一种流行的数据格式文件该怎么办？例如，有些人可能会对在 CRAN 上提供的 R 包感兴趣，这些包的列表可从 http://cran.r-project.org/web/packages/available_packages_by_name.html 处获得。我们又该如何完成这个任务？不调用 RCurl 或者指定客户头，我们也不需要先去处理文件，只需将 URL 传递给 readHTMLTable 即可：

```
> res <- readHTMLTable('http://cran.r-project.org/Web/packages/available_
packages_by_name.html')
```

readHTMLTable 能够直接获得 HTML 页面，然后抽取所有的 HTML 表转换成 data.frame 对象，并返回有关它们的 list 内容。在下面的样例中，我们将只使用一个 data.frame 的 list 信息来获得所有包的名字和列的描述。

不过，str 函数返回的文本信息所含信息量并不是很大，我们将快速介绍处理和可视化这类原始数据的方法，并通过 CRAN 上的 R 包来展示这些有些过量的特征。可以通过 wordcloud 包和 tm 包中一些奇妙的函数来创建一个关于包的描述的词组云：

```
> library(wordcloud)
Loading required package: Rcpp
Loading required package: RColorBrewer
> wordcloud(res[[1]][, 2])
Loading required package: tm
```

这一简短的命令可以产生如下图所示的结果输出，它们代表了有关 R 包的描述中出现频率最高的词语。这些词语的位置没有特殊含义，但是通常词语的字体越大，意味着其出现频率越高。请参考屏幕截图的技术说明：

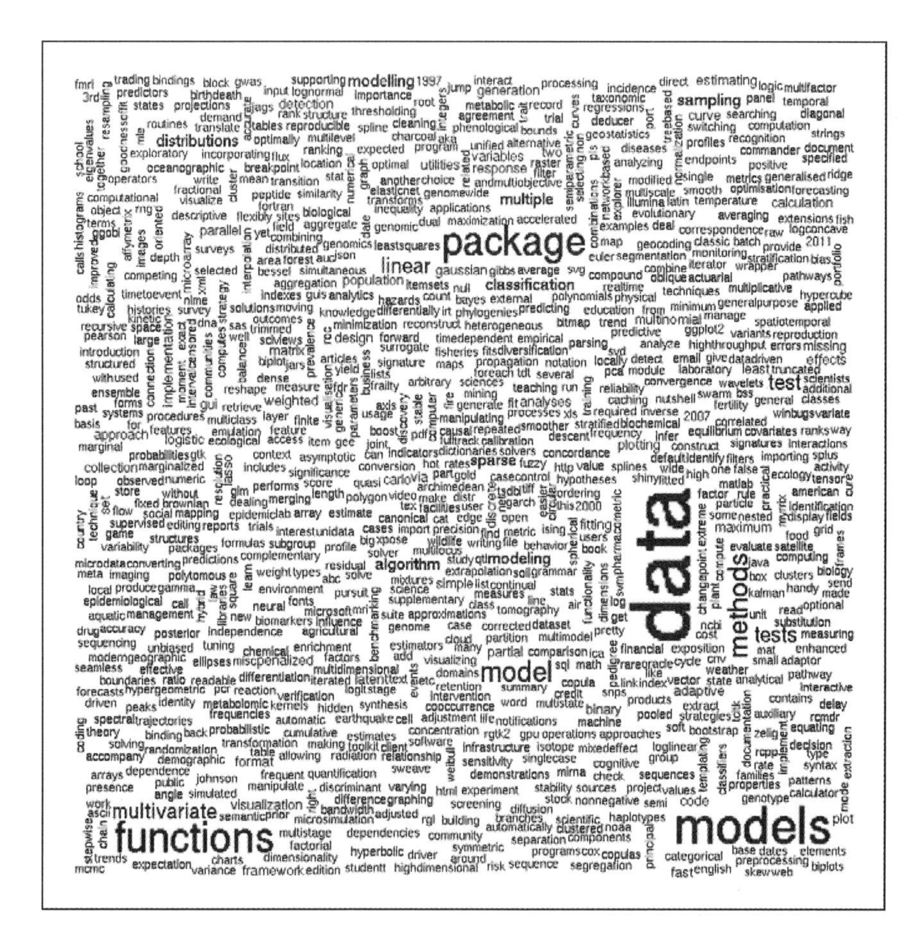

我们刚才是将第一个list对象的第二行字串传递到wordcloud函数，该函数将自动返回tm包对文本数据挖掘的结果。有关这一内容的详细说明，请参考本书第7章的内容。接下来，函数将根据这些词语在包描述中出现的频率赋予相应权重，然后根据权重确定其输出字体大小。看起来，R包确实都是首先关注构建模型并对数据应用不同的测试。

2.4 从其他在线来源获取数据

尽管readHTMLTable非常实用，但某些时候数据不是以结构化格式存放在表格中，更可能就是以HTML表形式存储。我们首先访问http://cran.r-project.org/web/views/WebTechnologies.html来了解一下R包在相应的CRAN任务描述中列出的数据格式类型，如下图所示：

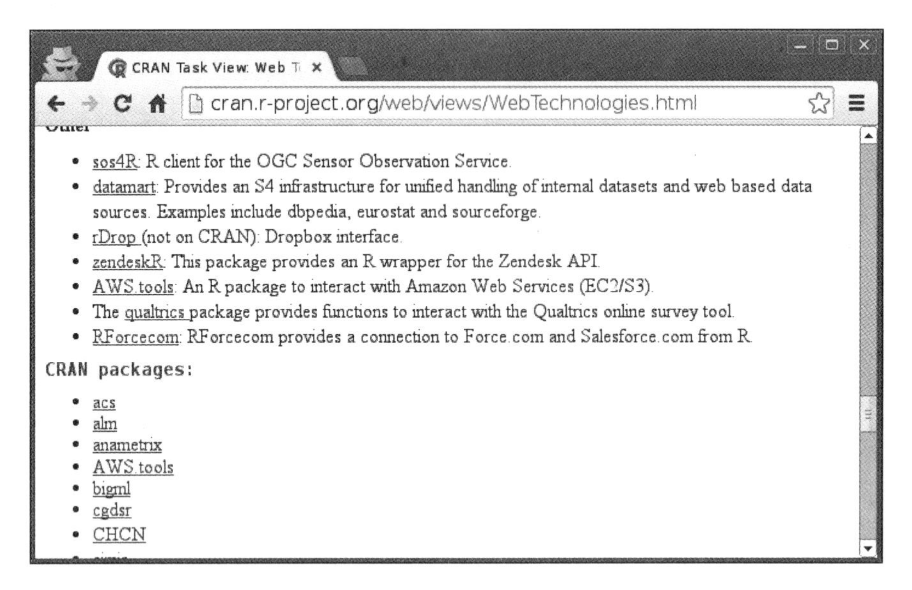

在这幅图中，我们看到了一个 HTML 列表，列出了包的名称，以及指向 CRAN 或 GitHub 的 URL。要处理这样的 HTML，我们首先要对 HTML 源有所了解才能对分析方法做确定。读者可以很容易地在 Chrome 或 Firefox 浏览器中完成这个任务：右键点击目录顶部的 CRAN 包标题，选择 Inspect Element 命令，将看到如下输出：

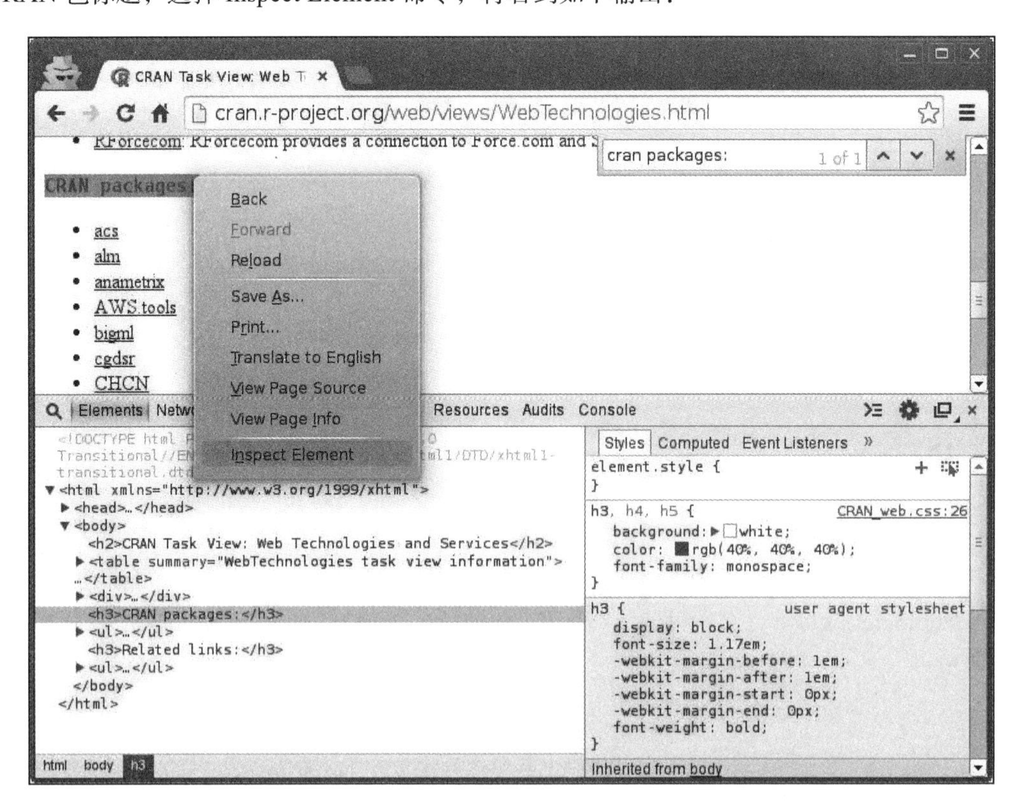

此时，我们已经得到了一个以ul（无序表）的HTML标签列出的相关R包，在标签h3后面就包括了CRAN packages字符串。

简而言之：

- 我们需要解析这个HTML文件
- 在search项找到第三级头
- 从其后的未排序的HTML表中获得所有表元素

这些工作也可以通过XML路径语言来完成，该语言拥有一种特殊的语法能通过查询来选择在XML/HTML文档中的节点。

更多有关R驱动的例子，请参考本书第4章，以及Springer.出版的Deborah Nolan和语句Duncan Temple Lang编著的《Use R！》系列。更多详细内容，请参考本书附录部分。

XPath初看起来很难理解，也很复杂。例如，待处理的表可以被如下语句描述：

```
//h3[text()='CRAN packages:']/following-sibling::ul[1]/li
```

让我再对此细化一下：

（1）我们正在查找一个h3标签，该标签的text属性为“CRAN packages”，我们需要在整个文本中查找有这些属性的特殊节点。

（2）following-siblings表达式代表了被选中的h3标签中所有同层子节点。

（3）过滤器仅查找ul的HTML标签。

（4）由于结果有好几个，我们仅通过index（1）挑选出第一个兄弟节点。

（5）然后从中挑选出所有li标签（表单元素）。

在R中重复类似操作：

```
> page <- htmlParse(file =
+   'http://cran.r-project.org/Web/views/WebTechnologies.html')
> res  <- unlist(xpathApply(doc = page, path =
+   "//h3[text()='CRAN packages:']/following-sibling::ul[1]/li",
+   fun  = xmlValue))
```

And we have the character vector of the related 118 R packages：

```
> str(res)
 chr [1:118] "acs" "alm" "anametrix" "AWS.tools" "bigml" ...
```

使用XPath可以非常方便地在HTML文档中选择和搜索节点，xpathApply函数也提供了同样的功能。R将XPath函数的大多数功能都封装在了libxml中，以提供更高效和更方便的操作方法。不过我们也可以使用xpathSApply函数，该函数返回结果更加简化，它和XPath之间的差别就像lapply函数和sapply函数的差别一样。因此我们也可以按以下方式来保存unlist调用的结果：

```
> res <- xpathSApply(page, path =
```

```
+ "//h3[text()='CRAN packages:']/following-sibling::ul[1]/li",
+   fun  = xmlValue)
```

细心的读者一定注意到了返回的结果列表是一个简单的字符向量，而原始的 HMTL 表单还包括了指向之前那些包的 URL，那么这些内容跑到哪去了呢？

确切来说发生这种现象是由 xmlValue 函数的特点造成的，我们在样例的 xpathSApply 调用时从原始文档抽取节点信息时没有使用默认的 NULL 作为评价函数，因此函数仅简单地从每个不包含子节点的叶子节点中抽取原始文本数据，并得到了上面的结果。那么如果我们对包 URL 里面的内容更感兴趣怎么办呢？

调用不带任何指定 fun 的 xpathSApply 函数将返回所有原始子节点信息，这对我们并没有直接的帮助，也没必要对这些结果再应用一些常规表达式。函数 xmlValue 的帮助页面为我们提供了一些类似可以完成这些应用的函数，这里我们会毫不犹豫地选择 xmlAttrs：

```
> xpathSApply(page,
+   "//h3[text()='CRAN packages:']/following-sibling::ul[1]/li/a",
+   xmlAttrs, 'href')
```

请注意样例中更新了 path 的信息，我们在这里选择的是所有的标签 a 而非其父标签 li，和前面 xmlValue 函数的参数不同。在样例中，xmlAttrs 的抽取参数是 'href'，因此函数会对所有包含标签 a 的节点抽取属性及属性值。

有了这些基本函数，用户就能够从在线资源中获取任意公开的数据，当然在实际中实现的过程最后有可能会变得相对复杂。

另外一方面，由于数据获取经常受限于数据拥有者给定的版权范围，因此必须要首先确认这些可能的数据资源其相关的法律条文、使用条件等内容。除了法律事务，从数据供应商的技术角度去考虑数据的获取和抓取问题也是比较明智的，如果你在没有和管理员提前沟通的情况下对网站进行频繁的查询，则很有可能会被认为是在进行某种网络攻击，同时会给服务器带来不必要的负担。为了简化数据获取的问题，记得给查询设置合适的频率，例如，最少每个查询之间要相隔 2 秒，最好的方法则是从站点的 robot.txt 文件中了解 Crawl-delay 的大小，一般该文件会被放置在根目录下。大多数数据供应商也会对数据抓取给出一些指导意见，我们应该确保了解清楚关于下载速率的限制和频率。

某些时候，我们也有可能很幸运地找到一些现成的 XPath 筛选代码，那么就可以直接使用自带的 R 包，通过 Web 服务和主页下载数据。

2.5 使用 R 包与数据源 API 交互

尽管我们能够读取 HTML 表格、CSV 文件、JSON 和 XML 数据，甚至某些 HTML 的原始文档，然后实现数据的存储，但花太多时间用来开发我们自己的工具意义并不大，除非我们再没有其他选择。因此，通常我们应该首先快速了解清楚 Web Technologies 以及 Services CRAN Task View 的内容，同时留意 R-bloggers，StackOverflow 以及 GitHub 这些网站，从上面获得任何可能的解决方案，而不是去定制自己的 XPath 工具和 JSON 列表。

2.5.1 Socrata 的开源数据 API

我们现在来展示使用 Socrata 公司为消费者金融保护局（the Consumer Financial Protection Bureau）提供的开放数据应用程序接口（the Open DataApplication Program Interface），重新实现上述样例：

```
> library(RSocrata)
Loading required package: httr
Loading required package: RJSONIO

Attaching package: 'RJSONIO'

The following objects are masked from 'package:rjson':

    fromJSON, toJSON
```

事实上，RSocrata 包和我们前面的方法一样使用了 JSON 源（或 CSV 文件）。请注意警告信息，其显示 RSocrata 包依赖于另外一个 R 中的 JSON 编译包，而不是我们之前使用的那个包，因此某些函数的名称是有冲突的。这时候，最好就是在自动导入 RJSONIO 包之前先执行 detach（'package:rjson'）操作。

有了 RJSONIO 包，从指定的 URL 装载顾客反馈意见数据库就变成了一件非常容易的事情：

```
> df <- read.socrata(paste0(u, '/25ei-6bcr'))
> str(df)
'data.frame':  18894 obs. of  11 variables:
 $ Complaint.ID        : int  2240 2243 2260 2254 2259 2261 ...
 $ Product             : chr  "Credit card" "Credit card" ...
 $ Submitted.via       : chr  "Web" "Referral" "Referral" ...
 $ Date.received       : chr  "12/01/2011" "12/01/2011" ...
 $ ZIP.code            : chr  ...
 $ Issue               : chr  ...
 $ Date.sent.to.company: POSIXlt, format: "2011-12-19" ...
 $ Company             : chr  "Citibank" "HSBC" ...
 $ Company.response    : chr  "Closed without relief" ...
 $ Timely.response.    : chr  "Yes" "Yes" "No" "Yes" ...
 $ Consumer.disputed.  : chr  "No" "No" "" "No" ...
```

我们可以获取数值型数据，所有的日期也被自动处理成 POSIXlt！

类似的，Web Technologies 和 Services CRAN Task View 包含了数百种和自然科学类 Web 站点进行交互的 R 包，例如，生态学、遗传学、化学、天气学、金融学、经济学以及市场学等。我们还可以找到用于处理文本数据、文献资源、Web 分析数据、新闻以及地图和社会媒体数据类的 R 包。由于篇幅有限，我们将仅关注那些频繁使用的包。

2.5.2 金融 API

Yahoo! 财经和 Google 财经是企业界人士常用的两种开放式数据源标准。使用 quantmod 包以及前述一些服务提供商，可以非常容易地实现获取诸如股票、金属或者是外币交易价格这样的信息。例如，让我们来看一下以 'A' 为标记的 AgilentTechnologies 公司最近的股票价格：

```
> library(quantmod)
Loading required package: Defaults
Loading required package: xts
Loading required package: zoo

Attaching package: 'zoo'

The following objects are masked from 'package:base':

    as.Date, as.Date.numeric

Loading required package: TTR
Version 0.4-0 included new data defaults. See ?getSymbols.
> tail(getSymbols('A', env = NULL))
           A.Open A.High A.Low A.Close A.Volume A.Adjusted
2014-05-09  55.26  55.63 54.81   55.39  1287900      55.39
2014-05-12  55.58  56.62 55.47   56.41  2042100      56.41
2014-05-13  56.63  56.98 56.40   56.83  1465500      56.83
2014-05-14  56.78  56.79 55.70   55.85  2590900      55.85
2014-05-15  54.60  56.15 53.75   54.49  5740200      54.49
2014-05-16  54.39  55.13 53.92   55.03  2405800      55.03
```

默认情况下，getSymbols 函数会将获得的结果放在指定的 parent.frame（通常为全局变量）环境内。如果指定 NULL 为期望中的环境，则处理结果会被当做一个 xts 的时间序列对象对待，如样例所示。

而外币交易的比率也可以很容易地抓取出来：

```
> getFX("USD/EUR")
[1] "USDEUR"
> tail(USDEUR)
```

```
              USD.EUR
2014-05-13  0.7267
2014-05-14  0.7281
2014-05-15  0.7293
2014-05-16  0.7299
2014-05-17  0.7295
2014-05-18  0.7303
```

getSymbols 函数返回的字符串为 .GlobalEnv 内存放数据的 R 变量。如果要查看所有可用的数据源，可以使用相关的 S3 方法查询：

```
> methods(getSymbols)
 [1] getSymbols.csv    getSymbols.FRED    getSymbols.google
 [4] getSymbols.mysql  getSymbols.MySQL   getSymbols.oanda
 [7] getSymbols.rda    getSymbols.RData   getSymbols.SQLite
[10] getSymbols.yahoo
```

除了一些离线数据源，我们可以从 Google、Yahoo! 和 OANDA 上获得最近的金融信息。如果要查看所有标记的完整列表，可以使用已经装载好的 TTR 包：

```
> str(stockSymbols())
Fetching AMEX symbols...
Fetching NASDAQ symbols...
Fetching NYSE symbols...
'data.frame':  6557 obs. of  8 variables:
 $ Symbol    : chr  "AAMC" "AA-P" "AAU" "ACU" ...
 $ Name      : chr  "Altisource Asset Management Corp" ...
 $ LastSale  : num  841 88.8 1.3 16.4 15.9 ...
 $ MarketCap: num  1.88e+09 0.00 8.39e+07 5.28e+07 2.45e+07 ...
 $ IPOyear   : int  NA NA NA 1988 NA NA NA NA NA NA ...
 $ Sector    : chr  "Finance" "Capital Goods" ...
 $ Industry  : chr  "Real Estate" "Metal Fabrications" ...
 $ Exchange  : chr  "AMEX" "AMEX" "AMEX" "AMEX" ...
```

可以在本书第 12 章找到更多处理和分析类似数据集的方法。

2.5.3 使用 Quandl 获取时序数据

Quandl 提供了一个支持访问百万级结构相似时序数据的标准模板，该模板实现了一个定制的 API，适合大约 500 个数据源。R 的 Quandl 包对来自全世界各类企业的这些开放数据都能提供简便的访问方式。下面，我们将以 U.S. 证券交易会发布的 Agilent Technologies 公司付出的红利数据为例，探讨 Quandl 包对时序数据的处理过程。首先，我们需要从公司主页 http://www.quandl.com 上以“Agilent Technologies”为关键词搜索函数 Quandl 的代码：

```
> library(Quandl)
> Quandl('SEC/DIV_A')
        Date Dividend
1 2013-12-27    0.132
2 2013-09-27    0.120
3 2013-06-28    0.120
4 2013-03-28    0.120
5 2012-12-27    0.100
6 2012-09-28    0.100
7 2012-06-29    0.100
8 2012-03-30    0.100
9 2006-11-01    2.057
Warning message:
In Quandl("SEC/DIV_A") :
  It would appear you aren't using an authentication token. Please visit
http://www.quandl.com/help/r or your usage may be limited.
```

如果没有合法的授权令牌，那么在使用这类API时会存在很多限制，可以通过访问Quandl主页来解决这一问题。当获得授权令牌后，可以用来设置Quandl.auth函数的参数。

Quandl包的功能包括：

- 以时间为筛选条件过滤数据
- 在服务器端执行一些对数据的转换操作，例如累积求和以及一阶微分等
- 对数据排序
- 确定返回对象的期望类别——例如ts、zoo和xts
- 下载有关数据源的一些元数据信息

元数据将存放在返回的R对象的attributes属性中，例如，希望统计数据集值的频数信息，可以调用：

```
> attr(Quandl('SEC/DIV_A', meta = TRUE), 'meta')$frequency
[1] "quarterly"
```

2.5.4 Google文档和统计数据

读者们如果对从Google Docs上下载自己或特定数据更有兴趣，使用RGoogleDocs包就非常合适。该包可以从http://www.omegahat.org/的主页上下载，它提供了对谷歌电子表的读写操作授权。

不幸的是，该包的功能有些过时，也使用了一些遭弃用的API函数，因此我们最好找到一些新一点的替换函数，例如googlesheets包，它也支持对谷歌电子表格（不支持其他格式文档）的管理。

我们还可以从R中找到类似能够支持与Google Analytics和Google Adwords进行交互的

包，来处理一些分析页面访问量或广告投入效率的问题。

2.5.5 在线搜索的发展趋势

另外，我们也可以调用API下载公共数据。Google提供了对包括World Bank、IMF，以及美国人口普查局等部门的公共数据进行访问的接口，访问地址为http://www.google.com/publicdata/directory。而有关Google自己内部有关搜索趋势的数据可以通过http://google.com/trends访问。

Google内部的数据调用GTrendsR包访问非常简单，不过在CRAN上还不提供下载，不过我们至少也可以以此为例来尝试一下如果通过其他的数据源来安装R的包。GTrendR源码库可以在BitBucket上获取，用devtools包来安装这些源码库非常方便。

为确保读者安装的GTrendR包的版本和我们后面样例中要用的版本一致，你可以指定install_bitbucket函数（或install_github函数）中参数ref的branch、commit以及其他属性的值。请参考本书附录中相关章节的内容。

```
> library(devtools)
> install_bitbucket('GTrendsR', 'persican', quiet = TRUE)
Installing bitbucket repo(s) GTrendsR/master from persican
Downloading master.zip from https://bitbucket.org/persican/gtrendsr/get/
master.zip
arguments 'minimized' and 'invisible' are for Windows only
```

可见从BitBucket或GitHub安装R包和确定好源码库的名称以及作者姓名，再使用devtools完成下载和编译一样简单。

Windows系统的用户应该在编译这些开发包之前先从http://cran.r-project.org/bin/windows/Rtools/处下载并按照Rtools包。我们同样激活了quiet模式，以阻止日志汇编和其他无聊的细节。

安装好以后，可以以常规方式载入包：

```
> library(GTrendsR)
```

首先要通过一个合法的Google用户名和口令完成授权，然后再开始对Google Trends数据库进行查询操作。现在搜索命令将是“how to install R”：

请确保所使用的用户名和口令都是正确的，否则下面的查询将失败。

```
> conn <- gconnect('some Google username', 'some Google password')
> df   <- gtrends(conn, query = 'how to install R')
> tail(df$trend)
        start         end how.to.install.r
```

```
601 2015-07-05 2015-07-11                86
602 2015-07-12 2015-07-18                70
603 2015-07-19 2015-07-25               100
604 2015-07-26 2015-08-01                75
605 2015-08-02 2015-08-08                73
606 2015-08-09 2015-08-15                94
```

返回的数据集包括了以星期为周期的对 R 安装操作方法的查询频度。通过数据可知，7 月中旬访问量最高，而接下来直到 8 月初的访问量仅为之前的 75%。由此可见，Google 并不发布对原始查询数据的统计信息，更多的是一种对不同搜索主题及时间间隔活动的比较研究。

2.5.6 天气历史数据

在 R 中还为地球学领域的用户提供了数据访问的包。例如，RNCEP 包能够从国家环境预测中心（National Centers for Environmental Prediction）下载 100 多年的天气历史数据，这些数据基本是 6 小时采集一次。weatherData 包提供对 http://wunderground.com 的直接访问。在下面的样例中，我们将下载过去七天 London 的日均温度数据：

```
> library(weatherData)
> getWeatherForDate('London', start_date = Sys.Date()-7, end_date = Sys.
Date())
Retrieving from: http://www.wunderground.com/history/airport/
London/2014/5/12/CustomHistory.html?dayend=19&monthend=5&yearend=2014&r
eq_city=NA&req_state=NA&req_statename=NA&format=1
Checking Summarized Data Availability For London
Found 8 records for 2014-05-12 to 2014-05-19
Data is Available for the interval.
Will be fetching these Columns:
[1] "Date"                "Max_TemperatureC"  "Mean_TemperatureC"
[4] "Min_TemperatureC"
        Date Max_TemperatureC Mean_TemperatureC Min_TemperatureC
1 2014-05-12               18                13                9
2 2014-05-13               16                12                8
3 2014-05-14               19                13                6
4 2014-05-15               21                14                8
5 2014-05-16               23                16                9
6 2014-05-17               23                17               11
7 2014-05-18               23                18               12
8 2014-05-19               24                19               13
```

请注意其中不重要的结果都被省略了，获取数据的过程非常直接：通过 R 的包获取指定 URL 的数据，这些数据以 CSV 文件格式存放，然后对数据进行分析处理。如果将 opt_ detailed 设置为 TRUE，将返回每天以 30 分钟为间隔的温度变化。

2.5.7 其他在线数据源

本章篇幅有限，因此不可能讨论完所有类型的在线数据源的处理方法，请参考 Web Technologies、Services CRAN Task View、R-bloggers、StackOverflow 以及本书附录部分来了解这些实现了的 R 包，在读者开始开发自己的数据抓取包时也可以多参考 helper 函数。

2.6 小结

本章专注于如何直接获取并处理由 Web 得到的数据集，包括文件下载、XML 和 JSON 格式数据的处理、HTML 表的分析、使用 XPath 函数将数据从 HTML 页面中抽取出来以及如何与 RESTful API 进行交互。

尽管基于 Socrata API 实现的一些样例可以很简单地借助 RSocrata 包实现，但是我们不能忘记总有些时候我们可能找不到一个现成的 R 包来完成某些功能。因此，作为一个数据黑客，我们必须要了解掌握对 JSON、HTML 和 XML 数据源的处理方法。

在下一章中，我们将探讨如何使用最好、最常用的方法对已经获取并装载的数据进行筛选和聚合操作，来实现数据的变形和重构。

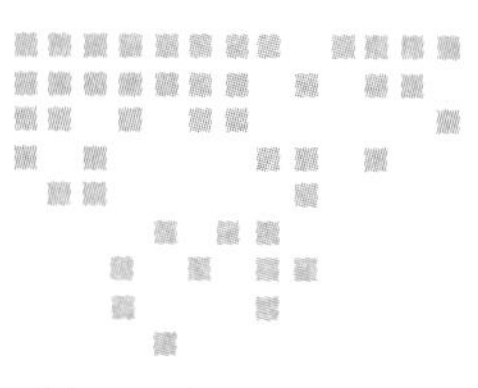

Chapter 3 第 3 章

数据筛选和汇总

当我们从平面文件或数据库（第 1 章），或直接通过某些 API 从 Web（第 2 章）完成数据导入后，在开始实际的数据分析操作之前，经常会有必要对原始数据展开聚集、转换及筛选操作。

本章，我们将关注以下内容：

- ❑ 对数据框对象进行行或列筛选
- ❑ 对数据进行汇总和聚集
- ❑ 除了基础的 R 方法，掌握通过 dplyr 和 data.table 等包来优化数据预处理操作的性能

3.1 去掉多余的数据

尽管提前去掉多余数据能实现性能优化（参考 1.3 节以及 1.4 节），我们仍然会面临对已经导入到 R 的原始数据集进行筛选的需求，可以借助 subset、which 和 [或 [[操作符等 R 自带的传统工具和函数来完成这一任务，也可以使用 sqldf 包中类似 SQL 语句的方法，例如：

```
> library(sqldf)
> sqldf("SELECT * FROM mtcars WHERE am=1 AND vs=1")
   mpg cyl  disp  hp drat    wt  qsec vs am gear carb
1 22.8   4 108.0  93 3.85 2.320 18.61  1  1    4    1
2 32.4   4  78.7  66 4.08 2.200 19.47  1  1    4    1
3 30.4   4  75.7  52 4.93 1.615 18.52  1  1    4    2
4 33.9   4  71.1  65 4.22 1.835 19.90  1  1    4    1
5 27.3   4  79.0  66 4.08 1.935 18.90  1  1    4    1
```

```
6 30.4   4  95.1 113 3.77 1.513 16.90  1  1    5    2
7 21.4   4 121.0 109 4.11 2.780 18.60  1  1    4    2
```

我相信那些具有相当SQL基础，并刚刚开始了解R的读者会很喜欢使用这种替代的数据筛选方法，不过我个人建议使用下面这一类似，但更自然和简洁的R版本：

```
> subset(mtcars, am == 1 & vs == 1)
                mpg cyl  disp  hp drat    wt  qsec vs am gear carb
Datsun 710     22.8   4 108.0  93 3.85 2.320 18.61  1  1    4    1
Fiat 128       32.4   4  78.7  66 4.08 2.200 19.47  1  1    4    1
Honda Civic    30.4   4  75.7  52 4.93 1.615 18.52  1  1    4    2
Toyota Corolla 33.9   4  71.1  65 4.22 1.835 19.90  1  1    4    1
Fiat X1-9      27.3   4  79.0  66 4.08 1.935 18.90  1  1    4    1
Lotus Europa   30.4   4  95.1 113 3.77 1.513 16.90  1  1    5    2
Volvo 142E     21.4   4 121.0 109 4.11 2.780 18.60  1  1    4    2
```

两个结果之间存在些许差别，这是由于sqldf的row.names参数默认为FALSE，在执行时为了获得完全相同的结果，可重置该参数：

```
> identical(
+     sqldf("SELECT * FROM mtcars WHERE am=1 AND vs=1",
+       row.names = TRUE),
+     subset(mtcars, am == 1 & vs == 1)
+     )
[1] TRUE
```

上述样例着重介绍了如何从data.frame对象中去掉不需要的行，但如果我们希望去掉其中部分列又该怎么办呢？

采用SQL方法来处理这个问题非常简单，只需要在SELECT语句中指明需要去掉的列而不使用*符号即可。另外，subset也可以通过改变select参数的值来实现这个功能，可以用向量或R表达式来填写select参数，例如，指明列的范围：

```
> subset(mtcars, am == 1 & vs == 1, select = hp:wt)
                hp drat    wt
Datsun 710      93 3.85 2.320
Fiat 128        66 4.08 2.200
Honda Civic     52 4.93 1.615
Toyota Corolla  65 4.22 1.835
Fiat X1-9       66 4.08 1.935
Lotus Europa   113 3.77 1.513
Volvo 142E     109 4.11 2.780
```

还可以将未加引号的列名作为向量代入函数c实现按给定顺序选择一个随机的列表，或者使用–符号来指定列名。例如，subset(mtcars, select = -c(hp, wt))。

接下来我们将探讨在处理一些大数据集时，如何集中利用前面介绍的筛选方法，以弥补使用基础的 R 函数不能解决的性能问题。

3.1.1 快速去掉多余数据

在数据集的大小不超过实际物理内存时，R 处理的效率最高，有不少 R 包都针对这样的数据集提供了非常快捷的访问方法。

一些测试平台（参见本书附录）给出了比部分开源（例如 MySQL、PostgreSQL 和 Impala）以及商业数据库（例如 HP Vertica）所提供效率更高的 R 统计函数及其实际应用。

在第 1 章中我们已经探讨部分相关的开发包，并介绍了从 hflights 包读入相当数量的数据到 R 会话的过程。

以下样例将展示在该数据集上对大约 25 万行数据进行处理的过程：

```
> library(hflights)
> system.time(sqldf("SELECT * FROM hflights WHERE Dest == 'BNA'",
+   row.names = TRUE))
   user  system elapsed
  1.487   0.000   1.493
> system.time(subset(hflights, Dest == 'BNA'))
   user  system elapsed
  0.132   0.000   0.131
```

看起来函数 base::subset 的处理结果比较好，不过我们还能不能再提高处理的效率呢？plyr 包的第 2 代 dplyr 包（该开发包的相关细节将在本章 3.2.3 节以及本书第 4 章进行探讨），为常用数据库操作方法提供速度奇快的 C++ 版本，使用方法更直观：

```
> library(dplyr)
> system.time(filter(hflights, Dest == 'BNA'))
   user  system elapsed
  0.021   0.000   0.022
```

更进一步地，我们还可以像之前调用 subset 函数一样，使用该开发包从数据集中去掉一些列。不过，这里将调用 select 函数而不是传递一个同名参数：

```
> str(select(filter(hflights, Dest == 'BNA'), DepTime:ArrTime))
'data.frame':  3481 obs. of  2 variables:
 $ DepTime: int  1419 1232 1813 900 716 1357 2000 1142 811 1341 ...
 $ ArrTime: int  1553 1402 1948 1032 845 1529 2132 1317 945 1519 ...
```

看起来执行的结果更像是调用了 filter 函数而非 subset 函数，并且眨眼之间命令就已执行完成！ dplyr 包可以处理传统的 data.frame 以及 data.table 对象，也可以直接与最常用的数据引擎进行交互。需注意的是，行的名称在 dplyr 包的结果中不予保留，因此如果读者需要用到这些信息，最好在使用 dplyr 包处理数据之前将它们复制到一个显式变量或如下所示的

data.table 对象中：

```
> mtcars$rownames <- rownames(mtcars)
> select(filter(mtcars, hp > 300), c(rownames, hp))
       rownames  hp
1 Maserati Bora 335
```

3.1.2 快速去掉多余数据的其他方法

下面我们不使用 dplyr 包，而是直接利用 data.table 包自己的方法来解决同样的问题。

data.table 包提供了一种基于列自动索引的内存数据结构方法来处理大型数据集，对传统的数据框方法提供向下兼容。

当完成包的装载后，我们需要把 hflights 的传统 data.frame 对象转换为 data.table。再创建一个名为 rownames 的新列，并将原始数据集的这个新列，通过 := 赋值符号，指定到 data.table：

```
> library(data.table)
> hflights_dt <- data.table(hflights)
> hflights_dt[, rownames := rownames(hflights)]
> system.time(hflights_dt[Dest == 'BNA'])
   user  system elapsed
  0.021   0.000   0.020
```

我们还需花些时间来熟悉定制的 data.table 语法，传统的 R 用户首次接触该开发包时可能有点不习惯，但是从长远来看还是应该了解该开发包。在花费一定时间了解最初的一些样例后，我们能够通过它获得非常好的处理性能，其语法也更符合 R 的特点。

事实上，data.table 的语法和 SQL 非常类似：

```
DT[i, j, ... , drop = TRUE]
```

等同如下的 SQL 语句：

```
DT[where, select | update, group by][having][order by][ ]...[ ]
```

[.data.table（代表应用到 data.table 对象的操作符）与传统 [.data.frame 语法相比，使用了不同的参数，如上述样例所示。

此处，我们不会对赋值操作符进行详细探讨，因为作为本书的一个介绍性章节，解释这样一个样例实在太难了，我们还是从比较简单的地方开始着手。因此，更多详细内容请参考本书第 4 章，或者输入 ?data.table 获得帮助。

因此，?data.table 操作符的第一个参数（i）应该代表筛选，或者换句话说，有点像 SQL 语句中的 WHERE 子句，而 [.data.frame 指定了从原始数据集中去掉的行。两个参数间的差别在于前者可以跟任意 R 表达式，而后者是传统的处理方法，只能跟整数或逻辑值。

无论如何，筛选就和传递一个 R 表达式到 data.table 的“[”操作符中参数 i 一样容易。下面，我们将探讨如何使用 data.table 语法来选择列，基于上述讨论的通用 data.table 语法，应该放在第 2 个参数（j）中完成：

```
> str(hflights_dt[Dest == 'BNA', list(DepTime, ArrTime)])
Classes 'data.table' and 'data.frame':     3481 obs. of 2 variables:
 $ DepTime: int  1419 1232 1813 900 716 1357 2000 1142 811 1341 ...
 $ ArrTime: int  1553 1402 1948 1032 845 1529 2132 1317 945 1519 ...
 - attr(*, ".internal.selfref")=<externalptr>
```

好了，现在我们拥有了包含符合预期的 2 个列的 3481 个观测值。此处，函数 list 被用来定义需要保留的列，尽管在 [.data.frame 中更常使用的是函数 c（a 的基本函数，可用于连接向量元素）。函数 c 也可以应用于 [.data.table，但是必须要将变量名作为字符向量传递进去，并且将 with 参数设置为 FALSE。

```
> hflights_dt[Dest == 'BNA', c('DepTime', 'ArrTime'), with = FALSE]
```

除了使用 list，在 plyr 包里还可以使用“.”来代替函数名，例如：hflights_dt[, .(DepTime, ArrTime)]。

现在，我们已经或多或少了解了在一个活动的 R 会话中筛选数据的操作方法，也学习了 dplyr 以及 data.table 包的所有相关语法规则，下面我们将探讨如何使用这些方法来完成数据的聚集和汇总分析。

3.2 聚集

最直接的数据汇总方法应该是调用 stats 包的 aggregate 函数，该函数能支持以下我们期望的功能：通过分组变量将数据划分成不同的子集，并分别对这些子集进行统计汇总。调用 aggregate 函数的最基本方法之一是传递待聚集的数值向量，以及一个因子变量，该因子变量将定义参数 FUN 的值，以确定划分函数。下面的样例中，我们以每个工作日航班平均转飞率作为划分依据：

```
> aggregate(hflights$Diverted, by = list(hflights$DayOfWeek),
+    FUN = mean)
  Group.1           x
1       1 0.002997672
2       2 0.002559323
3       3 0.003226211
4       4 0.003065727
5       5 0.002687865
6       6 0.002823121
7       7 0.002589057
```

当然，我们需要一定时间来执行上述分析，不过别忘了我们刚刚处理的是将近 25 万行数据，以分析 2011 年从休斯顿机场出发的航班日均转非率。

换句话说，这个结果对那些没有纳入日均转飞率统计的数据一样有意义，例如，从结果可知，一周中周三、周四这两天的航班转飞率（0.3% 左右）比周末的航班转飞率（0.25% 左右）更高一些，至少从休斯顿机场出发的航班是这种情况。

另外一种类似调用上述函数的方法是使用 with 函数，使用 with 函数的语法看起来更容易理解一些，因为在 with 函数里，我们不用重复地引用 hflights 数据库：

```
> with(hflights, aggregate(Diverted, by = list(DayOfWeek),
+   FUN = mean))
```

执行结果因和上一种方法完全一致就不再重复显示了。从 aggregate 函数的指南（参见 ?aggregate）可知其返回结果比较容易理解。不过，如果要从结果中查看返回数据列名并不容易？我们可以通过使用公式化的标记而不是像之前样例那样采用直接定义数值和因子变量的方法来解决这个问题：

```
> aggregate(Diverted ~ DayOfWeek, data = hflights, FUN = mean)
  DayOfWeek    Diverted
1         1 0.002997672
2         2 0.002559323
3         3 0.003226211
4         4 0.003065727
5         5 0.002687865
6         6 0.002823121
7         7 0.002589057
```

使用公式化标记的好处是两方面的：

- 输入的字符相对较少
- 结果中显示的行名称是正确的
- 函数执行的结果相对之前的函数调用方法要更快一点，请参考 3.3 节相关内容。

使用公式化标记的唯一不利因素就是我们必须首先掌握这种方法，尽管该方法乍看起来稍显笨拙，但由于很多 R 函数和包都可以运用这种标记方式，特别是在定义模型的时候，因此毫无疑问从长远角度出发有必要了解好掌握该方法。

公式化标记是从 S 语言继承下来的，常见语法形式为：response_variable ~ predictor_variable_1 + ⋯ + predictor_variable_n。该标记也包括一些其他记号，例如用“–”去掉变量，用“:”或“*”来包含变量间的相互作用。参见本书第 5 章建模（由 Renata Nemeth 和 Gergely Tot 授权阅读），以及在 R 控制台使用 ?formula 命令获得更多细节内容。

3.2.1 使用基础的 R 命令实现快速聚集

还可以通过调用函数 tapply 或函数 by 来实现数据聚集，这些方法可以在一个不规则的矩阵上应用 R 函数。这也意味着我们能够提供一个或多个 INDEX 变量，这些变量能被强制转换为因子，然后，将相关 R 函数分别应用于每个数据子集的所有单元上。下面是一个简单的样例说明：

```
> tapply(hflights$Diverted, hflights$DayOfWeek, mean)
       1        2        3        4        5        6        7
0.002998 0.002559 0.003226 0.003066 0.002688 0.002823 0.002589
```

请注意函数 tapply 返回的是一个 array 对象，而不是常见的数据框对象。换句话说，也即该函数的执行速度比前面介绍过得的函数都要快。因此，首先使用 tapply 函数完成计算过程，再将结果增加合适的列名转换为 data.frame 对象是可行的。

3.2.2 方便的辅助函数

上述转换过程可以很容易地以一种用户容易理解的方式完成，例如，plyr 包（dplyr 包更常见的一种形式）就是为数据框开发的特殊 plyr 版本（plyr specialized for data frames）。

plyr 包提供了非常多的函数来处理 data.frame、list 或 array 类型的对象，返回结果也支持以上各种数据类型。这些函数的命名规则非常容易记忆：函数名的第一个字符代表输入数据的类别，第二个字符代表输出格式，所有的情况都以 ply 结尾。除了前面提到的三种 R 数据类型，还存在一些特殊的字符定义：

- d 代表 data.frame
- s 代表 array
- l 代表 list
- m 为一种特殊的输入类型，它意味着我们以表格方式为函数提供了多个参数
- r 代表函数希望输入一个整数，以指明函数将要复制的次数
- _ 是一种特殊的输出类型，此时函数将不返回任何结果

以下最常见的组合分别代表着：

- ddply 以 data.frame 为输入，返回也为 data.frame
- ldply 以 list 为输入，返回 data.frame
- l_ply 不返回任何结果，但是在某些情况下非常有用。例如，基于一定元素递归而不使用 for 循环；作为 .progress 参数，可以获得当前迭代状态以及剩余时间。

可以在本书第 4 章找到更多关于 plyr 包的样例以及用户案例。本章，我们仅关注用该包完成数据统计。接下来，我们将在所有样例中使用 ddply（不要与 dplyr 包混淆）包：采用 data.frame 框架作为输入参数，返回数据也是 data.frame 类型。

装载包，并将 mean 函数作用于由 DayofWeek 划分的数据子集的 Diverted 列：

```
> library(plyr)
> ddply(hflights, .(DayOfWeek), function(x) mean(x$Diverted))
  DayOfWeek          V1
1         1 0.002997672
```

```
2           2 0.002559323
3           3 0.003226211
4           4 0.003065727
5           5 0.002687865
6           6 0.002823121
7           7 0.002589057
```

plyr 包的 . 函数为用户提供了一种方便的引用变量（名称）的方法。否则，ddply 包将采用其他方式来解释 DayofWeek 列的内容，导致错误。

这里要说明的重要一点是 ddply 比之前我们用过的 aggregate 函数速度更快。但从其他方面而言，我对这个结果还并不十分满意，输出结果使用了 V1 这样的列名，让我有些受不了。这里我们不再进行更新 data.frame 的名称这样的再加工，而是调用 summarise 辅助函数来替代上面用的匿名函数，然后再显式指定相应的列名：

```
> ddply(hflights, .(DayOfWeek), summarise, Diverted = mean(Diverted))
  DayOfWeek    Diverted
1           1 0.002997672
2           2 0.002559323
3           3 0.003226211
4           4 0.003065727
5           5 0.002687865
6           6 0.002823121
7           7 0.002589057
```

好了，看起来像样多了，不过我们还能做得更好吗？

3.2.3 高性能的辅助函数

Hadley Wickham 是 ggplot、reshape 和其他一些 R 开发包的作者，自 2008 年起开发了 plyr 包的第二代也可以说是特定版本。最基本的起因在于 plyr 包经常被用于将一类 data.frame 数据转换成另一类 data.frame 数据，因此对它的应用需要特别小心。dplyr 包是专门针对数据框应用开发的 plyr 定制版，实现速度更快，开发语言为 C++，dplyr 包还支持远程数据库。

不过，函数执行效率还是根据具体情况不同而变化。例如，dplyr 包的语法与 plyr 包相比，就有非常大的改变。尽管前面提到的 summarise 函数在 dplyr 包里也可以使用，但 dplyr 包中已经没有单独的 ddplyr 函数，在 dplyr 包中所有的函数都是以 plyr::ddplyr 的组件身份执行的。

无论如何，为了不让理论知识太过复杂，如果希望对某个数据集的子集进行汇总，我们首先要在聚集操作之前定义好分组：

```
> hflights_DayOfWeek <- group_by(hflights, DayOfWeek)
```

结果对象和data.frame非常类似，只有一点不同：元数据将根据属性的平均值合并到对象中。为了让输出结果短一点，我们不会展示对象的整个数据结构（str），只显示其属性：

```
> str(attributes(hflights_DayOfWeek))
List of 9
 $ names              : chr [1:21] "Year" "Month" "DayofMonth" ...
 $ class              : chr [1:4] "grouped_df" "tbl_df" "tbl" ...
 $ row.names          : int [1:227496] 5424 5425 5426 5427 5428 ...
 $ vars               :List of 1
  ..$ : symbol DayOfWeek
 $ drop               : logi TRUE
 $ indices            :List of 7
  ..$ : int [1:34360] 2 9 16 23 30 33 40 47 54 61 ...
  ..$ : int [1:31649] 3 10 17 24 34 41 48 55 64 70 ...
  ..$ : int [1:31926] 4 11 18 25 35 42 49 56 65 71 ...
  ..$ : int [1:34902] 5 12 19 26 36 43 50 57 66 72 ...
  ..$ : int [1:34972] 6 13 20 27 37 44 51 58 67 73 ...
  ..$ : int [1:27629] 0 7 14 21 28 31 38 45 52 59 ...
  ..$ : int [1:32058] 1 8 15 22 29 32 39 46 53 60 ...
 $ group_sizes        : int [1:7] 34360 31649 31926 34902 34972 ...
 $ biggest_group_size: int 34972
 $ labels             :'data.frame':  7 obs. of  1 variable:
  ..$ DayOfWeek: int [1:7] 1 2 3 4 5 6 7
  ..- attr(*, "vars")=List of 1
  .. ..$ : symbol DayOfWeek
```

从输出的元数据可知，属性indicies很重要，它包含了每周中每天记录的ID，这样接下来的操作就能很容易地从整个数据集中选择所需的子集。下面，让我们看一下通过使用dplyr包的summairse函数而非plyr在提高操作性能后，转飞航班的比率：

```
> dplyr::summarise(hflights_DayOfWeek, mean(Diverted))
Source: local data frame [7 x 2]

  DayOfWeek mean(Diverted)
1         1    0.002997672
2         2    0.002559323
3         3    0.003226211
4         4    0.003065727
5         5    0.002687865
6         6    0.002823121
7         7    0.002589057
```

结果差不多，哪个更好呢？读者们有没有比较两种方法执行时间的差别？鉴于这些细微的差别，我们知道dplyr包效率更好。

3.2.4 使用data.table完成聚集

读者们还记得[.data.table的第二个参数吗？我们称之为j，该参数包含了一个SELECT或UPDATE功能的SQL语句，其最重要的特性就是支持R表达式。因此，我们可以不使用函数，而是借助by参数来实现分组。

```
> hflights_dt[, mean(Diverted), by = DayOfWeek]
   DayOfWeek          V1
1:         6 0.002823121
2:         7 0.002589057
3:         1 0.002997672
4:         2 0.002559323
5:         3 0.003226211
6:         4 0.003065727
7:         5 0.002687865
```

如果不希望采用V1来为结果表格的第二列数据命名，可以将summary对象指定为一个命名list，例如，hflights_dt[, list('mean(Diverted)'= mean(Diverted)), by = DayOfWeek]，我们可以使用符号“.”而非list，就像在plyr包中的方法一样。

除了将结果按期望顺序排序，在现有键值列上进行数据统计速度也相对较快，下面我们将用一些实际案例对此进行说明。

3.3 测试

正如在前述章节中讨论过的内容一样，借助microbenchmark包，我们可以在一台机器上重复执行若干遍函数，以获得一些可重现的性能测试结果。

现在，需要先定义作为测试基准的函数，以下一些函数都是从前面样例中挑选出来的：

```
> AGGR1     <- function() aggregate(hflights$Diverted,
+   by = list(hflights$DayOfWeek), FUN = mean)
> AGGR2     <- function() with(hflights, aggregate(Diverted,
+   by = list(DayOfWeek), FUN = mean))
> AGGR3     <- function() aggregate(Diverted ~ DayOfWeek,
+   data = hflights, FUN = mean)
> TAPPLY    <- function() tapply(X = hflights$Diverted,
+   INDEX = hflights$DayOfWeek, FUN = mean)
> PLYR1     <- function() ddply(hflights, .(DayOfWeek),
+   function(x) mean(x$Diverted))
> PLYR2     <- function() ddply(hflights, .(DayOfWeek), summarise,
```

```
+   Diverted = mean(Diverted))
> DPLYR     <- function() dplyr::summarise(hflights_DayOfWeek,
+   mean(Diverted))
```

前面已经介绍过 dplyr 包的 summarise 函数需要耗费一些时间用于数据预处理，因此下面我们将重新定义一个函数能够支持在聚集操作时生成新的数据结构：

```
> DPLYR_ALL <- function() {
+     hflights_DayOfWeek <- group_by(hflights, DayOfWeek)
+     dplyr::summarise(hflights_DayOfWeek, mean(Diverted))
+ }
```

类似地，在测试 data.table 时，也需要一些专门用于测试环境的附加变量，由于 hlfights_dt 已经根据 DayofWeek 的值进行了排序，我们可以为测试创建一个新的 data.table 对象：

```
> hflights_dt_nokey <- data.table(hflights)
```

更进一步地，说清楚该对象没有键值可能也有些必要：

```
> key(hflights_dt_nokey)
NULL
```

现在，我们可以对 data.table 测试案例上定义函数，并且实现对象到 data.table 的转换，同时为了和 dplyr 一致，在转换后的 data.table 上添加键值：

```
> DT     <- function() hflights_dt_nokey[, mean(FlightNum),
+   by = DayOfWeek]
> DT_KEY <- function() hflights_dt[, mean(FlightNum),
+   by = DayOfWeek]
> DT_ALL <- function() {
+     setkey(hflights_dt_nokey, 'DayOfWeek')
+     hflights_dt[, mean(FlightNum), by = DayOfWeek]
+     setkey(hflights_dt_nokey, NULL)
+ }
```

到这一步，我们已经完成了测试的准备任务，下面可以导入 microbenchmark 包继续后面的工作了：

```
> library(microbenchmark)
> res <- microbenchmark(AGGR1(), AGGR2(), AGGR3(), TAPPLY(), PLYR1(),
+          PLYR2(), DPLYR(), DPLYR_ALL(), DT(), DT_KEY(), DT_ALL())
> print(res, digits = 3)
Unit: milliseconds
        expr     min      lq  median      uq     max neval
     AGGR1() 2279.82 2348.14 2462.02 2597.70 2719.88    10
     AGGR2() 2278.15 2465.09 2528.55 2796.35 2996.98    10
     AGGR3() 2358.71 2528.23 2726.66 2879.89 3177.63    10
```

```
    TAPPLY()   19.90   21.05   23.56   29.65   33.88      10
     PLYR1()   56.93   59.16   70.73   82.41  155.88      10
     PLYR2()   58.31   65.71   76.51   98.92  103.48      10
     DPLYR()    1.18    1.21    1.30    1.74    1.84      10
 DPLYR_ALL()    7.40    7.65    7.93    8.25   14.51      10
        DT()    5.45    5.73    5.99    7.75    9.00      10
    DT_KEY()    5.22    5.45    5.63    6.26   13.64      10
    DT_ALL()   31.31   33.26   35.19   38.34   42.83      10
```

结果非常不错：从之前高于 2000 毫秒的执行时间，经过工具优化后，缩短为只需要大约 1 毫秒的时间：

```
> autoplot(res)
```

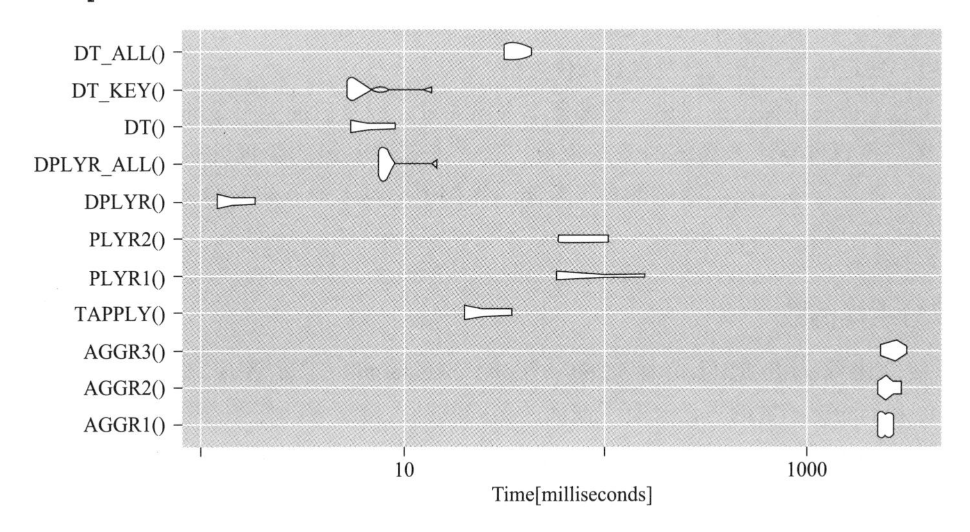

因此，看起来 dplyr 包是最有效的解决方法，尽管它需要考虑一些额外（对 data.frame 进行分组）的操作，该方法依然具有毋庸置疑的优势。事实上，如果我们已经准备好了一个 data.table 对象，就能够节约从 data.frame 转换到 data.table 的时间，而 data.table 的效果要比 dplyr 更好。不过我估计读者可能并未注意到两个高效方案在时间上的差别。在处理更大规模的数据集时，这两种方法性能都不错。

值得注意的是，dplyr 包只能处理 data.table 对象，因此，我们不用固定在任意一种方法上，在必要时同时使用两种方法都可以。以下是一个 POC 样例：

```
> dplyr::summarise(group_by(hflights_dt, DayOfWeek), mean(Diverted))
Source: local data table [7 x 2]

  DayOfWeek mean(Diverted)
1         1    0.002997672
2         2    0.002559323
3         3    0.003226211
```

```
4          4    0.003065727
5          5    0.002687865
6          6    0.002823121
7          7    0.002589057
```

现在，我们已经对使用 data.table 或者是 dplyr 计算数据分组平均值的过程非常清楚了。但假如是更复杂的操作又该如何解决呢？

3.4 汇总函数

正如我们之前讨论过的一样，所有聚集函数都能对数据子集应用任意合法的 R 函数。一些 R 开发包为用户提供了非常方便的实现，而有少部分函数也确实要求读者要理解整个开发包的内容、特定的语法格式以及参数调优方法。

以上这些内容更深入的讨论，请参考本书第 4 章，以及后面的附录部分。

现在，我们将专注于简单的汇总函数，这些内容在一般的数据分析对象中应用非常普遍，例如，计算每个分组的案例数目。下面的样例也会对本章介绍的替代方法的差异进行特别说明。

统计子分组样例数

现在，让我们再把目光移向 plyr、dplyr 和 data.table，读者应该已经掌握了构建 aggregate 和 tapply 函数的方法。有了前面的实践基础，接下来的任务看起来相当容易：这次不需要调用 mean 函数，而是使用 length 函数来返回 Diverted 列元素个数：

```
> ddply(hflights, .(DayOfWeek), summarise, n = length(Diverted))
  DayOfWeek     n
1         1 34360
2         2 31649
3         3 31926
4         4 34902
5         5 34972
6         6 27629
7         7 32058
```

现在我们已经清楚周六从休斯顿出发的航班相对较少，那么我们真的有必要对这样一个简单的问题给出这样的回答？另外，我们还需要给样例个数变量进行命名吗？结果是已知的：

```
> ddply(hflights, .(DayOfWeek), nrow)
  DayOfWeek    V1
1         1 34360
2         2 31649
3         3 31926
```

```
4          4 34902
5          5 34972
6          6 27629
7          7 32058
```

简而言之，不必从 data.frame 选择一个变量来获取它的长度，因为查询数据子集的行数更简单也更快。

当然，我们还可以找到更简单和更快的方法来获得同样的结果。也许，读者们早已想到要使用基本的 table 函数来执行这样一个简单的任务：

```
> table(hflights$DayOfWeek)

    1     2     3     4     5     6     7
34360 31649 31926 34902 34972 27629 32058
```

使用这个方法唯一的问题就是我们还需要对结果进行转换，例如大多数情况下是转换成 data.frame。plyr 包也早已实现了一个辅助函数来完成这个任务，函数的名字非常直观：

```
> count(hflights, 'DayOfWeek')
  DayOfWeek  freq
1         1 34360
2         2 31649
3         3 31926
4         4 34902
5         5 34972
6         6 27629
7         7 32058
```

我们在结束的时候给出了一些非常简单的数据统计样例，不过仍有必要介绍如何使用 dplyr 对表格进行汇总。如果读者仅仅想修改之前 dplyr 命令，马上就会发现我们前面在 plyr 包中改变 length 或 nrow 函数的方法在这里行不通。StackOverflow 给出的一些说明指出我们需要使用一个名为 n 的辅助函数：

```
> dplyr::summarise(hflights_DayOfWeek, n())
Source: local data frame [7 x 2]

  DayOfWeek   n()
1         1 34360
2         2 31649
3         3 31926
4         4 34902
5         5 34972
6         6 27629
7         7 32058
```

不过，老实说，我们真的有必要使用这样一种相对复杂的方法吗？如果读者们还记得 hflights_DayOfWeek 的结构，就马上会想到另外一种查询航班数的更简单和更快的方法：

```
> attr(hflights_DayOfWeek, 'group_sizes')
[1] 34360 31649 31926 34902 34972 27629 32058
```

为了确保我们还没忘记 data.table 的特定（美观的）语法，我们可以使用另外一个辅助函数来计算结果：

```
> hflights_dt[, .N, by = list(DayOfWeek)]
   DayOfWeek     N
1:         1 34360
2:         2 31649
3:         3 31926
4:         4 34902
5:         5 34972
6:         6 27629
7:         7 32058
```

3.5 小结

本章，我们介绍了一些简单有效的应用于数据筛选和汇总的方法，也给出了筛选数据集行列数据的一些案例，并探讨了如何对数据进行汇总以进行进一步的分析。我们基本介绍完了绝大多数能够实现这些任务的最流行的方法，并在一个可重复的样例和测试平台上对这些方法的性能进行了比较。

在下一章节，我们将继续探讨包含数据集重构和新变量创建的数据汇总和统计方法。

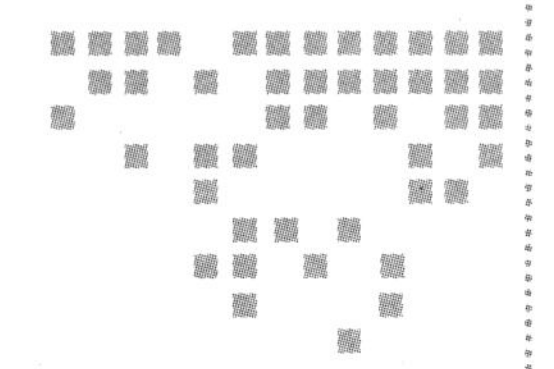

第 4 章 Chapter 4

数据重构

第 3 章介绍了最基本的数据重构方法，而接下来将继续探讨一些更复杂的任务。

我们先用一个样例来说明在进行实际数据分析之前，要将数据转换为合适的数据类型需要多少种不同的工具。Hadley Wickham 是最有名的 R 开发者和用户，在他的博士论文中花了差不多 1/3 的篇幅用于介绍数据整形，正如他所说："在开始任何数据分析或可视化之前数据整形都是不可避免的工作。"

因此从现在开始，除了前面介绍过的一些数据重构样例之外，例如统计每个分组的元组数目，我们将探索一些更高级的功能，包括：

- 矩阵转置
- 数据划分、应用和连接
- 计算表的边缘
- 合并数据框架
- 数据裁剪和溶解

4.1 矩阵转置

矩阵转置是一种常用但是有可能并不常被人提及的数据重构方法。矩阵转置可通过 t 函数实现矩阵行列互换：

```
> (m <- matrix(1:9, 3))
     [,1] [,2] [,3]
[1,]    1    4    7
```

```
[2,]    2    5    8
[3,]    3    6    9
> t(m)
     [,1] [,2] [,3]
[1,]    1    2    3
[2,]    4    5    6
[3,]    7    8    9
```

该方法也同样适用于 data.frame 对象，并且实际上，可以应用于任何一种表格对象。更多高级功能，例如转换一个多维表格，可以参考 base 包的 aperm 函数。

4.2 基于字符串匹配实现数据筛选

尽管前面的章节已经探讨了一些数据筛选方法，但是 dplyr 包中仍有部分神奇的功能还没介绍，依然值得花些篇幅对其进行探讨。就目前我们所了解的信息而言，base 包的 subset 函数或者 dplyr 包的 filter 函数可以用于行的筛选，而 select 函数可以支持选择部分数据列。

对行数据的筛选通常要用到一个 R 表达式，该表达式将返回要删掉的行的 ID，就像 which 函数一样。另外，如果要在 select 函数中使用类似的 R 表达式来定义列的名称就比较困难，即便可能，实现起来也是困难重重。

dplyr 包提供了一些有用的函数来对数据列进行选择，这些方法都是基于列名实现的。例如，我们可以保留那些以“delay”结尾的变量：

```
> library(dplyr)
> library(hflights)
> str(select(hflights, ends_with("delay")))
'data.frame':  227496 obs. of  2 variables:
 $ ArrDelay: int  -10 -9 -8 3 -3 -7 -1 -16 44 43 ...
 $ DepDelay: int  0 1 -8 3 5 -1 -1 -5 43 43 ...
```

当然，可以用一个类似的辅助函数实现对“ starts_with”这一列第一个字符的匹配查询，两个函数都可以通过设置 ignor.case 参数来选择是否考虑对字符进行大小写转换。也可以使用更常见的 contains 函数，来寻找列名中的子串：

```
> str(select(hflights, contains("T", ignore.case = FALSE)))
'data.frame':  227496 obs. of  7 variables:
 $ DepTime          : int  1400 1401 1352 1403 1405 ...
 $ ArrTime          : int  1500 1501 1502 1513 1507 ...
 $ TailNum          : chr  "N576AA" "N557AA" "N541AA" "N403AA" ...
 $ ActualElapsedTime: int  60 60 70 70 62 64 70 59 71 70 ...
 $ AirTime          : int  40 45 48 39 44 45 43 40 41 45 ...
 $ TaxiIn           : int  7 6 5 9 9 6 12 7 8 6 ...
 $ TaxiOut          : int  13 9 17 22 9 13 15 12 22 19 ...
```

另外，我们也可以采用更复杂一点的方法，借助正则表达式一起来完成，类似这样的技巧对数据科学家来说也是必要的。下面将介绍match函数，该函数使用表达式作为参数，可以一次性处理所有列名的匹配检测。下面，让我们找出那些长度为5或6的列名：

```
> str(select(hflights, matches("^[[:alpha:]]{5,6}$")))
'data.frame':  227496 obs. of  3 variables:
 $ Month : int  1 1 1 1 1 1 1 1 1 1 ...
 $ Origin: chr  "IAH" "IAH" "IAH" "IAH" ...
 $ TaxiIn: int  7 6 5 9 9 6 12 7 8 6 ...
```

我们也可以通过在正则表达式前加符号“-”来筛选所有不符合该表达式条件的列名。例如，首先，我们来找出列名定义时最常用的字符个数：

```
> table(nchar(names(hflights)))
 4  5  6  7  8  9 10 13 16 17
 2  1  2  5  4  3  1  1  1  1
```

然后，去掉数据库中列名长度为7或8的列。显示经过处理后的数据集的列名：

```
> names(select(hflights, -matches("^[[:alpha:]]{7,8}$")))
 [1] "Year"              "Month"             "DayofMonth"
 [4] "DayOfWeek"         "UniqueCarrier"     "FlightNum"
 [7] "ActualElapsedTime" "Origin"            "Dest"
[10] "TaxiIn"            "Cancelled"         "CancellationCode"
```

4.3 数据重排序

某些情况下，不需要对数据集进行筛选（行或列都不需要），但为了方便或性能问题，数据的顺序不符合处理的需求。就像我们之前在第3章中看到的那样。

除了基础的base和order函数之外，我们还可以使用sqldf包中一些类SQL语句，将数据排序的要求传递给“[”操作符，或者直接通过查询的方法，使结果符合排序要求。前面介绍过的dplyr包也为用户提供了数据排序的有效方法。下面，让我们对hflights数据集中25万个航班班次根据实际飞行时间做排序处理：

```
> str(arrange(hflights, ActualElapsedTime))
'data.frame':  227496 obs. of  21 variables:
 $ Year              : int  2011 2011 2011 2011 2011 2011 ...
 $ Month             : int  7 7 8 9 1 4 5 6 7 8 ...
 $ DayofMonth        : int  24 25 13 21 3 29 9 21 8 2 ...
 $ DayOfWeek         : int  7 1 6 3 1 5 1 2 5 2 ...
 $ DepTime           : int  2005 2302 1607 1546 1951 2035 ...
 $ ArrTime           : int  2039 2336 1641 1620 2026 2110 ...
 $ UniqueCarrier     : chr  "WN" "XE" "WN" "WN" ...
 $ FlightNum         : int  1493 2408 912 2363 2814 2418 ...
```

```
 $ TailNum          : chr  "N385SW" "N12540" "N370SW" "N524SW" ...
 $ ActualElapsedTime: int  34 34 34 34 35 35 35 35 35 35 ...
 $ AirTime          : int  26 26 26 26 23 23 27 26 25 25 ...
 $ ArrDelay         : int  9 -8 -4 15 -19 20 35 -15 86 -9 ...
 $ DepDelay         : int  20 2 7 26 -4 35 45 -8 96 1 ...
 $ Origin           : chr  "HOU" "IAH" "HOU" "HOU" ...
 $ Dest             : chr  "AUS" "AUS" "AUS" "AUS" ...
 $ Distance         : int  148 140 148 148 127 127 148 ...
 $ TaxiIn           : int  3 3 4 3 4 4 5 3 5 4 ...
 $ TaxiOut          : int  5 5 4 5 8 8 3 6 5 6 ...
 $ Cancelled        : int  0 0 0 0 0 0 0 0 0 0 ...
 $ CancellationCode : chr  "" "" "" "" ...
 $ Diverted         : int  0 0 0 0 0 0 0 0 0 0 ...
```

结果非常容易理解，飞往奥斯汀（Austin）的航班排在最前面。为了提高结果的可读性，可以利用自动导入的 magrittr 包提供的管道命令操作符调用上面三个表达式，该包支持将 R 对象作为其后 R 表达式的第一个参数：

```
> hflights %>% arrange(ActualElapsedTime) %>% str
```

现在用不着嵌套 R 函数，我们可以通过核心对象来启动 R 命令，并将求得的 R 表达式的结果作为参数传递到命令链的下一段。在多数情况下，这种方式将提高代码的可读性。尽管很多高级 R 程序员已经习惯了从里向外读嵌套的函数调用，但请相信我，要掌握刚才那种灵巧的方法非常容易！不过还是别让我用 René Magritte 的那幅激动人心的画迷惑你，它后来变成了一条广告口号，“它不仅仅是一个烟斗（pipe，在英语中也有管道的意思）”，以此来标示 magrittr 包：

对于链式 R 表达式和对象的数目没有具体限制。例如，让我们通过筛选一些简单案例和变量来说明使用 dplyr 来完成数据重架构是多容易的一件事：

```
> hflights %>%
+     arrange(ActualElapsedTime) %>%
+     select(ActualElapsedTime, Dest) %>%
```

```
+     subset(Dest != 'AUS') %>%
+     head %>%
+     str
'data.frame':  6 obs. of  2 variables:
 $ ActualElapsedTime: int  35 35 36 36 37 37
 $ Dest             : chr  "LCH" "LCH" "LCH" "LCH" ...
```

现在，通过对原始数据集的反复筛选，我们已经找到了除了奥斯汀以外，距离最近的机场，以上代码非常易读、易懂。尽管有些人更喜欢使用 data.table 包那种一行命令的精巧方式，但是上面这种方法确实是实用并有效的数据筛选方法。

```
> str(head(data.table(hflights, key = 'ActualElapsedTime')[Dest !=
+   'AUS', c('ActualElapsedTime', 'Dest'), with = FALSE]))
Classes 'data.table' and 'data.frame':  6 obs. of  2 variables:
 $ ActualElapsedTime: int  NA NA NA NA NA NA
 $ Dest             : chr  "MIA" "DFW" "MIA" "SEA" ...
 - attr(*, "sorted")= chr "ActualElapsedTime"
 - attr(*, ".internal.selfref")=<externalptr>
```

几乎完美！唯一的问题在于由于缺失值的影响，每次执行的结果会有所不同，我们已对 data.table 对象基于 ActualElapsedTime 属性进行排序，这些存在缺失值的对象位置靠前。为了避免执行结果的差异，可以将属性值为“NA”的行去掉，并不再像前面那样采用将参数 with 的值设置为 FALSE 的方法来确定列名，而是将列名传递给 list 函数：

```
> str(head(na.omit(
+   data.table(hflights, key = 'ActualElapsedTime'))[Dest != 'AUS',
+     list(ActualElapsedTime, Dest)]))
Classes 'data.table' and 'data.frame':  6 obs. of  2 variables:
 $ ActualElapsedTime: int  35 35 36 36 37 37
 $ Dest             : chr  "LCH" "LCH" "LCH" "LCH" ...
 - attr(*, "sorted")= chr "ActualElapsedTime"
 - attr(*, ".internal.selfref")=<externalptr>
```

执行结果和前面一样。请注意，在该样例中，我们将 data.frame 对象转换为 data.table 对象后，忽略了其中的缺失值，数据集以 ActualElapsedTime 变量为索引，相比第一次在 hflights 上调用 na.omit 这种方式要快很多，我们还可以评估其他的 R 表达式：

```
> system.time(str(head(data.table(na.omit(hflights),
+   key = 'ActualElapsedTime')[Dest != 'AUS',
+     c('ActualElapsedTime', 'Dest'), with = FALSE])))
   user  system elapsed
  0.374   0.017   0.390
> system.time(str(head(na.omit(data.table(hflights,
+   key = 'ActualElapsedTime'))[Dest != 'AUS',
+     c('ActualElapsedTime', 'Dest'), with = FALSE])))
```

```
user  system elapsed
0.22    0.00    0.22
```

4.4 dplyr 包和 data.table 包的比较

也许读者心中会存在这样的疑问:“到底该用哪个开发包?”

尽管 dplyr 包和 data.table 包两者间存在非常大的语法差异，但性能差别并不大。data.table 在处理大数据集时看起来效率要更高一些，但也不是绝对的——除非是在比较多的数据分组上进行聚集操作这样的情况。而老实说，magrittr 包提供的 dpylr 函数，也可以在需要的时候应用于 data.table 对象。

另外，还有另外一个名为 pipeR 的包也支持管道处理，开发者声称该包在处理大规模数据集时要比 magrittr 包效率更高，pipeR 的操作符不像 mgrittr 包使用了 F# 语言的“|>”兼容管道操作符。某些情况下，使用管道带来的时间耗费要比不使用管道的时间高 5 ~ 15 倍。

在花费一定时间去学习一个 R 包之前我们还应该考虑该开发包的应用广泛性和技术支持度。简而言之，相比 dplyr 包，data.table 包更成熟些，Matt Dowle 早在 6 年前就开始实施这项开发工作，他当时任职于某对冲基金公司，其后他一直在坚持这项工作。Matt 和另一外开发者 Arun 不间断地发布新的功能并对开发包进行优化。他们两人也一直在坚持为公共的 R 论坛及频道提供技术支持，例如邮件列表和 StackOverflow 等。

而另一方面，dplyr 包是由 Hadley Wickham 和 RStudio 提供的，前者是世界上最知名的 R 开发人员之一，而后者则是风向标级别的 R 论坛组织，其用户群体越来越广泛，为 StackOverflow 和 GitHub 提供实时支持。

简单地说，我建议读者根据自己的需要选择最适合的开发包，先花一定的时间去了解不同开发包在功能和特征上的差异。如果读者对 SQL 比较熟悉，可能会觉得 data.table 包更容易使用，而其他用户可能更习惯 Hadleyverse 包这类风格（读者可以查一下以这个名字命名的包，会发现它是一组由 Hadley 开发的开发包）。读者不要在同一个项目中将以上两类方法混淆在一起，无论是从可读性还是从性能问题考虑，在一个阶段统一使用一类方法会更好。

为了更深入地探讨不同方法的优缺点，下面对同一个问题我会采用多种解决方案，以方便读者比较和理解。

4.5 创建新变量

在进行数据集重构操作时，创建新变量是我们经常会遇见的一个小问题。例如，对于创建一个传统的 data.frame，就像把一个 vector 赋值给 R 对象的新变量一样简单。

也可以对 data.table 对象进行类似处理，但相比有其他更多更简单创建一列甚至是创建多列对象的方法，不建议使用该种方法处理 data.table 对象。

```
> hflights_dt <- data.table(hflights)
> hflights_dt[, DistanceKMs := Distance / 0.62137]
```

在这个样例中，我们计算了航班从出发地到目的地飞行的距离，然后用一个简单的除法将其转换为公里数。当然熟练的用户也可以直接借助 udunits2 包，它基于 Unidata 的 udunits 库提供了很多类型转换工具。

也可以像前面介绍过的样例那样，如果是 data.table 对象，可以使用特殊的“:=”赋值操作符，这个操作符初看起来有点怪，但熟悉了以后你就会爱上它！

> “:=”操作符相对传统的“<-”赋值操作符速度要快 500 倍以上，这个结论是官方的 data.table 文档给出的。速度提升的原因在于前者不需要像 R3.1 版本之前那些操作一样将整个数据集复制到内存中。R3.1 以后的版本使用了浅复制技术，大大提高了对列更新的操作速度，但这种技术还是被 data.table 功能强大的原地更新技术打败了。

比较一下新技术和传统的“<-”操作符执行速度的差别：

```
> system.time(hflights_dt$DistanceKMs <-
+   hflights_dt$Distance / 0.62137)
   user  system elapsed
  0.017   0.000   0.016
> system.time(hflights_dt[, DistanceKMs := Distance / 0.62137])
   user  system elapsed
  0.003   0.000   0.002
```

效果惊人是吗？不过我们还是有必要回头再看看到底是怎么回事。在第一种传统的方法中，系统创建 / 更新 DistanceKMs 变量，而在第二个方法中，data.table 没有显式地返回结果，但在后台，由于“:=”操作符的作用，hflights_dt 对象已经完成了原地更新。

> 请注意，在 knitr 包里使用“:=”操作符时，有可能产生预料之外的结果。例如，创建一个新变量之后显式返回 data.table，或者在返回值是 echo = TRUE 时返回奇怪的结果。作为替代办法，Matt Dowle 建议增加 data.table 的 depthtrigger 操作，或者用户也可以简单地将 data.table 对象重新赋值给一个同名对象。另外也可以使用我提供的 pander 包来覆盖 knitr 包。

还是这个老问题，为什么这种方法这么快？

4.5.1 内存使用分析

data.table 包的神奇之处，除了 50% 的源代码是用 C 编写的以外，在于它仅在真正使用到某对象时才将该对象复制到内存中。这也意味着，R 在对数据进行更新时，经常将这些对象复制到内存中，而 data.table 包则尝试将这些耗费资源的操作对内存的占用降到最低。让我们再借助 pryr 包分析前述样例来验证这一点，使用 pryr 包，用户可以更好地了解一些辅助函数对内存的使用过程。

首先，重新创建 data.table 对象，并记下指针的值（对象在内存中的位置），这样我们就可以在后面验证新创建的对象是对原有 R 对象的更新，还是在操作时被复制到内存中：

```
> library(pryr)
> hflights_dt <- data.table(hflights)
> address(hflights_dt)
[1] "0x62c88c0"
```

现在，内存中 hflights_dt 对象的存放地址为 0x62c88c0。下面，让我们看看传统的赋值操作符是否会改变存放对象的地址：

```
> hflights_dt$DistanceKMs <- hflights_dt$Distance / 0.62137
> address(hflights_dt)
[1] "0x2c7b3a0"
```

新地址与原来的地址完全不同，这也意味着在 R 对象中新增一列，R 必须要在内存中重新复制一个新的对象。也就是，为了增加一列新值，我们需要在内存中移动原来的 21 列值。

再来看看 data.table 包的“:=”的使用方法：

```
> hflights_dt <- data.table(hflights)
> address(hflights_dt)
[1] "0x8ca2340"
> hflights_dt[, DistanceKMs := Distance / 0.62137]
> address(hflights_dt)
[1] "0x8ca2340"
```

R 对象在内存中的存放位置没有变化！在内存中复制对象非常占用资源，也会耗费很多时间。再看看下面的样例，它是对前述传统变量赋值调用的简单变化，但使用了 within 来方便操作：

```
> system.time(within(hflights_dt, DistanceKMs <- Distance / 0.62137))
   user  system elapsed
  0.027   0.000   0.027
```

在样例中，使用 within 函数可能会在内存中再次复制 R 对象，因此带来了相对严重的系统性能开销。尽管和前例相比，执行时间相差并不是非常明显（非统计学角度），但假想一下，在处理更大的数据集时，系统很可能因为这些不必要的内存资源浪费而影响用户数据分析的效率。

4.5.2 同时创建多个变量

data.table 还有一个优势就是仅使用单个命令就能同时创建多个新列，在某些情况下该功能的优势非常明显。例如，用户有可能也希望查询以英尺[㊀]为单位的航班距离：

```
> hflights_dt[, c('DistanceKMs', 'DiastanceFeets') :=
+   list(Distance / 0.62137, Distance * 5280)]
```

调用方法非常简单，在赋值语句左边指定生成的变量名称，该变量类型为字符向量，在赋值语句右边补充完整 list 函数的内容即可。这个功能也可以用于一些其他更复杂的任务。

㊀ 1 英尺 =0.3048 米。

例如，创建关于航空公司的虚拟变量：

```
> carriers <- unique(hflights_dt$UniqueCarrier)
> hflights_dt[, paste('carrier', carriers, sep = '_') :=
+   lapply(carriers, function(x) as.numeric(UniqueCarrier == x))]
> str(hflights_dt[, grep('^carrier', names(hflights_dt)),
+   with = FALSE])
Classes 'data.table' and 'data.frame': 227496 obs. of  15 variables:
 $ carrier_AA: num  1 1 1 1 1 1 1 1 1 1 ...
 $ carrier_AS: num  0 0 0 0 0 0 0 0 0 0 ...
 $ carrier_B6: num  0 0 0 0 0 0 0 0 0 0 ...
 $ carrier_CO: num  0 0 0 0 0 0 0 0 0 0 ...
 $ carrier_DL: num  0 0 0 0 0 0 0 0 0 0 ...
 $ carrier_OO: num  0 0 0 0 0 0 0 0 0 0 ...
 $ carrier_UA: num  0 0 0 0 0 0 0 0 0 0 ...
 $ carrier_US: num  0 0 0 0 0 0 0 0 0 0 ...
 $ carrier_WN: num  0 0 0 0 0 0 0 0 0 0 ...
 $ carrier_EV: num  0 0 0 0 0 0 0 0 0 0 ...
 $ carrier_F9: num  0 0 0 0 0 0 0 0 0 0 ...
 $ carrier_FL: num  0 0 0 0 0 0 0 0 0 0 ...
 $ carrier_MQ: num  0 0 0 0 0 0 0 0 0 0 ...
 $ carrier_XE: num  0 0 0 0 0 0 0 0 0 0 ...
 $ carrier_YV: num  0 0 0 0 0 0 0 0 0 0 ...
 - attr(*, ".internal.selfref")=<externalptr>
```

尽管命令很长，还引入了一个辅助函数变量，但仔细研究就会发现我们的任务并不是那么复杂：

（1）首先，将 unique 航空公司名称存放在一个字符向量中。

（2）然后，确定新变量的名称。

（3）也对字符向量调用该匿名函数进行迭代，如果航空公司名称符合给定列的要求，返回 TRUE，否则返回 FALSE。

（4）通过 as.numeric 操作，将给定列转换为 0 或 1。

（5）检查其名称以“carrier”开头的列结构。

这种处理方法并不完美，通常我们不会给虚拟变量命名以降低冗余。在上述样例中，最后一个新增列是其他新增列的线性组合，因此存在内容上的重复。为此，通常情况下可以做省略处理，例如，在 head 函数中，对参数 n 赋值为 -1。

4.5.3 采用 dplyr 包生成新变量

dplyr 包中 mutate 函数和基础的 within 函数使用类似，但 mutate 执行速度比 within 快一点：

```
> hflights <- hflights %>%
+     mutate(DistanceKMs = Distance / 0.62137)
```

如果上面这个样例不能让读者直接理解 mutate 和 within 的相似性，可以在不采用管道的方法下重新处理上面的问题：

```
> hflights <- mutate(hflights, DistanceKMs = Distance / 0.62137)
```

4.6 数据集合并

除了以上在单个数据集上的基本操作以外，连接多个数据来源也是日常工作中最常使用的应用。调用 merge S3 是解决该类问题最常见的方法。该方法类似传统 SQL 内连接以及左/右/全外连接的操作模式，C.L.Moffatt（2008）给出了一个相关的简单说明：

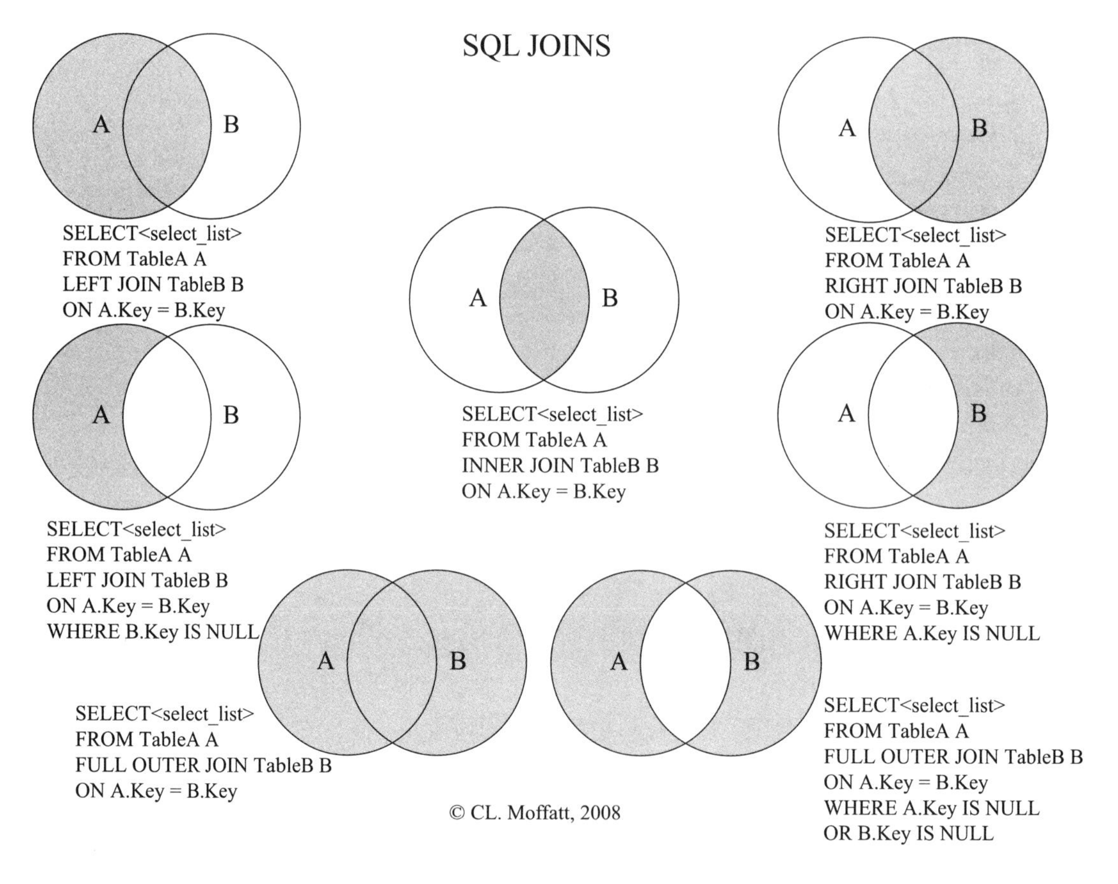

dplyr 包也专门提供了一些易于实现的方法来完成类似的连接操作：

- 内连接（inner_join）：实现两个数据集互相匹配的行变量的连接
- 左连接（left_join）：包含第一个数据集中所有的数据行，并连接其他数据集连接的变量
- 半连接（semi_join）：以第一个数据集为基准，能够和其他数据集匹配成功的行的连接结果

- 反连接（anti_join）：与半连接功能类似，但是仅包括那些在第一个数据集中而在其他数据集中找不到相匹配记录的行

更多相关样例，请参考 dplyr 科普短文《Two-table verbs》，以及附录中 Data Wrangling cheat sheet 列出的内容。

data.table 也可以通过调用指定“[”操作符的 mult 参数来实现类似功能。不过，为了节约时间，让我们再来看看一个更简单的用例。

我们将把 hflights 数据集和一个小型数据集合并。我们首先通过给 DayOfWeek 变量中可能的值命名来建立一个 data.frame 样本：

```
> (wdays <- data.frame(
+     DayOfWeek       = 1:7,
+     DayOfWeekString = c("Sunday", "Monday", "Tuesday",
+         "Wednesday", "Thursday", "Friday", "Saturday")
+     ))
  DayOfWeek DayOfWeekString
1         1          Sunday
2         2          Monday
3         3         Tuesday
4         4       Wednesday
5         5        Thursday
6         6          Friday
7         7        Saturday
```

下面，让我们看看如何实现上述定义好的 data.frame 与另外一个 data.frame 以及其他表格对象的左连接，正如 merge 也支持快速操作一样，例如，data.table：

```
> system.time(merge(hflights, wdays))
   user  system elapsed
  0.700   0.000   0.699
> system.time(merge(hflights_dt, wdays, by = 'DayOfWeek'))
   user  system elapsed
  0.006   0.000   0.009
```

上述样例实现了基于 DayOfWeek 变量将两个表自动合并的功能，两者都是其数据集的子集，合并后在原来的 hflights 数据集上新增了一个变量。我们在第二个样例中必须将变量名显式传递进去，因为 merge.data table 的 by 参数默认为对象的关键变量，而样例中该值刚好是缺失的。注意，与 data.table 合并比处理传统表格对象要快很多。

还有什么方法能提高之前样例的效率吗？除了合并，也可以生成新变量。例如，R 提供了基础的 weekdays 函数：weekdays(as.Date(with(hflights, paste(Year,Month, DayofMonth, sep = '-'))))。

如果是增加相同结构的新行或新列，可以使用更简单的数据集合并方法。例如，使用 rbind 和 cbind，以及 rBind 和 cBind 来处理稀疏矩阵非常方便。

do.call 经常与以上基本命令一起使用，它对 list 对象的所有元素执行 rbind 或 cbind 命令。因此，我们可以通过这个方法合并一列数据框架。这些列表通常是由 plyr 包的 lapply 或其他函数创建。类似地，也可以调用 rbindlist 以更快的方法来合并一列 data.table 对象。

4.7 灵活地实现数据整形

Hadley Wickham 开发了若干 R 开发包进行数据结构的调整，例如，他在论文中花了很大篇幅来说明如何使用他的 reshape 包实现数据框的整形。从那以后，该开发包被广泛应用于数据包聚集和重构，并被不断被更新，效率不断提高，功能也越来越强大，目前，该包的新版本被称为 reshape2。

与 reshape 包相比，reshape2 包基本完全重写了，它以功能为代价提升了运行速度。目前，reshape2 最重要的功能是支持对所谓的长（窄）以及宽的表格数据格式间的转换，适合于上下或左右排列的数据列。

以上数据整形功能的说明在 Hadley 的论述中都有以图注形式进行了说明，包括相关的 reshape 函数及简单的用例：

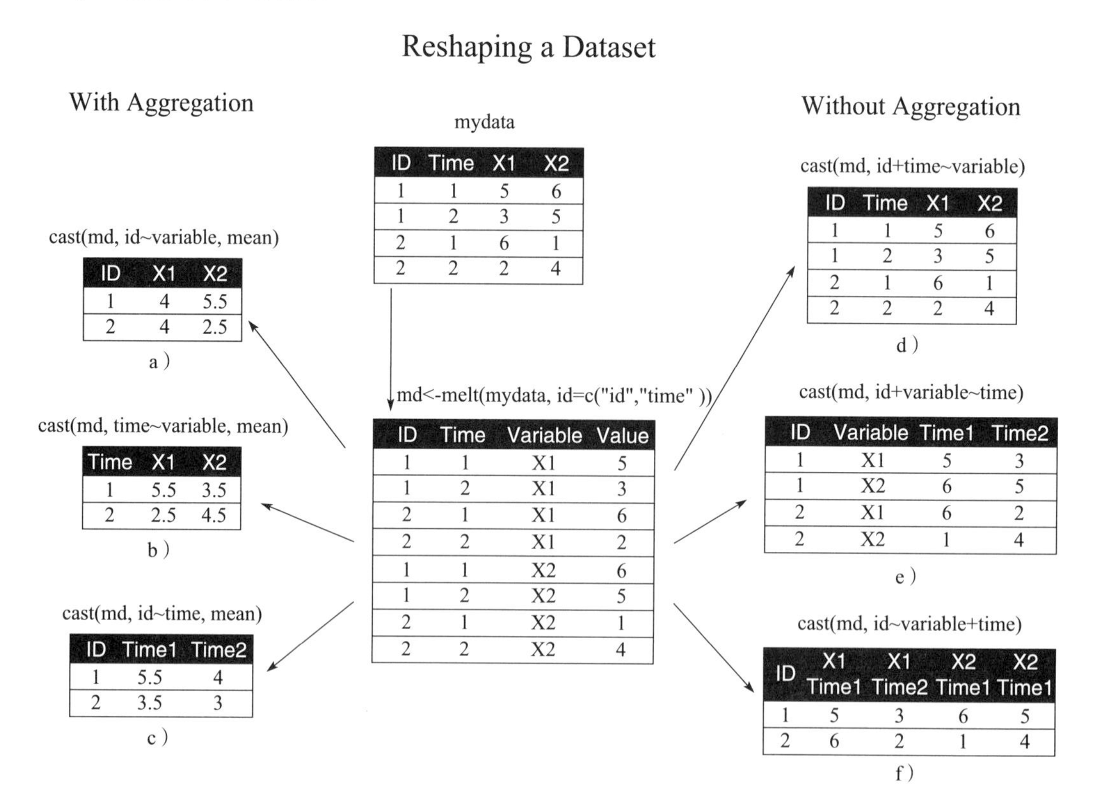

由于reshape包目前已经不再有人对其进行更新，并且reshape2、plyr以及最近的dplyr包都对它的功能提供了支持，在接下来的内容中，我们将主要关注目前应用更广泛的reshape2的功能。其以melt函数和cast函数为代表，提供了比较灵活的方法将数据合并为标准的可度量变量及标识变量（长表类型），并可以根据分析需要再被还原为新形式。

4.7.1 将宽表转换为长表

数据框溶解指将表格数据根据给定标识变量转换为键–值对类型。原始列名成为新生成variable列的类型，而所有可度量变量的值都包含到新增的value列，如下样例所示：

```
> library(reshape2)
> head(melt(hflights))
Using UniqueCarrier, TailNum, Origin, Dest, CancellationCode as id
variables
  UniqueCarrier TailNum Origin Dest CancellationCode variable value
1            AA  N576AA    IAH  DFW                      Year  2011
2            AA  N557AA    IAH  DFW                      Year  2011
3            AA  N541AA    IAH  DFW                      Year  2011
4            AA  N403AA    IAH  DFW                      Year  2011
5            AA  N492AA    IAH  DFW                      Year  2011
6            AA  N262AA    IAH  DFW                      Year  2011
```

对原始的data.frame进行重构后，将原来拥有21个变量以及25万记录的数据对象转换为只包括7列、350万行记录的新数据集。其中6列是因子类型的标识变量，最后一列存储了所有的值。这样的转换意义何在呢？为什么我们需要将传统的宽表格数据变成长得多的数据类型呢？

例如，我们有可能希望获得飞行时间与实际已经飞行的时间分布情况，如果使用原始数据格式可能很难直接绘制出来。尽管使用ggplot2包绘制散点图很容易，但如果数据绘制在两个单独的箱形图（box-plot）中还能比较吗？

现在的问题是我们手头仅有两个与时间有关的单独变量，而ggplot函数要求的参数是一个数值类型，另一个是因子类型，后者将作为图的x轴的标签，因此，为了简单起见，我们可以使用melt函数进行数据重构，方法是将两个数值变量作为可度量变量，并删掉其他列；换句话说，也即在新的数据集中去掉标识变量：

```
> hflights_melted <- melt(hflights, id.vars = 0,
+   measure.vars = c('ActualElapsedTime', 'AirTime'))
> str(hflights_melted)
'data.frame':   454992 obs. of  2 variables:
 $ variable: Factor w/ 2 levels "ActualElapsedTime",..: 1 1 1 1 1 ...
 $ value   : int  60 60 70 70 62 64 70 59 71 70 ...
```

通常来说，让溶解后的数据集不包含标识变量并不是好办法，因为转换后数据集有可能变得不好处理。

请注意，新数据集的行数是原来数据集差不多两倍之多，variable 列成为拥有两个等级的因子量，对应两个可度量变量。新增了两列的 data.frame 就很容易用图形来展示。

```
> library(ggplot2)
> ggplot(hflights_melted, aes(x = variable, y = value)) +
+   geom_boxplot()
```

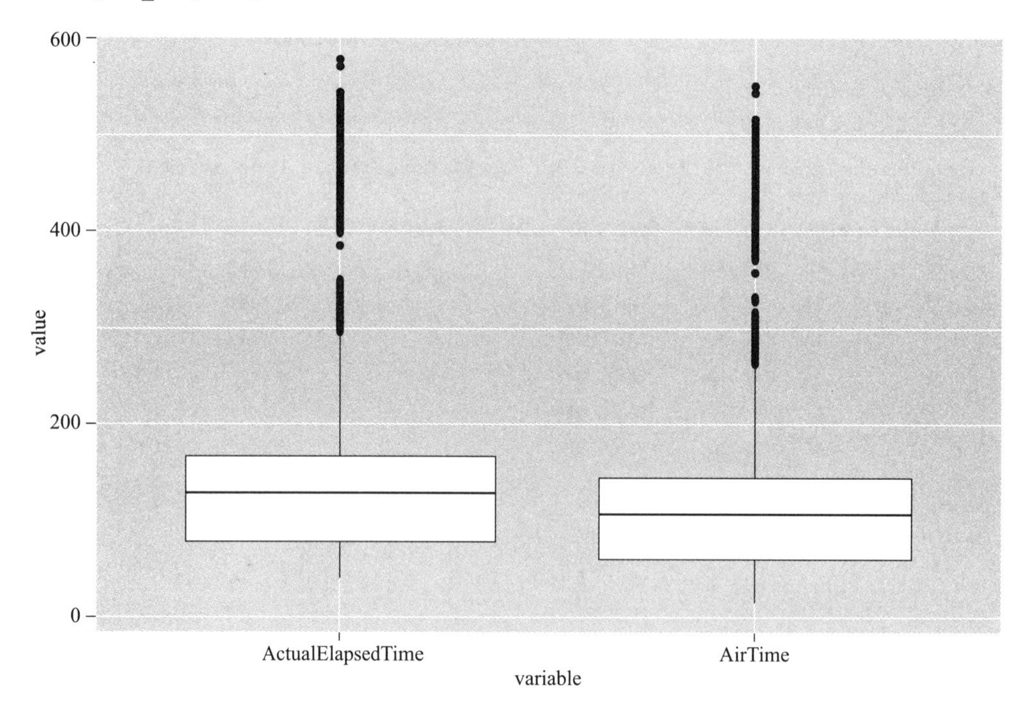

上面这个样例也许不算特别重要的任务，而且老实说，我开始使用 reshape 包是因为我需要完成类似的数据转换以得到一些简洁的 ggplot2 图——如果用户会用 base 图形函数，前面的问题也就不存在了。例如，读者可以简单地把原始数据集中两个单独变量传递到 boxplot 函数中。

现在，我们已经开始了对 Hadley Wickham 包世界的探索，在这个过程中，我们将为读者提供一些非常棒的数据分析实践。因此，建议大家进一步地阅读，比方说，如果不知道怎么进行数据整形，要掌握 ggplot2 的使用就不是那么容易。

4.7.2 将长表转换为宽表

数据集还原是数据溶解的逆操作，就像把键 - 值对转换为表格数据一样。由于键 - 值对的组合方式很多，因此转换可能产生多种结果。于是，需要一个表格和一种待转换的数据格式，例如：

```
> hflights_melted <- melt(hflights, id.vars = 'Month',
+   measure.vars = c('ActualElapsedTime', 'AirTime'))
> (df <- dcast(hflights_melted, Month ~ variable,
+   fun.aggregate = mean, na.rm = TRUE))
   Month ActualElapsedTime  AirTime
1      1          125.1054 104.1106
2      2          126.5748 105.0597
3      3          129.3440 108.2009
4      4          130.7759 109.2508
5      5          131.6785 110.3382
6      6          130.9182 110.2511
7      7          130.4126 109.2059
8      8          128.6197 108.3067
9      9          128.6702 107.8786
10    10          128.8137 107.9135
11    11          129.7714 107.5924
12    12          130.6788 108.9317
```

样例展示了通过对 hflights 数据集进行溶解和还原，得到 2011 年每个月的飞行时间：

（1）首先，找到 ID 为 Month 的数据，对 data.frame 进行溶解，只保留了和航班飞行时间相关的两个数值变量。

（2）对溶解后的 data.frame 使用简单的公式进行还原，显示所有可度量变量每个月的均值。

我确定读者可以对该数据集进行快速重构，并在图中绘制两条单独线段来表示上述基本的时序数据：

```
> ggplot(melt(df, id.vars = 'Month')) +
+   geom_line(aes(x = Month, y = value, color = variable)) +
+   scale_x_continuous(breaks = 1:12) +
+   theme_bw() +
+   theme(legend.position = 'top')
```

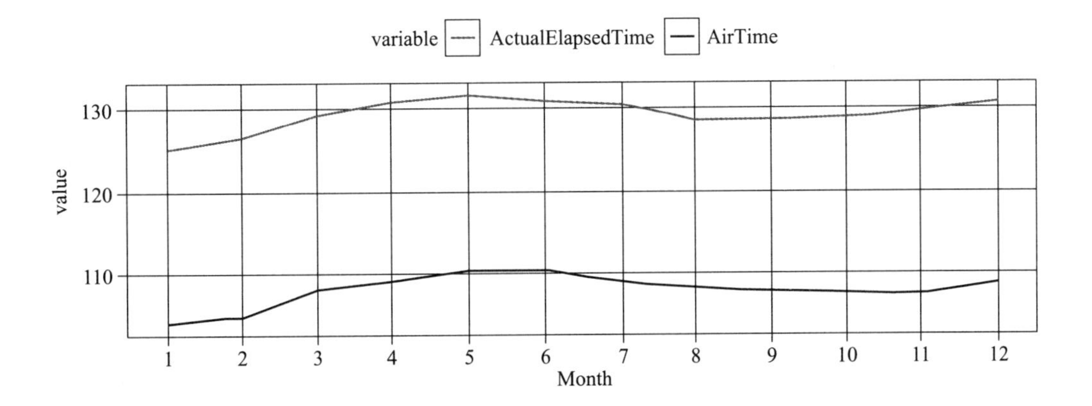

当然，不仅限于聚集操作，溶解和还原的应用范围非常广。例如，我们可以对原始数据集进行重构，使其增加一个特殊的 Month 列，它包含了所有的记录，因此重构后的数据集行数是原来的 2 倍，但是依然很容易生成相应格式的表：

```
> hflights_melted <- melt(add_margins(hflights, 'Month'),
+    id.vars = 'Month',
+    measure.vars = c('ActualElapsedTime', 'AirTime'))
> (df <- dcast(hflights_melted, Month ~ variable,
+    fun.aggregate = mean, na.rm = TRUE))
   Month ActualElapsedTime  AirTime
1      1          125.1054 104.1106
2      2          126.5748 105.0597
3      3          129.3440 108.2009
4      4          130.7759 109.2508
5      5          131.6785 110.3382
6      6          130.9182 110.2511
7      7          130.4126 109.2059
8      8          128.6197 108.3067
9      9          128.6702 107.8786
10    10          128.8137 107.9135
11    11          129.7714 107.5924
12    12          130.6788 108.9317
13 (all)          129.3237 108.1423
```

结果和前面的样例非常类似，但是在中间处理的过程中，我们将 Month 变量转换为特殊级别的因子，得到了最后一行，该行存储了相关可度量变量的算术平均值。

4.7.3 性能调整

有关 reshape2 最新的好消息是其对 data.table 提供了非常棒的数据溶解和还原支持，大大提高了性能。Matt Dowle 已经发布的测试结果显示采用 cast 和 melt 处理 data.table 对象比使用传统数据框架，性能可提高 5% ~ 10%，这实在令人印象深刻。

如果希望在读者自己的数据集上验证这些功能，只需要在调用 reshape2 函数之前，将 data.frame 转换为 data.table，因为 data.table 包已经将相应的 S3 方法扩展到 reshape2 上。

4.8 reshape 包的演变

如前所述，reshape2 是在近 5 年使用和开发经验基础之上对 reshape 包的完全重写，该版本的更新也包括一些在性能上的权衡，因为之前数据整形任务分散到很多开发包中。于是，目前，reshape2 弱化了 reshape 包以前支持的很多特殊功能。例如，reshape::cast，特别是 margins 和 add.missing 参数！

但结果证明，reshape2 的功能比简单对数据框架进行溶解和还原还是丰富得多。tidyr 包的开发也基于此：在 Hadley 提供的开发包集中增加能够在长、宽表格式之间实现快捷数据清洗和转换的开发包。就 tidyr 的说法而言，这些操作被称为 gather 和 spread。

为了快速了解新算法的语法，让我们重做前面的示例：

```
> library(tidyr)
> str(gather(hflights[, c('Month', 'ActualElapsedTime', 'AirTime')],
+   variable, value, -Month))
'data.frame':  454992 obs. of  3 variables:
 $ Month    : int  1 1 1 1 1 1 1 1 1 1 ...
 $ variable: Factor w/ 2 levels "ActualElapsedTime",..: 1 1 1 1 ...
 $ value    : int  60 60 70 70 62 64 70 59 71 70 ...
```

4.9 小结

本章重点探讨了在进行统计分析之前，如何将原始数据转换为适合的结构化形式。数据转换确实是日常工作中非常重要的部分，将耗费数据科学家绝大多数的精力。不过在学习完本章的内容后，读者应该对大多数应用的数据重构操作拥有信心——因此，现在是时候将重点放在建模上了，这也是下一章要介绍的知识。

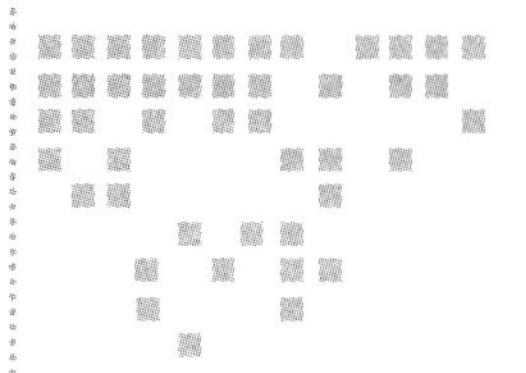

Chapter 5 第5章

建　模

(由雷娜塔·内梅特（Renata Nemeth）和盖尔盖伊·托特（Gergely Toth）编写)

“所有的模型都应该尽可能的简单，而不是过于简单”

——改编自阿尔伯特·爱因斯坦[㊀]

“所有的模型都是错误的，但有些是有用的”

——乔治·伯克斯

在完成数据导入和转换后，本章我们将重点探讨如何构建统计模型。模型是对现实世界的表现，就像上面引文中强调的那样，是更简单的表现。尽管我们不可能把所有的问题都考虑全面，但还是应该明确一个好的模型应该包含什么同时应该去掉什么，以得到有意义的结果。

本章将探讨线性模型、标准建模以及回归模型。**广义线性模型**（Generalized Linear Model，GLM）对以上这些模型进行了扩展，模型中响应变量可以是多种分布的，我们将在第6章重点探讨GLM。下面，我们将主要介绍三种最常见的回归模型：

- **线性回归**：预测连续变量（婴儿出生体重）。
- **逻辑回归**：预测二元变量（过低出生体重与正常出生体重）
- **泊松分布**：计数（每年或每个国家过低出生体重婴儿人数）

尽管其他回归模型还有很多，例如Cox回归模型，由于这些模型的构建方式和解释方法都非常类似，因此我们不会在书中一一介绍。读者在了解以上三种回归模型的知识后，应该能够毫无障碍地理解其他线性回归模型。

学习完本章，读者将掌握回归模型最重要的内容，包括如何规避混淆，如何进行模型拟合，如何解释模型以及在各种各样的情况下如何选择最优模型。

㊀ 爱因斯坦的原话是“任何事情都应该尽可能做到简单，而不要过于简单。”——校者注

5.1 多元模型的由来

如果读者希望分析一个响应变量和一个预测变量之间的关联强度，可以根据数据特征选择简单的二元关联分析，例如关联性或比值比。但如果读者还希望考虑其他预测变量以对复杂机制建模，就需要借助回归模型。

正如Ben Goldacre（《卫报》询证专栏作者）在其精彩的TED演讲中曾谈到，橄榄油消耗和皮肤年轻化之间的强关联并不意味着橄榄油能够改善我们的皮肤。当我们打算构建一个复杂的关联结构时，应该考虑其他多种预测变量，例如吸烟情况、体育运动等。因为通常情况下，喜欢食用橄榄油的人生活习惯更健康，因此皮肤衰老的延缓并不一定就全部是橄榄油的功劳。简单来说，不同生活方式对这些变量的相互关联分析造成一定混淆，看起来成立的一些因果关系，实际上有可能并不正确。

> 混杂因子是对我们所感兴趣的关联能造成偏倚作用的第三方因素，混杂因子既可能扩大也可能掩盖这些关联联系，通常混杂因子与响应变量和预测变量都有关联。

如果我们在固定皮肤状况的条件下再来分析橄榄油消耗与皮肤衰老情况的关联，例如，分别建立吸烟者与不吸烟者的模型，那么两者之间的关联有可能就不存在了。所以固定混杂因子是消除混杂因子对回归模型影响的主要方法。

回归模型通常应用于分析在存在混杂因子时，某个响应变量与预测变量之间的关联。潜在的混杂因子也可以作为模型的预测变量，而该预测变量的回归系数（分项系数）则说明了混杂因子对模型的调整效果。

5.2 线性回归及连续预测变量

我们先来看一个能说明混杂问题的实际样例。假设我们希望预测根据城市面积（以人口规模 / 千人为统计依据）估计的空气污染程度。空气污染以每立方米空气中SO_2（二氧化硫）的含量（毫克）为指标，数据集使用gamlss.data包提供的US空气污染数据集（Hand and others 1994）：

```
> library(gamlss.data)
> data(usair)
```

5.2.1 模型解释

下面通过公式来构建第一个线性回归模型。使用stats包的函数lm来完成线性模型拟合，该函数是建立回归模型最常用的工具：

```
> model.0 <- lm(y ~ x3, data = usair)
> summary(model.0)
```

```
Residuals:
    Min      1Q  Median      3Q     Max 
-32.545 -14.456  -4.019  11.019  72.549 

Coefficients:
             Estimate Std. Error t value Pr(>|t|)    
(Intercept) 17.868316   4.713844   3.791 0.000509 ***
x3           0.020014   0.005644   3.546 0.001035 ** 
---
Signif. codes:  0 '***' 0.001 '**' 0.01 '*' 0.05 '.' 0.1 ' ' 1

Residual standard error: 20.67 on 39 degrees of freedom
Multiple R-squared:  0.2438,	Adjusted R-squared:  0.2244 
F-statistic: 12.57 on 1 and 39 DF,  p-value: 0.001035
```

公式是 R 最有用的功能之一，借助公式我们能够以非常易于理解的方式来灵活定义各种模型。典型的形式为 response-terms，其中 response 为连续响应变量，terms 定义了一个或多个数值变量，包括和响应变量有关的线性预测变量。

在前述样例中，变量 *y* 定义了空气污染指标，变量 *x*3 代表污染面积。*x*3 的系数指出污染面积增加一个单元（1000），空气中 SO_2 污染加重 0.02 个单元（每立方米增加 0.02 毫克），统计显著性 p 值为 0.001035。

有关 p 值的介绍请参考 5.4 节。为了简化问题，我们在这里规定当 p 值低于 0.05 时，模型具有统计显著性。

截距通常指预测变量为 0 时响应变量的值，但在本样例中，没有居民数为零的城市，因此对于截距值（17.87）没有直接的说明。两个回归系数定义了相应的回归直线：

```
> plot(y ~ x3, data = usair, cex.lab = 1.5)
> abline(model.0, col = "red", lwd = 2.5)
> legend('bottomright', legend = 'y ~ x3', lty = 1, col = 'red',
+   lwd = 2.5, title = 'Regression line')
```

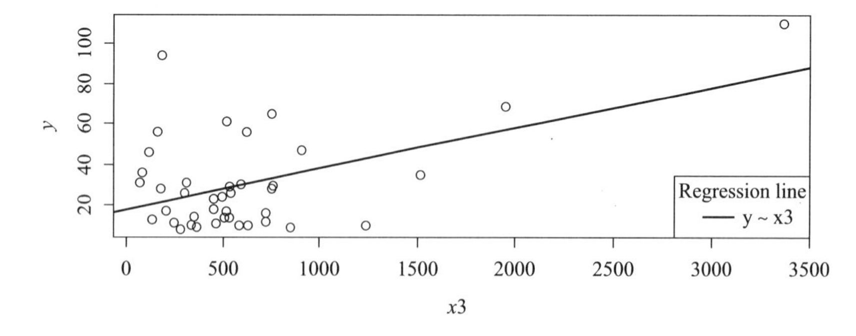

如图所示，回归线与 *y* 轴的交点其值为截距（17.87）。另一系数（0.02）为回归线段的

斜率：斜率表示了回归线的倾斜度。本例中，斜率大于零（y值随$x3$值增加而增加），直线呈上升趋势。类似地，如果斜率为负数，函数值呈下降趋势。

如果读者掌握了回归线的绘制原理，就很容易估计预测值。图中直线很好地拟合了数据。我们使用最小二乘法来实现“最佳拟合”，该模型也被称为**普通最小二乘回归**（ordinary least square，OLS）。

最小二乘法通过使残差和最小化来找到最佳的拟合曲线，方法中的残差为误差，是观测值（散点图中的原始数据点）与预测理论值（回归直线上对应的值）的差值：

```
> usair$prediction <- predict(model.0)
> usair$residual<- resid(model.0)
> plot(y ~ x3, data = usair, cex.lab = 1.5)
> abline(model.0, col = 'red', lwd = 2.5)
> segments(usair$x3, usair$y, usair$x3, usair$prediction,
+   col = 'blue', lty = 2)
> legend('bottomright', legend = c('y ~ x3', 'residuals'),
+   lty = c(1, 2), col = c('red', 'blue'), lwd = 2.5,
+   title = 'Regression line')
```

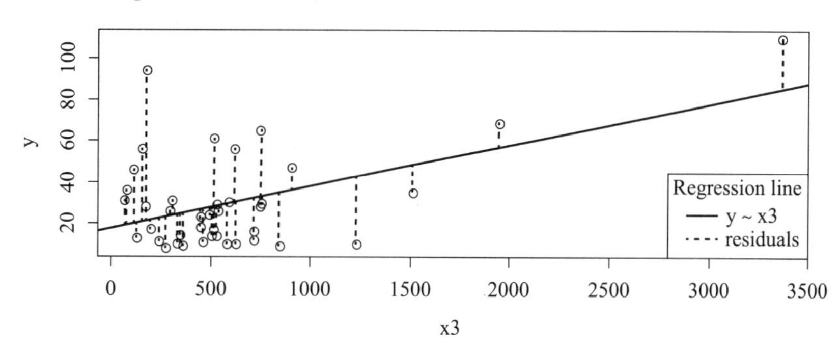

线性回归中的术语“线性”指我们使用线性关系去分析数据，该方法自然，易于理解，相比其他更复杂的方法，所需数学知识也很简单。

5.2.2　多元预测

另一方面，如果我们希望将人口数与工业化的影响区分考虑，建立更复杂的模型，我们需引入变量$x2$，该变量为工人数大于20的工厂个数。我们可以通过lm（y ~ x3 + x2,data = usair）命令来创建一个新模型，或者使用update函数重新优化前面的模型：

```
> model.1 <- update(model.0, . ~ . + x2)
> summary(model.1)

Residuals:
    Min      1Q  Median      3Q     Max
-22.389 -12.831  -1.277   7.609  49.533
```

```
Coefficients:
            Estimate Std. Error t value Pr(>|t|)
(Intercept) 26.32508    3.84044   6.855 3.87e-08 ***
x3          -0.05661    0.01430  -3.959 0.000319 ***
x2           0.08243    0.01470   5.609 1.96e-06 ***
---
Signif. codes:  0 '***' 0.001 '**' 0.01 '*' 0.05 '.' 0.1 ' ' 1

Residual standard error: 15.49 on 38 degrees of freedom
Multiple R-squared:  0.5863,    Adjusted R-squared:  0.5645
F-statistic: 26.93 on 2 and 38 DF,  p-value: 5.207e-08
```

当前 $x3$ 的系数是 –0.06！前面空气污染和城市规模之间简单的关联关系中二者是正相关，而当增加了工厂个数这一因素后，关联关系变成了负相关。这意味着人口数每上升1000，空气中 SO_2 的浓度下降 0.06 单位，该结论具有统计显著效应。

乍看上去，从正相关转变为负相关让人惊讶，但仔细分析也并未完全毫无道理。该结果说明空气污染并不是人口规模造成的，而很有可能与工业化水平有直接关联。在第一个模型中，人口规模的正相关性是因为某种程度上它也是度量工业化水平的一种依据，而当我们固定了工业化水平后，人口规模与空气污染之间的关联就变为负相关，这意味着城市工业化水平不变，城市规模增加，则污染物扩散的面积也增加了。

因此，我们可以给出结论，那就是变量 $x2$ 是一个混杂因子，它歪曲了 y 和 $x3$ 之间的关联关系。尽管该问题已经超出了我们当前的研究范围，我们还是可以对 $x2$ 的系数给出合理解释，即将城市规模固定为某个常量，工业化水平增加一个单位，单位体积的 SO_2 浓度将增加 0.08 毫克。

基于上述模型，我们可以根据预测变量的任意组合估计出响应值。例如，预测一个拥有 400 000 居民和 150 个工厂，平均每个工厂人数都超过 20 的城市二氧化硫浓度：

```
> as.numeric(predict(model.1, data.frame(x2 = 150, x3 = 400)))
[1] 16.04756
```

也可以不直接使用模型，而是自己用相关值乘上直线斜率，然后再将结果与某个常数相加—上述数值都是源自前面的模型：

```
> -0.05661 * 400 + 0.08243 * 150 + 26.32508
[1] 16.04558
```

超出数据范围的预测称为外推，差值越大，预测的准确度就越难保证。问题在于我们无法对超过样本范围的数据集检验模型假设（如线性度）。

如果有两个预测变量，回归直线将变成三维空间中的平面，可以使用 scatterplot3d 包很方便地展现：

```
> library(scatterplot3d)
```

```
> plot3d <- scatterplot3d(usair$x3, usair$x2, usair$y, pch = 19,
+   type = 'h', highlight.3d = TRUE, main = '3-D Scatterplot')
> plot3d$plane3d(model.1, lty = 'solid', col = 'red')
```

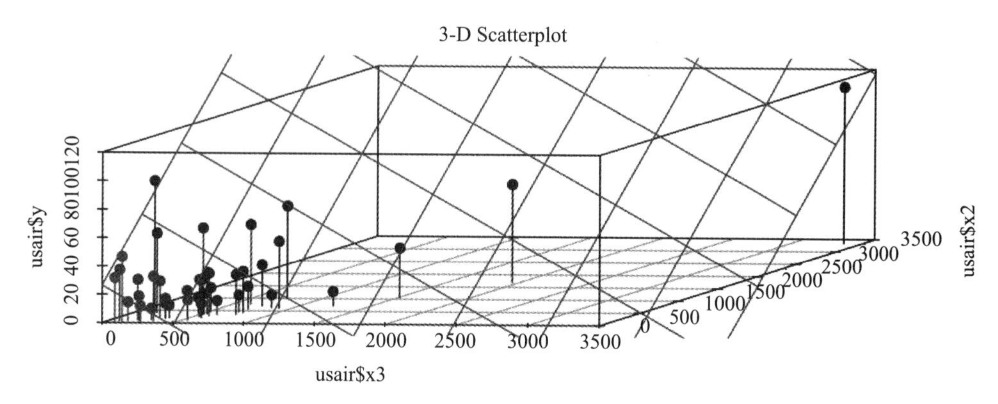

上面这个图有些难以理解，我们再来绘制该3D图的二维投影，以提高结果的可读性。在下图中，第三个没展现出的变量设为0：

```
> par(mfrow = c(1, 2))
> plot(y ~ x3, data = usair, main = '2D projection for x3')
> abline(model.1, col = 'red', lwd = 2.5)
> plot(y ~ x2, data = usair, main = '2D projection for x2')
> abline(lm(y ~ x2 + x3, data = usair), col = 'red', lwd = 2.5)
```

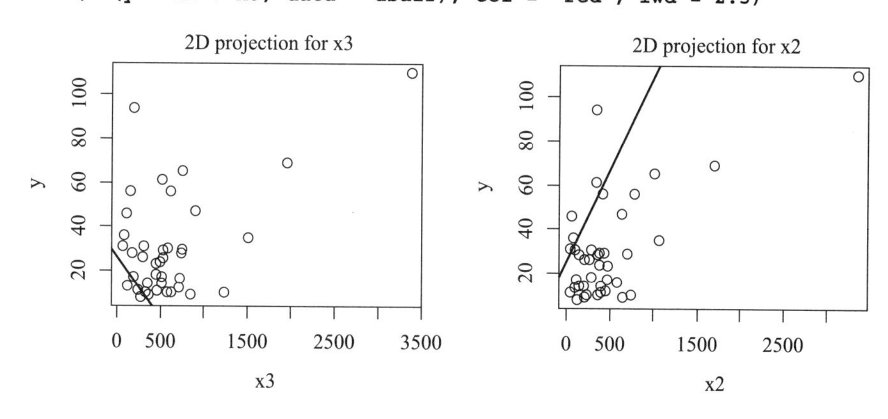

根据斜率，可以很直观地看见 y–$x3$ 的回归直线发生了变化，从上升趋势变为下降趋势。

5.3 模型假定

采用标准预测技术的线性回归模型能够对输出变量、预测变量以及两者之间的相关性进行假设：

（1）Y 是一连续变量（非二元变量，定类变量或定序变量）；

（2）错误（残差）具有统计无关性；

（3）在 Y 和每个 X 之间具有随机的线性关联；

（4）固定 X，Y 服从正态分布；

（5）不论 X 的固定值是多少，Y 拥有相同的方差。

假定 2 的特例发生在趋势分析中，如果我们使用时间作为预测变量，由于连续年份是相互依赖，因此相互之间的错误不会独立无关。例如，如果某年度某种疾病的死亡率非常高，我们也可以预测该疾病在下一年的死亡率也一样会很高。

假定 3 的特例是变量之间相互关系不是完全线性相关，而是背离了线性趋势直线。假定 4 和假定 5 要求 Y 的条件分布服从正态分布，并且无论 X 的固定值是多少，Y 的方差是一样的。这些假定是为回归推理服务的。假定 5 也被称为同方差性假定。如果违背了该假定，线性回归模型则存在异方差性。

下图借助仿真数据集对以上假定进行了说明：

```
> library(Hmisc)
> library(ggplot2)
> library(gridExtra)
> set.seed(7)
> x  <- sort(rnorm(1000, 10, 100))[26:975]
> y  <- x * 500 + rnorm(950, 5000, 20000)
> df <- data.frame(x = x, y = y, cuts = factor(cut2(x, g = 5)),
+                              resid = resid(lm(y ~ x)))
> scatterPl <- ggplot(df, aes(x = x, y = y)) +
+    geom_point(aes(colour = cuts, fill = cuts), shape = 1,
+  show_guide = FALSE) + geom_smooth(method = lm, level = 0.99)
> plot_left <- ggplot(df,  aes(x = y, fill = cuts)) +
+    geom_density(alpha = .5) + coord_flip() + scale_y_reverse()
> plot_right <- ggplot(data = df, aes(x = resid, fill = cuts)) +
+    geom_density(alpha = .5) + coord_flip()
> grid.arrange(plot_left, scatterPl, plot_right,
+    ncol=3, nrow=1, widths=c(1, 3, 1))
```

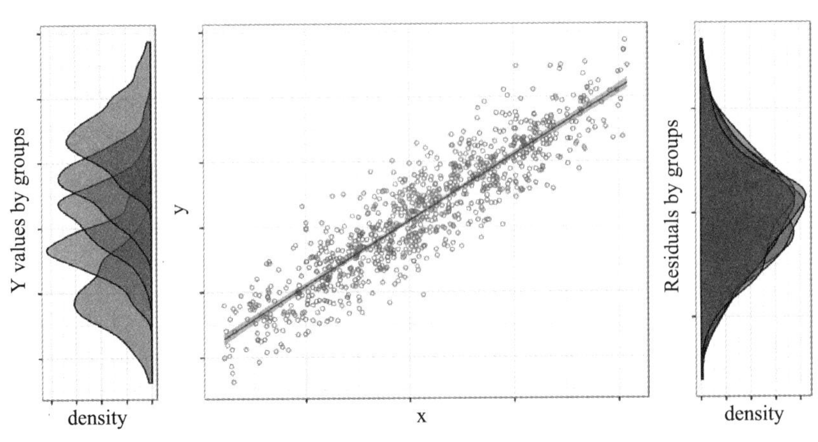

上面的代码可以在Packt出版公司的主页上下载，包括一个更长一点的程序块，该程序块对图的边距、标注以及标题进行了调整。上面的代码主要解决了模型可视化的问题，没有对图形外观做太多优化。

我们将在第9章对模型假定的评估进行深入讨论，如果模型提出的一些假定不正确，可以通过寻找孤立点来解决。如果结果存在孤立点，回归模型是否没有考虑孤立点的存在？如果引入了孤立点，结果是否会有所不同？我们将在第8章探讨孤立点检测的方法。

下面的样例介绍了去掉孤立点的方法（第31个观测点），去掉孤立点后有可能使得假定成立。可以使用gvlma包来快速验证模型假定是否都能满足。

```
> library(gvlma)
> gvlma(model.1)

Coefficients:
(Intercept)          x3          x2
   26.32508    -0.05661     0.08243

ASSESSMENT OF THE LINEAR MODEL ASSUMPTIONS
USING THE GLOBAL TEST ON 4 DEGREES-OF-FREEDOM:
Level of Significance =  0.05

                     Value  p-value                   Decision
Global Stat        14.1392 0.006864 Assumptions NOT satisfied!
Skewness            7.8439 0.005099 Assumptions NOT satisfied!
Kurtosis            3.9168 0.047805 Assumptions NOT satisfied!
Link Function       0.1092 0.741080    Assumptions acceptable.
Heteroscedasticity  2.2692 0.131964    Assumptions acceptable.
```

5个假定中有3个不成立，但如果去掉第31个观测值，再在数据集上建立相同的模型，能得到好一点的结果：

```
> model.2 <- update(model.1, data = usair[-31, ])
> gvlma(model.2)

Coefficients:
(Intercept)          x3          x2
   22.45495    -0.04185     0.06847

ASSESSMENT OF THE LINEAR MODEL ASSUMPTIONS
USING THE GLOBAL TEST ON 4 DEGREES-OF-FREEDOM:
Level of Significance =  0.05

                     Value p-value                   Decision
```

```
Global Stat          3.7099  0.4467 Assumptions acceptable.
Skewness             2.3050  0.1290 Assumptions acceptable.
Kurtosis             0.0274  0.8685 Assumptions acceptable.
Link Function        0.2561  0.6128 Assumptions acceptable.
Heteroscedasticity 1.1214  0.2896 Assumptions acceptable.
```

由上述结果可知，我们在后面建立回归模型时最好从数据集中去掉第 31 个观测值。

不过，必须要注意仅仅因为某个观测值是孤立点就去掉它并不是一个好方法。在做决定之前，要根据具体情况而定。如果孤立点确实是一个错误的值，就应该去掉它。否则，分别根据有孤立点和无孤立点进行分析，并且在报告中说明孤立点的存在对分析结果的影响，以及去掉孤立点的理由。

可以为任意数据集找到其对应的拟合直线，而最小二乘法能帮助我们找到最优的解决方案，且趋势直线可解释。即使模型假定不成立，回归系数和 R 平方系数也都有意义。如果我们需要解释 p 值或者试图得到好的预测结果，这些假定就必须被满足。

5.4 回归线的拟合效果

尽管我们知道结果所得的趋势直线在所有可能的线性直线中拟合效果最佳，但我们并不知道其对实际数据的拟合效果。可以通过验证零假设来求得回归参数的显著性，零假设假定回归参数等于零。F 检验适用于回归参数确实为零的情况。简而言之，p 检验适用于一般情况的回归显著性检验，p 值小于 0.05 即说明“回归直线具备显著性”，否则，线段的拟合度就不是特别理想。

不过，就算我们已经得到了一个显著的 F 值，也不能确定回归直线拟合度就非常好，残差是对拟合误差的度量。R 平方值将以上这些值统一为一个度量。R 平方是指响应变量的变异中有多少百分比是由回归模型解释的。从数学角度而言，R 平方值是预测 *Y* 值的方差除以观测 *Y* 值方差的结果。

某些情况下，尽管有显著 F 检验，根据 R 平方值预测变量仍只能解释总体的一小部分（<10%）差异。这可能是因为尽管预测变量对响应变量的影响具备统计显著性，但实际的响应过程要比假设模型复杂的多。在医学以及生物学领域，生物过程的建模都非常复杂，类似这种现象也非常普遍。而在金融领域，那些宏观经济变量的变化反而比较平缓。

如果在前面空气污染的样例中，仅考虑将人口规模作为唯一的预测变量，R 平方值等于 0.37，此时我们可以得出结论，有 37% 的 SO_2 浓度变化是由城市大小决定的：

```
> model.0 <- update(model.0, data = usair[-31, ])
> summary(model.0)[c('r.squared', 'adj.r.squared')]
```

```
$r.squared
[1] 0.3728245
$adj.r.squared
[1] 0.3563199
```

当在模型中引入了工厂数目后，R 平方值迅速增加，几乎是原值的 2 倍：

```
> summary(model.2)[c('r.squared', 'adj.r.squared')]
$r.squared
[1] 0.6433317
$adj.r.squared
[1] 0.6240523
```

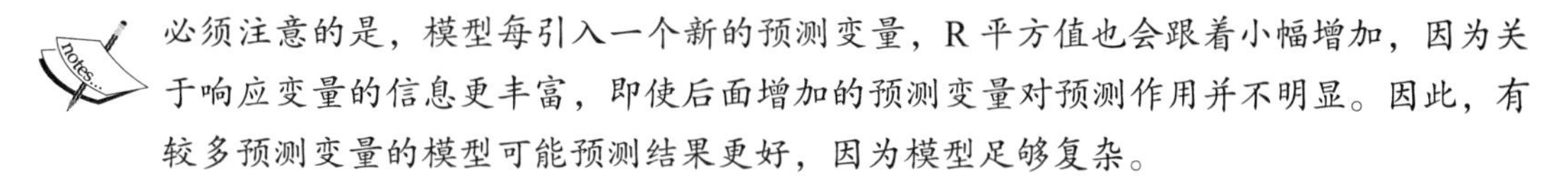
必须注意的是，模型每引入一个新的预测变量，R 平方值也会跟着小幅增加，因为关于响应变量的信息更丰富，即使后面增加的预测变量对预测作用并不明显。因此，有较多预测变量的模型可能预测结果更好，因为模型足够复杂。

解决方案是引入 R 平方调整值，该值同时考虑了预测变量的数目。在前述样例中，后面的模型不但 R 平方值的结果较好，同样 R 平方调整值也更优。

两个模型也存在嵌套关系，这意味着扩展后的模型包含了之前模型的每一个预测变量。但 R 平方调整值并不能作为非嵌套模型筛选的标准。如果用户的模型为非嵌套模型，可以考虑使用**赤池信息量准则**（Akaike Information Criterion，AIC）来完成模型筛选。

AIC 准则以信息论为基础，它对模型参数的个数引入了惩罚机制，能够解决复杂模型看起来拟合效果更优的问题。使用 AIC 准则后，优先考虑的模型应是 AIC 值最小的那一个。简而言之，如果两个模型的 AIC 差值小于 2，这两个模型的性能差别不大。在下面的样例中，两个模型乍看起来相差无几，但引入 AIC 准则后，model.4 要明显优于 model.3，因为两者 AIC 相差接近 10：

```
> summary(model.3 <- update(model.2, .~. -x2 + x1))$coefficients
             Estimate   Std. Error   t value     Pr(>|t|)
(Intercept) 77.429836 19.463954376  3.978114 3.109597e-04
x3           0.021333  0.004221122  5.053869 1.194154e-05
x1          -1.112417  0.338589453 -3.285444 2.233434e-03

> summary(model.4 <- update(model.2, .~. -x3 + x1))$coefficients
               Estimate   Std. Error   t value     Pr(>|t|)
(Intercept) 64.52477966 17.616612780  3.662723 7.761281e-04
x2           0.02537169  0.003880055  6.539004 1.174780e-07
x1          -0.85678176  0.304807053 -2.810899 7.853266e-03

> AIC(model.3, model.4)
        df      AIC
model.3  4 336.6405
model.4  4 326.9136
```

注意，就绝对正确而言，AIC 也无法断言模型的质量究竟如何，通过 AIC 准则筛选出来的最优模型，其拟合效果可能依然很差劲。该准则对模型的拟合效果评估没有提供支持，它仅仅被应用于对不同模型进行分级。

5.5 离散预测变量

到目前为止，我们探讨的案例都属于响应变量和预测变量都为连续型变量这种简单的情况。下面我们将模型应用范围稍微扩大一点，在模型中引入一个离散型预测变量。依然选择 usair 数据集，在模型中增加 x5（降水量：年度发生降雨的天数）作为预测变量，该预测变量有三种类别（低、中、高），分界点分别为 30 天和 45 天。研究点为降水量和 SO_2 浓度是否存在关联。研究结果下图所示，可以看出，关联关系体现的线性不明显：

```
> plot(y ~ x5, data = usair, cex.lab = 1.5)
> abline(lm(y ~ x5, data = usair), col = 'red', lwd = 2.5, lty = 1)
> abline(lm(y ~ x5, data = usair[usair$x5<=45,]),
+   col = 'red', lwd = 2.5, lty = 3)
> abline(lm(y ~ x5, data = usair[usair$x5 >=30, ]),
+   col = 'red', lwd = 2.5, lty = 2)
> abline(v = c(30, 45), col = 'blue', lwd = 2.5)
> legend('topleft', lty = c(1, 3, 2, 1), lwd = rep(2.5, 4),
+   legend = c('y ~ x5', 'y ~ x5 | x5<=45','y ~ x5 | x5>=30',
+     'Critical zone'), col = c('red', 'red', 'red', 'blue'))
```

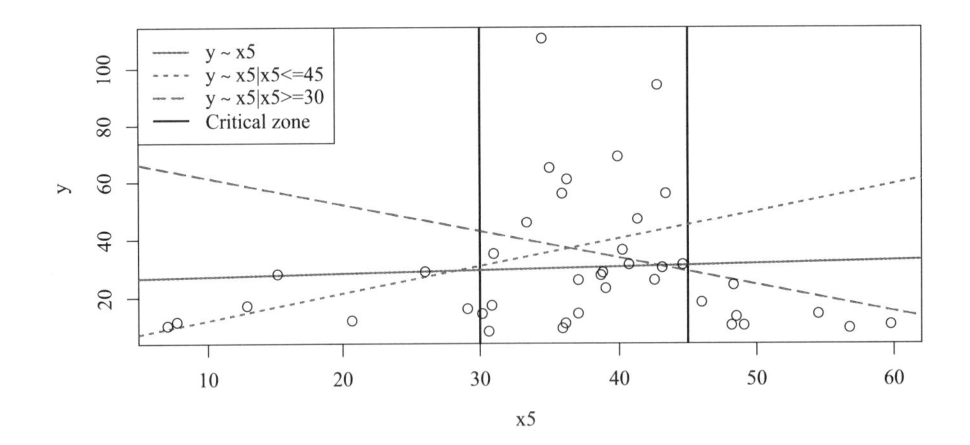

选择 30 和 45 作为分界点或多或少有点随意，更合适的方法应该是通过回归树来选择最优分界点。R 提供了多种分类树的实现方法，最常用的函数是 rpart 包的 rpart 函数。回归树通过递归调用，完成数据集的不断划分，在每一步，算法都将依据降雨天数选择最佳划分，使得最优分界点最小化不同组 SO_2 浓度平均值的偏差平方和：

```
> library(partykit)
> library(rpart)
> plot(as.party(rpart(y ~ x5, data = usair)))
```

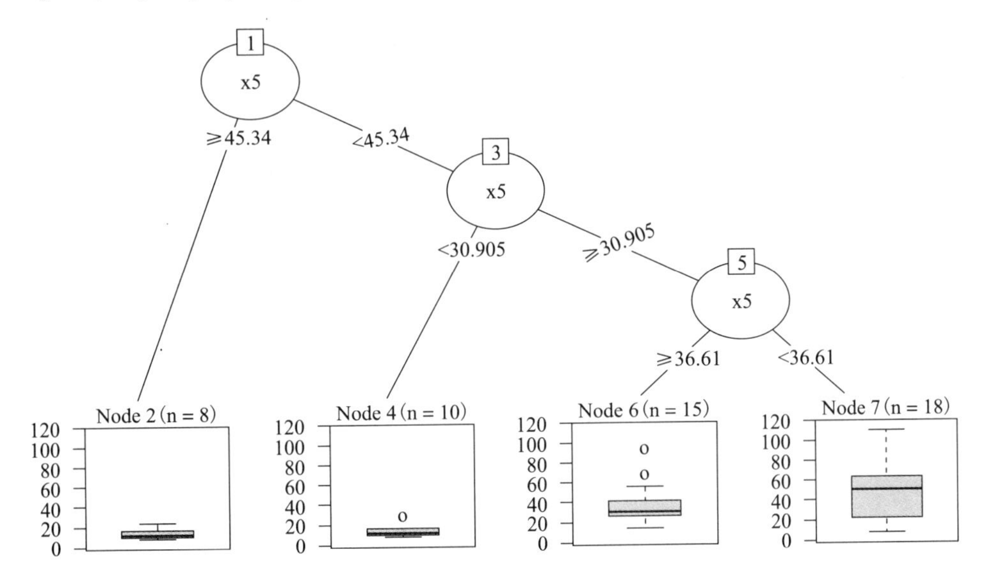

对上述结果的解释比较直接。如果我们要根据 SO_2 浓度选择差异最大的两组，最优分界点应该为 45.34，如果我们希望得到 3 组，还需要在第二组增加一个 30.91 的分界点，以此类推。四个箱形图分别描述了在四个划分后的数据子集中 SO_2 的浓度分布。这个结果也证实了我们前面的猜测，降雨天数不同的三组其 SO_2 浓度也存在显著差异。

有关决策树的更多详细内容可以参考本书第 10 章。

下面的散点图也同样说明前面三组的差异非常明显。看起来中间这一组的 SO_2 浓度最大，其他两组则差不多：

```
> usair$x5_3 <- cut2(usair$x5, c(30, 45))
> plot(y ~ as.numeric(x5_3), data = usair, cex.lab = 1.5,
+   xlab = 'Categorized annual rainfall(x5)', xaxt = 'n')
> axis(1, at = 1:3, labels = levels(usair$x5_3))
> lines(tapply(usair$y, usair$x5_3, mean), col='red', lwd=2.5, lty=1)
> legend('topright', legend = 'Linear prediction', col = 'red')
```

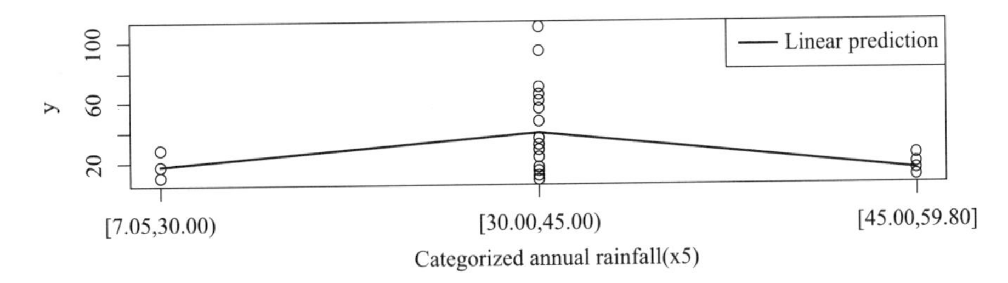

现在，让我们将新增加的三类不同的降雨天数作为预测变量引入到线性回归模型中。从技术角度而言，要实现这一目标需为第二组和第三组增加两个虚拟变量（有关虚拟变量的内容，请参考本书第 10 章），如下表所示：

	虚拟变量	
降水量	第二组	第三组
低（0 ~ 30）	0	0
中（30 ~ 45）	1	0
高（45+）	0	1

因为经典的线性回归不支持非连续型预测变量，可以使用 R 的 glm（广义线性模型）函数完成上述模型的构建：

```
> summary(glmmodel.1 <- glm(y ~ x2 + x3 + x5_3, data = usair[-31, ]))
Deviance Residuals:
    Min        1Q    Median       3Q       Max
-26.926    -4.780     1.543    5.481    31.280

Coefficients:
                    Estimate Std. Error t value Pr(>|t|)
(Intercept)         14.07025    5.01682   2.805  0.00817 **
x2                   0.05923    0.01210   4.897 2.19e-05 ***
x3                  -0.03459    0.01172  -2.952  0.00560 **
x5_3[30.00,45.00)  13.08279    5.10367   2.563  0.01482 *
x5_3[45.00,59.80]   0.09406    6.17024   0.015  0.98792
---
Signif. codes:  0 '***' 0.001 '**' 0.01 '*' 0.05 '.' 0.1 ' ' 1

(Dispersion parameter for gaussian family taken to be 139.6349)

    Null deviance: 17845.9  on 39  degrees of freedom
Residual deviance:  4887.2  on 35  degrees of freedom
AIC: 317.74

Number of Fisher Scoring iterations: 2
```

其中，受人口规模和工厂数目影响，第二组（降雨天数在 30 天和 45 天之间）的 SO_2 浓度平均值与第一组相比，要高出 15.2 个单位，该差异具有统计显著性。

相反，第一组和第三组的差别非常小（第三组比第一组略高 0.04 个单位），统计显著性不算明显。三组平均值为一个倒 U 形曲线。需注意的是，如果我们在模型中引入的是降雨天数原始的连续值，毫无疑问结果将为线性关系，我们也就无法发现上面这个结果了。另外值得重视的一点就是，这里展现的 U 形曲线描述了部分关联关系（由 *x*2 和 *x*3 控制），但是在前面散点图中所展示的原始的关联关系，结果也差不多是类似的。

回归系数是对不同组平均值差异的描述，所有组都和省略组（第一组）进行了比较，因此省略组通常也被称为参照组。这种引入离散预测变量的方法被称为参考分类编码。通常，如果我们手头的离散预测变量有 n 类，我们可以将其中（n–1）类定义为虚拟变量。当然，如果是对其他对照类别感兴趣，可以对模型进行简单的调整，将虚拟变量指向其他的其他（n–1）类。

如果在建立线性回归模型中引入了离散预测变量，回归斜率为组间差值。如果模型中还包含其他预测变量，则组间差值将受这些预测变量的控制。记住，多元回归模型的关键在于保持其他预测变量固定不变时，可以使用模型来描述部分二元关联关系。

我们还可以继续在模型中引入其他类型任意数量的预测变量，如果是定序预测变量，可以自由选择是否直接使用其原始数据类型，假定存在线性关联，或者建立虚拟变量并引入这些变量，允许建立任何形式的关联。如果读者不清楚如何决策，可以尝试所有的方案并在其中选择最优的模型。

5.6 小结

本章探讨了如何建立及解释诸如线性回归这样的基本模型。学习完本章后，读者应该了解线性回归模型的初衷，掌握调整混杂因子的方法，如何引入离散预测变量，如何在 R 中对模型调优，以及如何解释结果。

在下一章中，我们会将讨论的范围扩展至广义模型，并且对模型拟合的结果进行解释。

Chapter 6 第6章

线性趋势直线外的知识

（由雷娜塔·内梅特（Renata Nemeth）和盖尔盖伊·托特（Gergely Toth）编写）

前一章节所介绍过的线性回归模型能够描述与预测量存在线性关联的连续型响应变量。在本章，我们会将模型进行扩展，使其能够描述不同分布的响应变量。但在我们急急忙忙开始学习广义线性模型之前，需要稍微停顿一下，对常用的回归模型做一番小结。

6.1 工作流建模

首先，学习一些相关术语。统计学中将变量 Y 称为响应变量、输出变量或因变量。而变量 X 常被称为预测变量、解释变量或自变量。其中我们可能主要对某些预测量感兴趣，而引入的其他一些预测变量仅仅有可能是因为这些变量是潜在的混杂因子。连续型预测变量有时候被称为协变量。

GLM 是对线性回归的泛化，GLM（在 R 中常指 glm，放在 stats 包中）允许预测变量通过连接函数与响应变量发生关联，同时允许测量值的方差量级是其预测变量的函数。

无论我们打算使用何种类型的回归模型，首先需要考虑的问题就是“应该以何种形式在模型中引入连续型预测变量？”如果响应变量和预测变量之间的关系不符合模型最初的假定，我们可以对其进行一些变化处理。例如，在线性模型中对变量取对数或平方都是很常见将因变量和自变量之间的非线性关系转换为满足线性公式的方法。

或者，我们还可以通过划分其范围将连续型预测变量转换为离散值，当选择数据类别时，最佳方法之一是遵循常规，例如将 18 岁作为年龄的分界线。或者也可以采取更专业的手段，例如，将预测变量依据分位点进行划分。其他比较好的方法可以是采用某些分类树或回归树，在本书第 10 章将对这一内容进行深入探讨。

离散预测变量可以借助参考分类编码将其作为虚拟变量引入模型，就像我们在前一章建立线性回归模型时所采用的处理方式一样。

但是我们到底应该怎样建立一个预测模型呢？我们总结了一个常用工作流来回答这个问题：

（1）首先，将主要预测变量以及所有混杂因子引入模型，然后通过逐步去掉其中作用不大的变量来减少混杂因子的个数。可以采用某些自动处理（例如，后退法）来完成这一任务。

给定的样本集大小将对预测变量个数有所限制。通常，每一个预测变量至少需要 20 个观测值的样本规模。

（2）确定直接使用连续型变量还是先对其进行离散化。

（3）最后，对模型假定进行检验。

我们又该如何确定最优模型呢？是拟合效果越好模型就越优秀吗？不幸的是，答案是否定的。我们的目标是在尽可能少地使用预测变量的前提下，尽可能地提高模型的拟合度。而一个拟合度高的模型和一个自变量少的模型通常是相互矛盾的。

就如我们在前面所了解的一样，在线性回归模型中引入新的预测变量通常会提高 R 平方值，也有可能会得到一个过度拟合的模型。过度拟合是指模型能够描述带随机噪声的样本数据集，但不能应对潜在的数据变化。过度拟合通常发生在诸如模型引入的预测变量太多而相应的样本集规模却不能与之匹配的情况下。

因此，一个良好的模型会在拟合度和预测变量个数之间寻求平衡。AIC 准则同时考虑了拟合度和模型的简约性，因此是比较好的一种评估准则。我们极力推荐读者在比较以及选择模型时使用 AIC 准则，通过 stats 包的 AIC 函数可以很容易地调用它。

6.2 逻辑回归

到目前为止，我们已经对线性回归模型进行了介绍，这是一种适用于对连续响应变量进行描述的模型。但诸如非连续型的二元响应变量（例如生病 / 健康、保持现有工作不变 / 离职去新的岗位、移动运营商 / 接入商）也非常常见。与连续型变量相比，我们通常预测响应变量出现概率，而非预测响应变量的值。

最直接的解决方案可以是在线性模型中将概率作为输出结果，但概率的值只能在 0 和 1 之间，而线性模型无法确保输出值在这个范围内。使用逻辑回归模型是一个更好的解决方案，这类模型不仅能对概率建模，还可以处理概率的自然对数，也称为**分对数**（logit）。分对数可以是任意（正数 / 负数）数值，因此关于输出结果受限的问题得到了解决。

下面介绍一个预测死刑概率的简单案例，将使用被告人的人种信息作为预测基础，该模型与美国漫长历史中种族歧视对执行死刑判决的影响这一复杂问题相关。我们将使用 catdata

包的 deathpenalty 数据集，该数据集包括佛罗里达州 1976 年至 1987 年对多重谋杀案被告的判决结果，数据集分类包括是否执行死刑（0 代表未执行，1 代表执行）、被告人的人种、受害人的人种（0 为黑人，1 为白人）。

首先，调用 vcdExtra 包的 expand.dtf 函数对数据格式进行转换，再使用之前建立的第一个广义模型对数据进行拟合：

```
> library(catdata)
> data(deathpenalty)
> library(vcdExtra)
> deathpenalty.expand <- expand.dft(deathpenalty)
> binom.model.0 <- glm(DeathPenalty ~ DefendantRace,
+   data = deathpenalty.expand, family = binomial)
> summary(binom.model.0)

Deviance Residuals:
    Min       1Q   Median       3Q      Max
-0.4821  -0.4821  -0.4821  -0.4044   2.2558

Coefficients:
              Estimate Std. Error z value Pr(>|z|)
(Intercept)    -2.4624     0.2690  -9.155   <2e-16 ***
DefendantRace   0.3689     0.3058   1.206    0.228
---
Signif. codes:  0 '***' 0.001 '**' 0.01 '*' 0.05 '.' 0.1 ' ' 1

(Dispersion parameter for binomial family taken to be 1)

    Null deviance: 440.84  on 673  degrees of freedom
Residual deviance: 439.31  on 672  degrees of freedom
AIC: 443.31

Number of Fisher Scoring iterations: 5
```

回归系数统计不显著，因此初看起来，我们从数据集中没有直接观测到存在种族歧视。不管怎么说，为了完成教学目的，我们来对回归系数做进一步解释。回归系数的值为 0.37，这意味着当被告人从黑色人种变为白色人种时，死刑判决概率的自然对数值将增加 0.37，如果再求其指数，即比值比，差别更容易解释。

```
> exp(cbind(OR = coef(binom.model.0), confint(binom.model.0)))
                      OR       2.5 %    97.5 %
(Intercept)   0.08522727 0.04818273 0.1393442
DefendantRace 1.44620155 0.81342472 2.7198224
```

关于被告人人种的比值比为 1.45，这意味着白人被告比黑人被告获死刑的概率要高 45%。

尽管能从 R 的函数得到上述结果，但通常比值比是无法解释的。

现在，我们将讨论范围扩大一点。在前面的线性回归模型中，回归系数 b 可以解释为每当 X 增加一个单位，Y 增加 b。而在逻辑回归模型中，X 增加 1 个单位，Y 的发生比扩大 e^b 倍。

请注意以上预测变量为离散型变量，其值要么为 1（白人），要么为 0（黑人），令白人为虚拟变量，而黑人为参考类。我们也讨论过类似的在线性回归模型中引入离散变量的处理方法。如果人种个数大于 2，则应该为第三类人种再定义一个虚拟变量，并且将其引入到模型中。每个虚拟变量的系数指数等于其比值比，由给定类别与参考类别比较而得。如果是连续型预测量，系数指数和预测量单位增加量的比值比相等。

由于受害人的人种也是一个貌似可能的混杂因子，下面我们将受害者人种代入进行检验，将 DefendantRace 和 VictimRace 都作为预测变量，对模型进行调整：

```
> binom.model.1 <- update(binom.model.0, . ~ . + VictimRace)
> summary(binom.model.1)

Deviance Residuals:
    Min       1Q   Median       3Q      Max
-0.7283  -0.4899  -0.4899  -0.2326   2.6919

Coefficients:
              Estimate Std. Error z value Pr(>|z|)
(Intercept)    -3.5961     0.5069  -7.094 1.30e-12 ***
DefendantRace  -0.8678     0.3671  -2.364   0.0181 *
VictimRace      2.4044     0.6006   4.003 6.25e-05 ***
---
Signif. codes:  0 '***' 0.001 '**' 0.01 '*' 0.05 '.' 0.1 ' ' 1

(Dispersion parameter for binomial family taken to be 1)

    Null deviance: 440.84  on 673  degrees of freedom
Residual deviance: 418.96  on 671  degrees of freedom
AIC: 424.96

Number of Fisher Scoring iterations: 6

> exp(cbind(OR = coef(binom.model.1), confint(binom.model.1)))
```

```
                        OR          2.5 %        97.5 %
(Intercept)      0.02743038 0.008433309  0.06489753
DefendantRace    0.41987565 0.209436976  0.89221877
VictimRace      11.07226549 3.694532608 41.16558028
```

当模型引入 VictimRace 后，DefendantRace 的显著性明显增强！新的比值比为 0.42，它意味着在固定被害人的人种后，白人被告获死刑的概率仅为黑人被告或死刑概率的 42%。而 VictimRace 的比值比（11.07）也明显说明：如果被害人为白人，则被告获死刑的概率是被害人为黑人的被告获死刑概率的 11 倍。

因此，DefendantRace 的影响与之前仅包含一个预测变量的模型的结论完全相反。改变后的关联关系似乎是矛盾的，但是却能得到合理的解释。我们再看看下面的输出：

```
> prop.table(table(factor(deathpenalty.expand$VictimRace,
+             labels = c("VictimRace=0", "VictimRace=1")),
+           factor(deathpenalty.expand$DefendantRace,
+             labels = c("DefendantRace=0", "DefendantRace=1"))), 1)

               DefendantRace=0 DefendantRace=1
  VictimRace=0      0.89937107      0.10062893
  VictimRace=1      0.09320388      0.90679612
```

数据看起来在某种程度上比较均匀：黑人被告更多与黑人受害人发生关联，反之亦然。如果我们将这些信息碎片放在一起，就能发现黑人被告获死刑概率较小，这是因为他们伤害的多为黑人被害人，即当被害人为黑人时，被告获死刑概率相对较小。这样前面的矛盾就不成立了：原始的死刑判决概率和 DefendantRace 之间的关联受到了 VictimRace 的干扰。

总结一下就是，将当前所能获得的信息综合起来考虑，我们能得到以下结论：

- 黑人被告更容易获死刑
- 杀害一名白人被认为是比杀害一名黑人更严重的罪行

当然，我们应该很谨慎地给出这些结论，因为种族歧视问题需要非常全面的分析，应该考虑到和犯罪关联的各种相关因素，甚至更多其他因素。

6.2.1 数据思考

逻辑回归模型假定所有观测值彼此都是完全独立的，但这一假设有时可能并不成立。例如，如果观测值是连续年度，通过偏离残差以及其他统计量可以帮助我们验证模型，并发现错误所在。比如，连接函数的设定误差，更多内容请参考 LogisticDx 包。

一般而言，逻辑回归模型要求至少为每个预测变量准备 10 个事件，这里的事件是指出现响应变量较为不频繁的那一类。在我们给出的死刑判决样例中，获死刑是响应变量中出现频率较低的类，数据集中有 68 个获死刑的样本。因此，根据前面的规则，模型最大允许有 6 ~ 7 个预测变量。

回归系数可以采用最大似然方法求得。由于对这些 ML 求值的结果不是封闭的，R 使用了一个相对优化的算法。有时，我们可能会得到一个算法不收敛的错误提示，这意味着算法找不到一个合适的解决方案。出现这种情况有几种可能的原因，如预测变量太多，或者样例事件太少，等等。

6.2.2　模型拟合的好处

可以通过模型拟合来评估模型的预测性能，相应的似然比可以检验给定模型拟合效果是否明显优于那些只有一个截距的空模型。

为了获得检验结果，需要了解输出中的残差偏差，它反映了最大观测值与拟合结果的对数似然函数间的偏离。

> 由于逻辑回归支持最大似然准则，而最大似然估计的目标是最小化残差偏差，因此模型中的偏差残差和线性回归算法中的原始残差是类似的，线性回归算法的目标是最小化残差平方和。

零偏差（null deviance）是指仅利用包括截距项的偏差统计量值对模型预测质量进行评估，为了进行模型评估，我们必须要将模型的偏差残差与零偏差进行比较，二者的差值服从卡方分布。以下检验函数可从 lmtest 包获得：

```
> library(lmtest)
> lrtest(binom.model.1)
Likelihood ratio test

Model 1: DeathPenalty ~ DefendantRace + VictimRace
Model 2: DeathPenalty ~ 1
  #Df  LogLik Df  Chisq Pr(>Chisq)
1   3 -209.48
2   1 -220.42 -2 21.886  1.768e-05 ***
---
Signif. codes:  0 '***' 0.001 '**' 0.01 '*' 0.05 '.' 0.1 ' ' 1
```

p 值显示偏差降低很快，这意味着模型具有统计显著性，预测变量对响应变量产生概率拥有显著影响。

我们可以把似然比作为线性回归模型的 F 检验，它能说明模型是否具有统计显著性，但是从似然比值得不到模型拟合效果的优劣，在线性关系中可以通过 R 平方的调整值得到。

R 没有实现一个等价的逻辑回归模型，而是开发了其他一些伪 R 平方的函数，这些参数取值在 0 和 1 之间，越大意味着模型拟合度越好。我们将使用 BaylorEdPsych 包的 PseudoR2 来计算该值：

```
> library(BaylorEdPsych)
```

```
> PseudoR2(binom.model.1)
       McFadden     Adj.McFadden        Cox.Snell       Nagelkerke
     0.04964600       0.03149893       0.03195036       0.06655297
McKelvey.Zavoina          Effron            Count        Adj.Count
     0.15176608       0.02918095               NA               NA
            AIC    Corrected.AIC
   424.95652677     424.99234766
```

要小心，伪 R 平方不能被当成一般 OLS 回归的 R 平方解释，相关文档说明也不多，不过它们还是能够给出一个粗糙的拟合结果说明。在我们的样例中，模型的解释能力较弱，考虑到对于判决这样一个复杂的过程，我们在建模时仅使用了两个预测变量，因此得到这一结果也并不奇怪。

6.2.3 模型比较

正如前述章节所述，R 平方的调整值能够很好地为嵌套的线性回归模型提供比较依据。对于嵌入逻辑回归模型，我们可以使用似然比检验（例如 lmtest 库的 lrtest 函数），来比较残差偏离的差别。

```
> lrtest(binom.model.0, binom.model.1)
Likelihood ratio test

Model 1: DeathPenalty ~ DefendantRace
Model 2: DeathPenalty ~ DefendantRace + VictimRace
  #Df  LogLik Df Chisq Pr(>Chisq)
1   2 -219.65
2   3 -209.48  1 20.35   6.45e-06 ***
---
Signif. codes:  0 '***' 0.001 '**' 0.01 '*' 0.05 '.' 0.1 ' ' 1
```

上面输出中的 Loglik 代表了模型的对数似然，将其乘以 2 可得残差偏离。

对于非嵌套模型，我们可以使用 AIC 准则，就像在线性回归中那样处理一样，但是在逻辑回归模型中，AIC 只代表了部分标准输出，因此没有必要单独使用 AIC 函数。上面的样例中，binom.model.1 的 AIC 值要比 binom.model.0 的低，并且由于差值超过 2，因此不可忽略。

6.3 计数模型

对数回归只能处理二元响应变量，如果是计数型的任务，例如，计算某给定时间段内或某区域范围内的死亡数或失败次数，我们可以使用泊松回归或负二项回归。在处理数据聚集类的任务时，以上数据类型非常常见，可以为我们提供不同类别事件发生的次数。

6.3.1　泊松回归

泊松回归是以对数为连接函数的一种广义线性模型，模型假定响应变量服从泊松分布。泊松分布仅考虑整数，很适合于计数类应用，例如在给定时间段事件发生的次数等，一般这样的事件发生频率很低，例如每天的硬盘故障次数。

在下面的样例中，我们将使用2013年的Hard Drive数据集，该数据集可从https://docs.backblaze.com/public/harddrive-data/2013_data.zip上下载，应用前我们会对数据集进行清洗和简化。原始数据集中每一条记录都对应了每一天硬盘状态的一个快照，其中我们最感兴趣的是故障信息，要么为0（无故障），要么为1（故障发生的前一天）。

下面我们来检验哪些因素能够造成硬盘故障。潜在预测因子如下所示：

- model：硬盘出厂型号
- capacity_bytes：硬盘容量（单位：字节）
- age_month：硬盘使用时间（单位：月）
- temperature：硬盘温度
- PendingSector：代表出现不稳定扇区的逻辑值（在指定日期及给定硬盘上等待重映射）

我们根据以上变量对原始数据集进行聚集操作，使用变量freq代表给定类别记录个数。经过清洗、聚集后的最终数据集信息如下：

```
> dfa <- readRDS('SMART_2013.RData')
```

让我们看看按出厂型号分类的故障次数：

```
> (ct <- xtabs(~model+failure, data=dfa))
                failure
model               0    1    2    3    4    5    8
  HGST            136    1    0    0    0    0    0
  Hitachi        2772   72    6    0    0    0    0
  SAMSUNG         125    0    0    0    0    0    0
ST1500DL001     38    0    0    0    0    0    0
ST1500DL003    213   39    6    0    0    0    0
ST1500DM003     84    0    0    0    0    0    0
ST2000DL001     51    4    0    0    0    0    0
ST2000DL003     40    7    0    0    0    0    0
ST2000DM001     98    0    0    0    0    0    0
ST2000VN000     40    0    0    0    0    0    0
ST3000DM001    771  122   34   14    4    2    1
ST31500341AS 1058   75    8    0    0    0    0
ST31500541AS 1010  106    7    1    0    0    0
```

```
ST32000542AS  803   12    1    0    0    0    0
ST320005XXXX  209   ·1    0    0    0    0    0
ST33000651AS  323   12    0    0    0    0    0
ST4000DM000   242   22   10    2    0    0    0
ST4000DX000   197    1    0    0    0    0    0
TOSHIBA       126    2    0    0    0    0    0
WDC          1874   27    1    2    0    0    0
```

现在，从数据集中去掉除了第一列其他列均为零的行，即排除没有出现故障的硬盘数据：

```
> dfa <- dfa[dfa$model %in% names(which(rowSums(ct) - ct[, 1] > 0)),]
```

为了快速查询得到故障次数，依据模型个数，使用 ggplot2 包绘制故障次数对数的直方图：

```
> library(ggplot2)
> ggplot(rbind(dfa, data.frame(model='All', dfa[, -1] )),
+   aes(failure)) + ylab("log(count)") +
+   geom_histogram(binwidth = 1, drop=TRUE, origin = -0.5)  +
+   scale_y_log10() + scale_x_continuous(breaks=c(0:10)) +
+   facet_wrap( ~ model, ncol = 3) +
+   ggtitle("Histograms by manufacturer") + theme_bw()
```

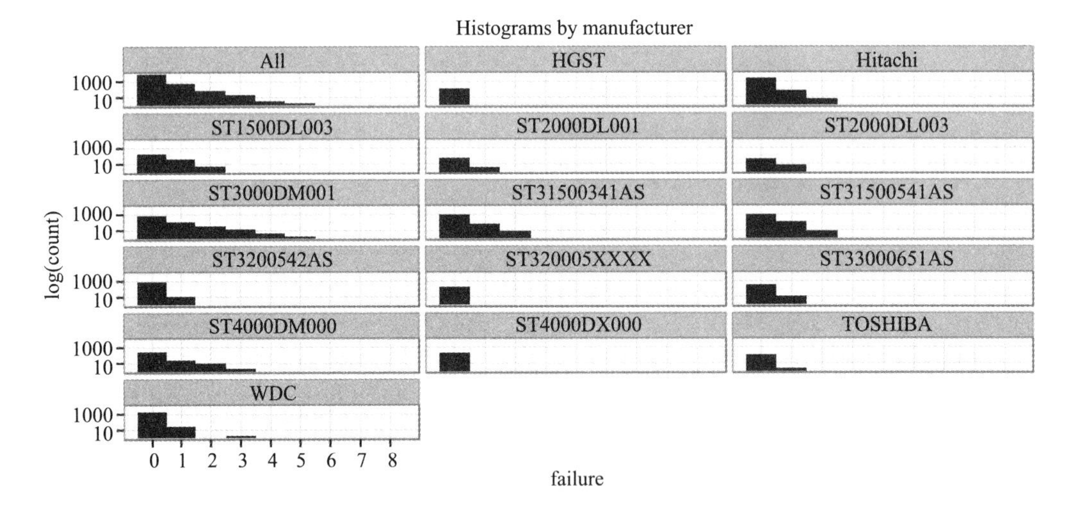

现在再使用泊松回归模型对数据进行拟合，将 model 变量的值作为预测变量。可以使用 glm 函数完成这个任务，注意函数的参数设置应为 family=poisson，默认模型要包括预期的对数值，因此使用 log 连接函数。

数据库中，每个观测值均对应到不同硬盘故障次数组，我们需要先使用 offset 函数处理不同组的规模差别：

```
> poiss.base <- glm(failure ~ model, offset(log(freq)),
+   family = 'poisson', data = dfa)
> summary(poiss.base)

Deviance Residuals:
    Min       1Q   Median       3Q      Max
-2.7337  -0.8052  -0.5160  -0.3291  16.3495

Coefficients:
                    Estimate Std. Error z value Pr(>|z|)
(Intercept)          -5.0594     0.5422  -9.331  < 2e-16 ***
modelHitachi          1.7666     0.5442   3.246  0.00117 **
modelST1500DL003      3.6563     0.5464   6.692 2.20e-11 ***
modelST2000DL001      2.5592     0.6371   4.017 5.90e-05 ***
modelST2000DL003      3.1390     0.6056   5.183 2.18e-07 ***
modelST3000DM001      4.1550     0.5427   7.656 1.92e-14 ***
modelST31500341AS     2.7445     0.5445   5.040 4.65e-07 ***
modelST31500541AS     3.0934     0.5436   5.690 1.27e-08 ***
modelST32000542AS     1.2749     0.5570   2.289  0.02208 *
modelST320005XXXX    -0.4437     0.8988  -0.494  0.62156
modelST33000651AS     1.9533     0.5585   3.497  0.00047 ***
modelST4000DM000      3.8219     0.5448   7.016 2.29e-12 ***
modelST4000DX000    -12.2432   117.6007  -0.104  0.91708
modelTOSHIBA          0.2304     0.7633   0.302  0.76279
modelWDC              1.3096     0.5480   2.390  0.01686 *
---
Signif. codes:  0 '***' 0.001 '**' 0.01 '*' 0.05 '.' 0.1 ' ' 1

(Dispersion parameter for poisson family taken to be 1)

    Null deviance: 22397  on 9858  degrees of freedom
Residual deviance: 17622  on 9844  degrees of freedom
AIC: 24717

Number of Fisher Scoring iterations: 15
```

我们首先看一下系数。模型预测结果是离散型变量，因此，我们引入一组虚拟变量将它们作为预测变量。参考类别在输出中默认为未显示，但是可以随时查询：

```
> contrasts(dfa$model, sparse = TRUE)
HGST          . . . . . . . . . . . . . .
Hitachi       1 . . . . . . . . . . . . .
```

```
ST1500DL003   . 1 . . . . . . . . . . . .
ST2000DL001   . . 1 . . . . . . . . . . .
ST2000DL003   . . . 1 . . . . . . . . . .
ST3000DM001   . . . . 1 . . . . . . . . .
ST31500341AS  . . . . . 1 . . . . . . . .
ST31500541AS  . . . . . . 1 . . . . . . .
ST32000542AS  . . . . . . . 1 . . . . . .
ST320005XXXX  . . . . . . . . 1 . . . . .
ST33000651AS  . . . . . . . . . 1 . . . .
ST4000DM000   . . . . . . . . . . 1 . . .
ST4000DX000   . . . . . . . . . . . 1 . .
TOSHIBA       . . . . . . . . . . . . 1 .
WDC           . . . . . . . . . . . . . 1
```

从结果可知，HGST 是模型的参考类比，通过虚拟变量每个不同型号的硬盘都将和硬盘型号为 HGST 的类别进行比较。例如，Hitachi 的系数为 1.77，因此 Hitachi 硬盘预期的对数值将比 HGST 硬盘高 1.77。当然，我们也可以计算其指数来求比值：

```
> exp(1.7666)
[1] 5.850926
```

Hitachi 硬盘故障的期望值为 HGST 硬盘的 5.58 倍。通常，以上结果可以这样说明：*X* 增加一个单位时，*Y* 发生概率增大 exp (b) 倍。

与逻辑回归类似，让我们再来看一下模型的统计显著性。我们将当前模型与没有任何预测量的空模型进行比较，以确定残差偏离与零残差的差值。我们希望该差值能足够大，使相应的卡方检验也具备统计显著性：

```
> lrtest(poiss.base)
Likelihood ratio test


Model 1: failure ~ model
Model 2: failure ~ 1
  #Df LogLik  Df  Chisq Pr(>Chisq)
1  15 -12344
2   1 -14732 -14 4775.8  < 2.2e-16 ***
---
Signif. codes:  0 '***' 0.001 '**' 0.01 '*' 0.05 '.' 0.1 ' ' 1
```

看起来，模型显著性明显，不过我们还是应该对所有模型假设进行检验。

与检验线性及逻辑回归模型一样，泊松回归假设所有时间都是独立无关，这意味着一个故障的产生不会对其他故障的产生带来影响，该假设对硬盘故障是成立的。另外，模型还假设响应变量服从泊松分布，均值等于方差。我们建立的模型假定方差和均值依赖于预测变量，有可能会相同。

为了检验假设是否成立，我们可以将残差偏差与其自由度进行比较。如果模型拟合度较好，这两者的比值比应该接近于 1。麻烦的是，输出结果中残差偏差为 17622，自由度为 9844，两者比值比大于 1，这也意味着方差大大高于均值。这种情况被称为过度离散（overdispersion）。

6.3.2　负二项回归

在出现响应变量过度离散的情况时，可以使用负二项分布来重新建模，该分布是对泊松分布的泛化，它额外增加了一个参数对过度离散建模。换句话说，泊松模型和负二项模型是嵌套关系，前者是后者的子集。

在以下输出中，我们使用了 MASS 包的 glm.nb 函数对硬盘故障数据进行负二项回归拟合：

```
> library(MASS)
> model.negbin.0 <- glm.nb(failure ~ model,
+  offset(log(freq)), data = dfa)
```

由于负二项模型和泊松模型是嵌套模型，因此我们可以使用似然比检验对二者进行比较，从结果可知，负二项模型的拟合效果明显更优：

```
> lrtest(poiss.base,model.negbin.0)
Likelihood ratio test


Model 1: failure ~ model
Model 2: failure ~ model
  #Df LogLik Df Chisq Pr(>Chisq)
1  15 -12344
2  16 -11950  1 787.8  < 2.2e-16 ***
---
Signif. codes:  0 '***' 0.001 '**' 0.01 '*' 0.05 '.' 0.1 ' ' 1
```

从结果可知使用负二项模型对数据进行拟合是更合适的选择。

6.3.3　多元非线性模型

之前建立的硬盘故障预测模型仅包含唯一一个与模型同名的预测量，但是我们还对诸如容量、寿命以及温度等其他性能参数感兴趣。下面，我们将把它们引入到模型中，并确定新模型的拟合效果是否更优。

另外，更进一步地，我们还希望检验 PendingSector 的影响力。简而言之，我们将分两步建立一个嵌套模型，并将使用似然比来判断每个环节中模型的拟合度是否得到了显著提升：

```
> model.negbin.1 <- update(model.negbin.0, . ~ . + capacity_bytes +
+   age_month + temperature)
```

```
> model.negbin.2 <- update(model.negbin.1, . ~ . + PendingSector)
> lrtest(model.negbin.0, model.negbin.1, model.negbin.2)
Likelihood ratio test

Model 1: failure ~ model
Model 2: failure ~ model + capacity_bytes + age_month + temperature
Model 3: failure ~ model + capacity_bytes + age_month + temperature +
    PendingSector
  #Df LogLik Df  Chisq Pr(>Chisq)
1  16 -11950
2  19 -11510  3 878.91  < 2.2e-16 ***
3  20 -11497  1  26.84  2.211e-07 ***
---
Signif. codes:  0 '***' 0.001 '**' 0.01 '*' 0.05 '.' 0.1 ' ' 1
```

以上结果都具有统计显著性，值得在模型中增加上述预测量。下面，我们对拟合最好的模型进行解释：

```
> summary(model.negbin.2)

Deviance Residuals:
    Min       1Q   Median       3Q      Max
-2.7147  -0.7580  -0.4519  -0.2187   9.4018
Coefficients:
                     Estimate Std. Error z value Pr(>|z|)
(Intercept)        -8.209e+00  6.064e-01 -13.537  < 2e-16 ***
modelHitachi        2.372e+00  5.480e-01   4.328 1.50e-05 ***
modelST1500DL003    6.132e+00  5.677e-01  10.801  < 2e-16 ***
modelST2000DL001    4.783e+00  6.587e-01   7.262 3.81e-13 ***
modelST2000DL003    5.313e+00  6.296e-01   8.440  < 2e-16 ***
modelST3000DM001    4.746e+00  5.470e-01   8.677  < 2e-16 ***
modelST31500341AS   3.849e+00  5.603e-01   6.869 6.49e-12 ***
modelST31500541AS   4.135e+00  5.598e-01   7.387 1.50e-13 ***
modelST32000542AS   2.403e+00  5.676e-01   4.234 2.29e-05 ***
modelST320005XXXX   1.377e-01  9.072e-01   0.152   0.8794
modelST33000651AS   2.470e+00  5.631e-01   4.387 1.15e-05 ***
modelST4000DM000    3.792e+00  5.471e-01   6.931 4.17e-12 ***
modelST4000DX000   -2.039e+01  8.138e+03  -0.003   0.9980
modelTOSHIBA        1.368e+00  7.687e-01   1.780   0.0751 .
modelWDC            2.228e+00  5.563e-01   4.006 6.19e-05 ***
capacity_bytes      1.053e-12  5.807e-14  18.126  < 2e-16 ***
age_month           4.815e-02  2.212e-03  21.767  < 2e-16 ***
```

```
temperature         -5.427e-02  3.873e-03 -14.012  < 2e-16 ***
PendingSectoryes     2.240e-01  4.253e-02   5.267 1.39e-07 ***
---
Signif. codes:  0 '***' 0.001 '**' 0.01 '*' 0.05 '.' 0.1 ' ' 1

(Dispersion parameter for Negative Binomial(0.8045) family taken to be 1)

    Null deviance: 17587  on 9858  degrees of freedom
Residual deviance: 12525  on 9840  degrees of freedom
AIC: 23034

Number of Fisher Scoring iterations: 1

              Theta:  0.8045
          Std. Err.:  0.0525

 2 x log-likelihood:  -22993.8850.
```

每个预测量都具有显著统计性——仅在某些硬盘型号的数据对照中存在一些例外。例如，Toshiba 与参照类别 HGST 相比，当考虑使用寿命、温度等预测变量参数时，统计显著性不明显。

对负二项回归模型的解释和泊松模型类似。例如，age_month 的系数为 0.048，意味着使用寿命增加一个月，预期故障数将增加 0.048。也可以指数化后再来比较：

```
> exp(data.frame(exp_coef = coef(model.negbin.2)))
                        exp_coef
(Intercept)         2.720600e-04
modelHitachi        1.071430e+01
modelST1500DL003    4.602985e+02
modelST2000DL001    1.194937e+02
modelST2000DL003    2.030135e+02
modelST3000DM001    1.151628e+02
modelST31500341AS   4.692712e+01
modelST31500541AS   6.252061e+01
modelST32000542AS   1.106071e+01
modelST320005XXXX   1.147622e+00
modelST33000651AS   1.182098e+01
modelST4000DM000    4.436067e+01
modelST4000DX000    1.388577e-09
modelTOSHIBA        3.928209e+00
modelWDC            9.283970e+00
capacity bytes      1.000000e+00
```

```
age_month          1.049329e+00
temperature        9.471743e-01
PendingSectoryes   1.251115e+00
```

从以上输出可知，使用寿命每增加一个月，预期故障数将增加4.9%，容量大的硬盘故障概率也高。另外，温度的影响刚好相反，其系数指数为0.947，即温度每上升1度，故障发生概率下降5.3%。

型号的影响可以依据参考分类的对比结果而定，在样例中HGST是被选定的参考分类。如果希望选择其他参考分类，例如，最常见的硬盘类型：WDC。可以改变硬盘型号的因子级别实现，或者是使用功能强大的relevel函数直接指定参考分类：

```
> dfa$model <- relevel(dfa$model, 'WDC')
```

下面，让我们在系数列表而不是一长串输出结果中确认HGST是否已经被WDC代替。我们将使用broom包的tidy函数，该函数可以抽取不同统计模型的最重要的特征信息（如果要查询模型的统计信息，可以参考glance函数）：

```
> model.negbin.3 <- update(model.negbin.2, data = dfa)
> library(broom)
> format(tidy(model.negbin.3), digits = 4)
                term   estimate std.error statistic   p.value
1        (Intercept) -5.981e+00 2.173e-01 -27.52222 9.519e-167
2          modelHGST -2.228e+00 5.563e-01  -4.00558  6.187e-05
3       modelHitachi  1.433e-01 1.009e-01   1.41945  1.558e-01
4    modelST1500DL003  3.904e+00 1.353e-01  28.84295 6.212e-183
5    modelST2000DL001  2.555e+00 3.663e-01   6.97524  3.054e-12
6    modelST2000DL003  3.085e+00 3.108e-01   9.92496  3.242e-23
7    modelST3000DM001  2.518e+00 9.351e-02  26.92818 1.028e-159
8  modelST31500341AS  1.620e+00 1.069e-01  15.16126  6.383e-52
9  modelST31500541AS  1.907e+00 1.016e-01  18.77560  1.196e-78
10 modelST32000542AS  1.751e-01 1.533e-01   1.14260  2.532e-01
11 modelST320005XXXX -2.091e+00 7.243e-01  -2.88627  3.898e-03
12 modelST33000651AS  2.416e-01 1.652e-01   1.46245  1.436e-01
13  modelST4000DM000  1.564e+00 1.320e-01  11.84645  2.245e-32
14  modelST4000DX000 -1.862e+01 1.101e+03  -0.01691  9.865e-01
15      modelTOSHIBA -8.601e-01 5.483e-01  -1.56881  1.167e-01
16    capacity_bytes  1.053e-12 5.807e-14  18.12597  1.988e-73
17         age_month  4.815e-02 2.212e-03  21.76714 4.754e-105
18       temperature -5.427e-02 3.873e-03 -14.01175  1.321e-44
19  PendingSectoryes  2.240e-01 4.253e-02   5.26709  1.386e-07
```

使用broom包可以完成抽取模型系数、比较模型拟合度以及传递其他指标，例如，ggplot2。

从结果可知，硬盘温度越高，故障率越低。但日常经验给出的判断又刚好相反。例如，在 https://www.backblaze.com/blog/harddrive-temperature-does-it-matter 上，谷歌工程师认为温度值并不能很好地预测故障率，而微软和弗吉尼亚大学的工程师却又发现，温度值是预测故障率的重要指标。硬盘生产厂商建议应保证硬盘温度在一定范围之内。

下面，就让我们将 temperature 作为预测硬盘故障率的指标，对这个有趣的问题进行探讨。首先，将温度值划分为 6 个等价类，然后绘制每个类别平均故障数的条形图。注意，我们需要考虑不同组的规模差别，因此，我们将使用 freq 为权值，并提前进行一些数据聚集的处理，因此将数据集转换为 data.table 对象是非常好的方案：

```
> library(data.table)
> dfa <- data.table(dfa)
> dfa[, temp6 := cut2(temperature, g = 6)]
> temperature.weighted.mean <- dfa[, .(wfailure =
+     weighted.mean(failure, freq)), by = temp6]
> ggplot(temperature.weighted.mean, aes(x = temp6, y = wfailure)) +
+     geom_bar(stat = 'identity') + xlab('Categorized temperature') +
+     ylab('Weighted mean of disk faults') + theme_bw()
```

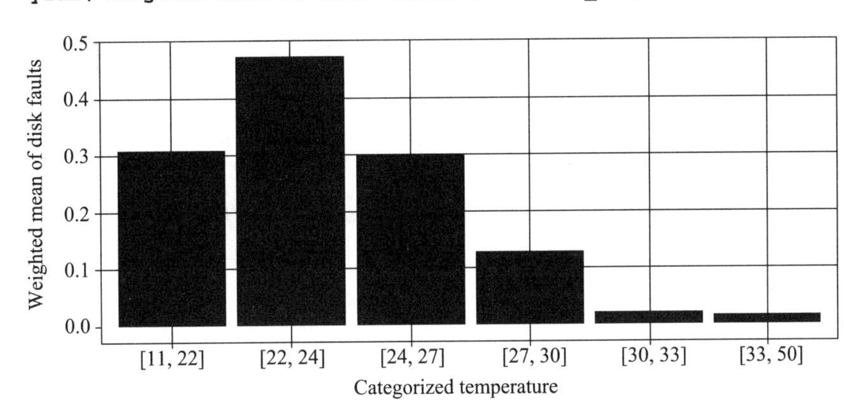

由图可知，关于线性关联的假定并不显著，条形图中温度已经被划分为指定的类别，而不再是原来的离散型变量。有必要与原来的模型进行比较，以证明新模型的确更优。鉴于这两个模型不是嵌套的，因此需要使用 AIC 准则，该准则最适合应用于分类预测变量：

```
> model.negbin.4 <- update(model.negbin.0, .~. + capacity_bytes +
+   age_month + temp6 + PendingSector, data = dfa)
> AIC(model.negbin.3,model.negbin.4)
               df      AIC
model.negbin.3 20 23033.88
model.negbin.4 24 22282.47
```

看来将温度划分到不同类别的确没做错！现在，我们再来用同样方法处理和检验其他两个连续型预测变量。同样，还是使用 freq 作为权值因子：

```
> weighted.means <- rbind(
+     dfa[, .(l = 'capacity', f = weighted.mean(failure, freq)),
+         by = .(v = capacity_bytes)],
+     dfa[, .(l = 'age', f = weighted.mean(failure, freq)),
+         by = .(v = age_month)])
```

与前面的方法一样，我们将使用ggplot2来绘制这些离散型变量的分布，但这次不用条形图，而是采用阶梯图以克服条形图要求所有条必须等宽的限制：

```
> ggplot(weighted.means, aes(x = l, y = f)) + geom_step() +
+   facet_grid(. ~ v, scales = 'free_x') + theme_bw() +
+   ylab('Weighted mean of disk faults') + xlab('')
```

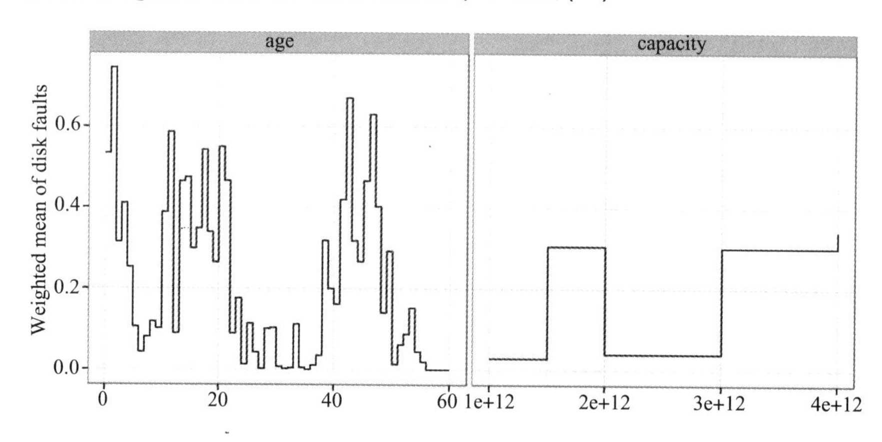

同样，线性关联在图中体现得并不明显。而关于age变量的影响尤为有趣，看起来在硬盘的生命周期中存在一些高危时期。下面，我们将强迫R将capacity当作定类变量（硬盘容量仅包括5个值，因此没必要再对其做分类转换），然后将age的值划分为8个等价类：

```
> dfa[, capacity_bytes := as.factor(capacity_bytes)]
> dfa[, age8 := cut2(age_month, g = 8)]
> model.negbin.5 <- update(model.negbin.0, .~. + capacity_bytes +
+   age8 + temp6 + PendingSector, data = dfa)
```

根据AIC准则，引入了转换后的age和capacity变量的模型性能最好，拟合度最高：

```
> AIC(model.negbin.5, model.negbin.4)
               df      AIC
model.negbin.5 33 22079.47
model.negbin.4 24 22282.47
```

如果再考察一下参数估计值，可以发现由硬盘容量而来的第一个虚拟变量和其他参考分类存在显著差异：

```
> format(tidy(model.negbin.5), digits = 3)
                          term estimate std.error statistic   p.value
1                  (Intercept)  -6.1648  1.84e-01 -3.34e+01 2.69e-245
```

```
2                        modelHGST  -2.4747  5.63e-01 -4.40e+00  1.10e-05
3                     modelHitachi  -0.1119  1.21e-01 -9.25e-01  3.55e-01
4                 modelST1500DL003  31.7680  7.05e+05  4.51e-05  1.00e+00
5                 modelST2000DL001   1.5216  3.81e-01  3.99e+00  6.47e-05
6                 modelST2000DL003   2.1055  3.28e-01  6.43e+00  1.29e-10
7                 modelST3000DM001   2.4799  9.54e-02  2.60e+01 5.40e-149
8               modelST31500341AS  29.4626  7.05e+05  4.18e-05  1.00e+00
9               modelST31500541AS  29.7597  7.05e+05  4.22e-05  1.00e+00
10              modelST32000542AS  -0.5419  1.93e-01 -2.81e+00  5.02e-03
11              modelST320005XXXX  -2.8404  7.33e-01 -3.88e+00  1.07e-04
12              modelST33000651AS   0.0518  1.66e-01  3.11e-01  7.56e-01
13               modelST4000DM000   1.2243  1.62e-01  7.54e+00  4.72e-14
14               modelST4000DX000 -29.6729  2.55e+05 -1.16e-04  1.00e+00
15                    modelTOSHIBA  -1.1658  5.48e-01 -2.13e+00  3.33e-02
16 capacity_bytes1500301910016 -27.1391  7.05e+05 -3.85e-05  1.00e+00
17 capacity_bytes2000398934016   1.8165  2.08e-01  8.73e+00  2.65e-18
18 capacity_bytes3000592982016   2.3515  1.88e-01  1.25e+01  8.14e-36
19 capacity_bytes4000787030016   3.6023  2.25e-01  1.60e+01  6.29e-58
20                     age8[ 5, 9)  -0.5417  7.55e-02 -7.18e+00  7.15e-13
21                     age8[ 9,14)  -0.0683  7.48e-02 -9.12e-01  3.62e-01
22                     age8[14,19)   0.3499  7.24e-02  4.83e+00  1.34e-06
23                     age8[19,25)   0.7383  7.33e-02  1.01e+01  7.22e-24
24                     age8[25,33)   0.5896  1.14e-01  5.18e+00  2.27e-07
25                     age8[33,43)   1.5698  1.05e-01  1.49e+01  1.61e-50
26                     age8[43,60]   1.9105  1.06e-01  1.81e+01  3.59e-73
27                    temp6[22,24)   0.7582  5.01e-02  1.51e+01  8.37e-52
28                    temp6[24,27)   0.5005  4.78e-02  1.05e+01  1.28e-25
29                    temp6[27,30)   0.0883  5.40e-02  1.64e+00  1.02e-01
30                    temp6[30,33)  -1.0627  9.20e-02 -1.15e+01  7.49e-31
31                    temp6[33,50]  -1.5259  1.37e-01 -1.11e+01  1.23e-28
32               PendingSectoryes   0.1301  4.12e-02  3.16e+00  1.58e-03
```

后面三类看起来更容易发生故障，但趋势是非线性的。使用寿命和故障的关联也不像线性。通常，使用寿命越长，故障率越高，但也存在例外。例如，处在第一组（参考组）的硬盘其故障率要比位于第二组的硬盘故障率更高，这一结论看起来有些道理是因为硬盘在最开始投入使用的一定时期内故障率较高。观察温度对故障率的影响，可知温度适中时（22 ~ 30℃），比低温或高温时更容易导致硬盘故障。别忘记了每个预测变量对故障率的影响都是受到其他预测变量的影响的。

判断不同预测量对故障影响的大小也非常重要。一张图片胜过千言万语，让我们在同一张图中将这些系数的置信区间画出来：

首先，我们需要抽取模型的显著性特征：

```
> tmnb5 <- tidy(model.negbin.5)
> str(terms <- tmnb5$term[tmnb5$p.value < 0.05][-1])
 chr [1:22] "modelHGST" "modelST2000DL001" "modelST2000DL003" ...
```

然后，使用一直就很好用的 plyr 包及 confint 函数来确定系数的置信区间：

```
> library(plyr)
> ci <- ldply(terms, function(t) confint(model.negbin.5, t))
```

不幸的是，结果数据框并不完整。我们还需要增加信息，因此，让我们通过一个简单常见的表达式来抽取组信息：

```
> names(ci) <- c('min', 'max')
> ci$term <- terms
> ci$variable <- sub('[A-Z0-9\\]\\[,() ]*$', '', terms, perl = TRUE)
```

现在，我们已经将系数的置信区间放在了一个易于理解的数据集中，并使用 ggplot2 函数绘制出来：

```
> ggplot(ci, aes(x = factor(term), color = variable)) +
+     geom_errorbar(ymin = min, ymax = max) + xlab('') +
+     ylab('Coefficients (95% conf.int)') + theme_bw() +
+     theme(axis.text.x = element_text(angle = 90, hjust = 1),
+         legend.position = 'top')
```

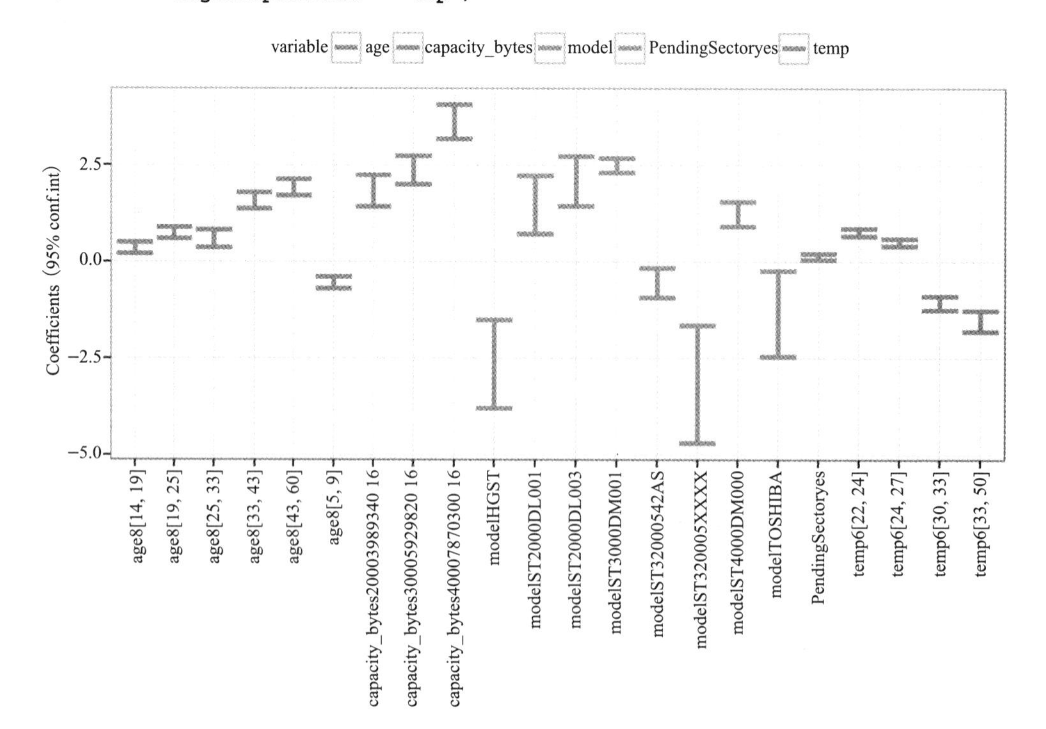

如上图所示，尽管每个预测变量的显著性都很明显，但对响应变量的影响却相差甚远。例如，PendingSector 对故障率影响较弱，而 age、capacity 及 temperature 对故障率均有较大影响，而硬盘型号对故障率区分效果最佳。

如我们在 6.2 节中介绍过，不同的伪 R 平方非常适合于非线性模型，我们再次建议读者有保留地使用这些方法。无论如何，在我们给出的样例中，这些伪 R 平方值都显示了模型的解释能力非常不错：

```
> PseudoR2(model.negbin.6 )
       McFadden    Adj.McFadden        Cox.Snell       Nagelkerke
      0.3352654       0.3318286        0.4606953        0.5474952
McKelvey.Zavoina          Effron            Count        Adj.Count
             NA       0.1497521        0.9310443       -0.1943522
            AIC    Corrected.AIC
  12829.5012999    12829.7044941
```

6.4　小结

本章我们介绍了三种知名的非线性回归模型：逻辑回归、泊松回归和负二项回归，通过本章的学习，读者应对常用逻辑模型有所了解，并对在不同情况下同一原理和方法的应用有所了解，包括预测变量的影响效果、拟合效果、解释能力、嵌入及非嵌入模型的比较。接下来，我们将再花点时间学习数据分析技能，回顾数据分析的部分核心难题，包括数据清洗和重构等。

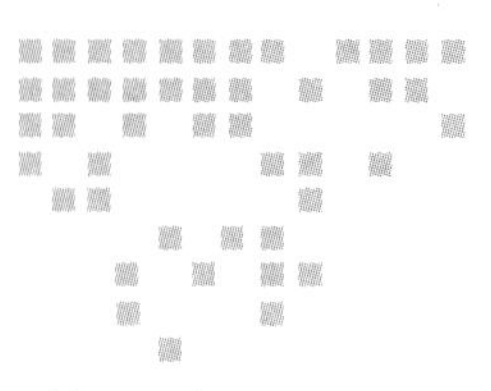

Chapter 7 第7章

非结构化数据

在前面章节中，我们探讨了适合结构化数据的不同建模和拟合方法，但这些强大的方法在处理一堆 PDF 文档时，就变得毫无用处了。因此，本章接下来将着重探讨非表格类数据，譬如：

- ❑ 从一堆文本文档中抽取规则
- ❑ 筛选及解析**自然语言文本**（natural language text，NLP）
- ❑ 用结构化方法实现非结构化数据的可视化

本文挖掘是对自然语言文本进行分析处理的过程，大多数情况下文本挖掘需要处理的对象为在线文档，诸如电子邮件和社交媒体的数据流等（Twitter 或 Facebook）。本章我们将探讨 tm 包中最常用的一些方法——当然，非结构化数据类型繁多，像文本、图像、声音、视频、非数字化内容等都属于非结构数据，但目前我们没办法一一介绍。

7.1 导入语料库

语料库是待分析文本文件的集合，可以使用 tm 包的 getSources 函数查看导入语料库的可选项：

```
> library(tm)
> getSources()
[1] "DataframeSource" "DirSource"   "ReutersSource"    "URISource"
[2] "VectorSource"
```

我们可以从 data.frame 或 vector 对象导入文本文件，或使用 URISource 函数从给定的通用资源标识符（Uniform Resource Identifier，URI）直接下载。通常 URI 都指向了一组超链接或文件路径，如果是从本地主机给定的地址导入数据，使用 DirSource 更简单。在 R 控制台调用 getReaders 函数，可以得到系统支持的文本文件类型：

```
> getReaders()
[1] "readDOC"                   "readPDF"
[3] "readPlain"                 "readRCV1"
[5] "readRCV1asPlain"           "readReut21578XML"
[7] "readReut21578XMLasPlain" "readTabular"
[9] "readXML"
```

R 提供了几种高效的函数完成对包括 Word、PDF、纯文本，以及 XML 等其他一些类型文件的读写解析处理。前面介绍的 Reut 阅读器指与 tm 包捆绑在一起的 Reuters 样本语料库。

不过我们不会仅关注这些默认格式的样本文件，读者可以在参考文档或图注中查看包的案例。鉴于我们已经在第 2 章中获得了一些文本文件，下面将介绍如何对这些文件进行处理和分析：

```
> res <- XML::readHTMLTable(paste0('http://cran.r-project.org/',
+                   'web/packages/available_packages_by_name.html'),
+               which = 1)
```

上述命令要求一个活动连接，并且连接时长能够保持 15 ~ 120 秒以保证能够完成对相关 HTML 页面的下载和解析操作。请注意下载的 HTML 文档其内容有可能与本章介绍的不一样，因此读者的 R 会话输出结果也许与书中样例输出结果稍有不同。

现在，我们用一个数据框对象存储了近 5000 R 包的名称及简短描述，依据页面描述的向量来源建立语料库，可以使我们对其进行进一步解析，以更好地了解包开发的重要趋势：

```
> v <- Corpus(VectorSource(res$V2))
```

上述命令执行后生成了一个 VCorpus（内存中）对象，包含了 5880 个包描述信息：

```
> v
<<VCorpus (documents: 5880, metadata (corpus/indexed): 0/0)>>
```

默认的 print 方法（参见下面的输出）能够给出有关语料库的一个简略说明，我们还需要使用另外一个函数来查看对象的实际内容：

```
> inspect(head(v, 3))
<<VCorpus (documents: 3, metadata (corpus/indexed): 0/0)>>

[[1]]
<<PlainTextDocument (metadata: 7)>>
A3: Accurate, Adaptable, and Accessible Error Metrics for
Predictive Models
```

```
[[2]]
<<PlainTextDocument (metadata: 7)>>
Tools for Approximate Bayesian Computation (ABC)

[[3]]
<<PlainTextDocument (metadata: 7)>>
ABCDE_FBA: A-Biologist-Can-Do-Everything of Flux Balance
Analysis with this package
```

这里，我们查看了语料库中前三个文件的内容，包含其中的一部分元数据。到目前为止，我们的工作还没有超出第2章探讨的内容——绘制了包描述词的云图，但这正是我们的文本挖掘之旅的起点！

7.2 清洗语料库

tm包的最大优势在于其提供了丰富的转换函数，适合处理语料库。使用函数tm_map可以很便捷地对语料库进行变换，筛选掉与实际应用无关的数据。调用getTransformations函数，可以查看所有的转换方法：

```
> getTransformations()
[1] "as.PlainTextDocument" "removeNumbers"
[3] "removePunctuation"    "removeWords"
[5] "stemDocument"         "stripWhitespace"
```

通常我们会先去掉最常用的一些词，这些词在语料库中被称为停用词。停用词是指那些使用频率高的短词，所包含的语义要少于语料库中其他的词汇，特别是关键词的语义。开发包已经总结了不同语言中的停用词表：

```
> stopwords("english")
  [1] "i"          "me"         "my"         "myself"     "we"
  [6] "our"        "ours"       "ourselves"  "you"        "your"
 [11] "yours"      "yourself"   "yourselves" "he"         "him"
 [16] "his"        "himself"    "she"        "her"        "hers"
 [21] "herself"    "it"         "its"        "itself"     "they"
 [26] "them"       "their"      "theirs"     "themselves" "what"
 [31] "which"      "who"        "whom"       "this"       "that"
 [36] "these"      "those"      "am"         "is"         "are"
 [41] "was"        "were"       "be"         "been"       "being"
 [46] "have"       "has"        "had"        "having"     "do"
 [51] "does"       "did"        "doing"      "would"      "should"
 [56] "could"      "ought"      "i'm"        "you're"     "he's"
 [61] "she's"      "it's"       "we're"      "they're"    "i've"
 [66] "you've"     "we've"      "they've"    "i'd"        "you'd"
```

```
 [71] "he'd"        "she'd"       "we'd"        "they'd"      "i'll"
 [76] "you'll"      "he'll"       "she'll"      "we'll"       "they'll"
 [81] "isn't"       "aren't"      "wasn't"      "weren't"     "hasn't"
 [86] "haven't"     "hadn't"      "doesn't"     "don't"       "didn't"
 [91] "won't"       "wouldn't"    "shan't"      "shouldn't"   "can't"
 [96] "cannot"      "couldn't"    "mustn't"     "let's"       "that's"
[101] "who's"       "what's"      "here's"      "there's"     "when's"
[106] "where's"     "why's"       "how's"       "a"           "an"
[111] "the"         "and"         "but"         "if"          "or"
[116] "because"     "as"          "until"       "while"       "of"
[121] "at"          "by"          "for"         "with"        "about"
[126] "against"     "between"     "into"        "through"     "during"
[131] "before"      "after"       "above"       "below"       "to"
[136] "from"        "up"          "down"        "in"          "out"
[141] "on"          "off"         "over"        "under"       "again"
[146] "further"     "then"        "once"        "here"        "there"
[151] "when"        "where"       "why"         "how"         "all"
[156] "any"         "both"        "each"        "few"         "more"
[161] "most"        "other"       "some"        "such"        "no"
[166] "nor"         "not"         "only"        "own"         "same"
[171] "so"          "than"        "too"         "very"
```

在语料库中去掉这些相对不重要的词，并不会对 R 包的描述有所影响，尽管极个别情况下去掉停用词会对数据分析带来不利结果。再仔细查看以下 R 命令的输出：

```
> removeWords('to be or not to be', stopwords("english"))
[1] "     "
```

上面的样例不是说莎士比亚脍炙人口的名言毫无意义，或者说我们可以在任何情况下去掉所有的停用词。某些时候，停用词扮演了非常重要的角色，将这些词用空格替代不但无用，还会使问题恶化。当然，我还是建议，在绝大多数情况下，去掉停用词是有意义的，它能够使需要处理的单词量保持较低水平。

如果要递归地对语料库中每个文件都进行类似的处理，tm_map 函数能帮大忙：

```
> v <- tm_map(v, removeWords, stopwords("english"))
```

只需要将语料库和相应转换函数包括参数设置信息，传递给 tm_map，就能处理完任意数量的文件：

```
> inspect(head(v, 3))
<<VCorpus (documents: 3, metadata (corpus/indexed): 0/0)>>

[[1]]
<<PlainTextDocument (metadata: 7)>>
```

```
A3 Accurate Adaptable Accessible Error Metrics Predictive Models

[[2]]
<<PlainTextDocument (metadata: 7)>>
Tools Approximate Bayesian Computation ABC

[[3]]
<<PlainTextDocument (metadata: 7)>>
ABCDEFBA ABiologistCanDoEverything Flux Balance Analysis package
```

现在从包的描述信息中已经去掉了最常用的词语以及一些特殊字符。但如果描述信息中包含大写的停用词呢？如下样例所示：

```
> removeWords('To be or not to be.', stopwords("english"))
[1] "To     ."
```

很明显大写的常用词 to 并没有在之前的操作中被移除，尾随点也被保留了。因此，通常，我们需要先将所有的大写字符转换为小写字符，然后将所有的标点符号用空格代替，使得关键词间尽可能保持简洁。

```
> v <- tm_map(v, content_transformer(tolower))
> v <- tm_map(v, removePunctuation)
> v <- tm_map(v, stripWhitespace)
> inspect(head(v, 3))
<<VCorpus (documents: 3, metadata (corpus/indexed): 0/0)>>

[[1]]
[1] a3 accurate adaptable accessible error metrics predictive models

[[2]]
[1] tools approximate bayesian computation abc

[[3]]
[1] abcdefba abiologistcandoeverything flux balance analysis package
```

在上面的样例中，我们先调用了 base 包的 tolower 函数，将所有大写字符转换为小写形式。注意，我们必须将 tolower 函数放在 content_transformer 函数里面，这样转换操作才能与 tm 包的对象结构相匹配。通常当使用了一个 tm 包以外的转换函数时，需要进行类似处理。

接着，调用 removePunctutation 函数去掉文本中的标点符号，通常，在表达式中，会用 [:punct:] 代表，包括下列标点字符：! " # $ % & ' ( )* + , - . / : ; < = > ? @ [\ ] ^ _ ' { | } ~'。一般情况下，去掉这些标点符号不会对数据分析造成影响，特别是在我们分析单词本身而非它们之间的关联时。

我们去掉了单词之间的多余空格，筛选后的单词之间仅有一个空格。

7.3 展示语料库的高频词

现在，我们对手头的语料库进行了简单的清洗，与第 2 章生成的结果相比，现在生成的词云图意义更大：

```
> wordcloud::wordcloud(v)
```

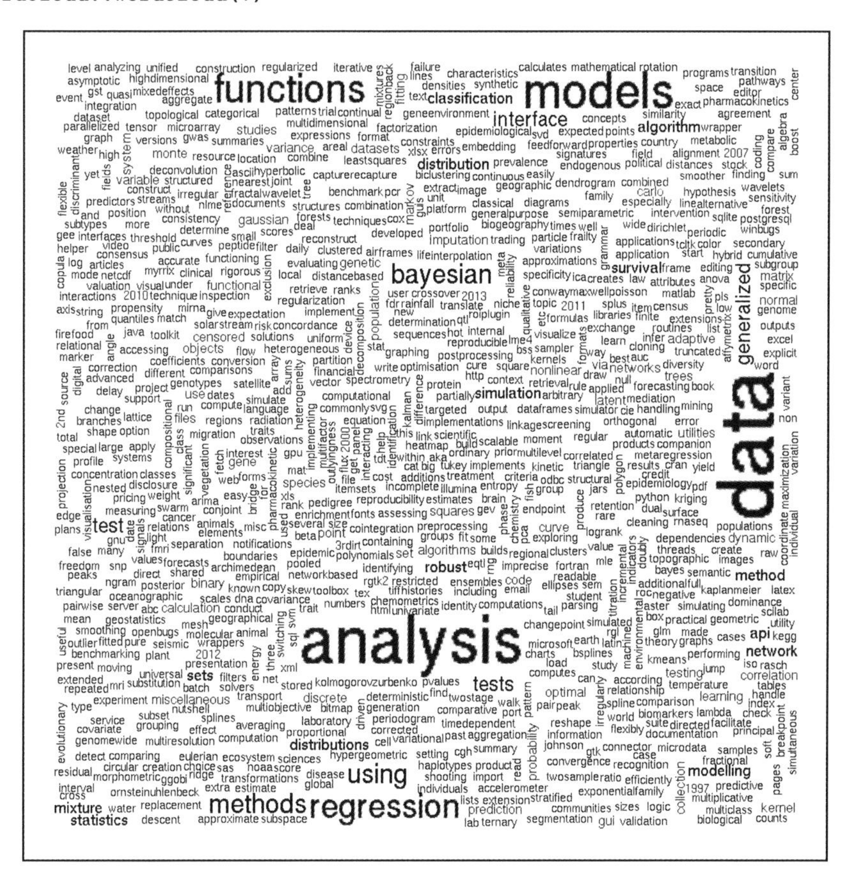

7.4 深度清洗

当前的单词表中依然存在一些小问题，比如我们可能并不需要在包的描述中保留数字（或者我们希望用一个占位符，例如 NUM，来代替所有的数字），同时，一些常见的技术词汇也可以被忽略，例如 package。名称复数也是冗余的。让我们逐步对语料库样本进行完善！

要从描述信息中去掉数字非常简单，基于前面的样例，可得：

```
> v <- tm_map(v, removeNumbers)
```

如果希望去掉一些基于特定领域的普通高频词，以文档中的最常用词汇为例。首先要处理 TermDocumentMatrix 函数，将计算得到的值再传递给 findFreqTerms 函数以确定语料库中的高频词：

```
> tdm <- TermDocumentMatrix(v)
```

计算结果为一个矩阵，行为词，列为文本，行列交叉处为该词在当前文本出现的频数。例如，让我们查看一下在前 20 个文档中前 5 个词出现的频数：

```
> inspect(tdm[1:5, 1:20])
<<TermDocumentMatrix (terms: 5, documents: 20)>>
Non-/sparse entries: 5/95
Sparsity           : 95%
Maximal term length: 14
Weighting          : term frequency (tf)

                Docs
Terms            1 2 3 4 5 6 7 8 9 10 11 12 13 14 15 16 17 18 19 20
  aalenjohansson 0 0 0 0 0 0 0 0 0  0  0  0  0  0  0  0  0  0  0  0
  abc            0 1 0 1 1 0 1 0 0  0  0  0  0  0  0  0  0  0  0  0
  abcdefba       0 0 1 0 0 0 0 0 0  0  0  0  0  0  0  0  0  0  0  0
  abcsmc         0 0 0 0 0 0 0 0 0  0  0  0  0  0  0  0  0  0  0  0
  aberrations    0 0 0 0 0 0 0 0 0  0  0  0  0  0  0  0  0  0  0  0
```

要得到每个词在文本中的出现次数并不难。理论上，可以使用 rowSums 函数来处理上面的稀疏矩阵。不过，更简单的方法是使用 findFreqTerms 函数，它可以完全满足我们的需求。下面，让我们统计在包的描述文档中出现次数不低于 100 次的词：

```
> findFreqTerms(tdm, lowfreq = 100)
 [1] "analysis"     "based"        "bayesian"     "data"
 [5] "estimation"   "functions"    "generalized"  "inference"
 [9] "interface"    "linear"       "methods"      "model"
[13] "models"       "multivariate" "package"      "regression"
[17] "series"       "statistical"  "test"         "tests"
[21] "time"         "tools"        "using"
```

再手动去掉 “based” 和 “using” 以及前面提到的 “package” 这三个词：

```
> myStopwords <- c('package', 'based', 'using')
> v <- tm_map(v, removeWords, myStopwords)
```

7.4.1 词干提取

接下来我们将去掉那些之前出现频率在前 20 位的名词复数形式，但这个工作并不是听起来那么简单！我们有可能需要采用一些常规表达式来去掉单词的 “尾巴”，但是这样的方法有很多弊端，例如，它们不会考虑很明显的英语语法规则。

但是，使用词干提取算法，特别是使用 Porter 的提取算法，可以避免上述问题，该算法在 SnowballC 包中。其中，wordStem 函数支持 16 种语言（可查看 getStemLanguages 以获取详细信息），并且能很容易地判断出一个字符向量要提取的内容：

```
> library(SnowballC)
> wordStem(c('cats', 'mastering', 'modelling', 'models', 'model'))
[1] "cat"     "master" "model"  "model"  "model"
```

唯一不足就是 Porter 算法不能完全满足所有实际应用中的语法规则：

```
> wordStem(c('are', 'analyst', 'analyze', 'analysis'))
[1] "ar"       "analyst" "analyz"  "analysi"
```

因此在后面我们还需要对结果进行进一步优化，借助一个语言词典库来对单词进行重构。构建类似数据库的最简单的方法是复制语料库中已经有的词：

```
> d <- v
```

然后，对文本中的单词进行缩减：

```
> v <- tm_map(v, stemDocument, language = "english")
```

再调用 stemDocument 函数，该函数需嵌套在 SnowballC 包的 wordStem 函数里使用。我们只需为其指定一个参数，就是确定要处理的文本语言。在之前已经预定义的路径上调用 stemCompletion 函数，然后将每个提取后的词根还原成数据库中可以找到的最接近的最短单词。

但该过程不像前面样例的处理那样直接，因为 stemCompletion 函数只能够处理字符向量而不能直接处理语料库中的文本文件。因此，我们需要借助前面用过的 content_transformer 辅助函数重写一个我们自己的转换函数。基本方案是通过分隔符调用 stemCompletion 函数对每个文档进行分词，然后再将这些词连接成句：

```
> v <- tm_map(v, content_transformer(function(x, d) {
+         paste(stemCompletion(
+                 strsplit(stemDocument(x), ' ')[[1]],
+                 d),
+         collapse = ' ')
+       }), d)
```

前面的样例运行时要耗费大量资源，程序需要在一台普通 PC 上运行 30 ～ 60 分钟。读者如果着急的话，可以直接进入到下一个样例，而不需要真的来执行这个例子。

确实花了一些时间，不是吗？我们需要在语料库中的每个文档中反复处理所有单词，但结果还是值得的！让我们再来看一下清洗后的语料库的高频词有哪些：

```
> tdm <- TermDocumentMatrix(v)
> findFreqTerms(tdm, lowfreq = 100)
 [1] "algorithm"     "analysing"    "bayesian"     "calculate"
 [5] "cluster"       "computation"  "data"         "distributed"
 [9] "estimate"      "fit"          "function"     "general"
[13] "interface"     "linear"       "method"       "model"
```

```
[17] "multivariable" "network"      "plot"        "random"
[21] "regression"    "sample"       "selected"    "serial"
[25] "set"           "simulate"     "statistic"   "test"
[29] "time"          "tool"         "variable"
```

前面的例子返回结果是23行，清洗后的结果少了3行，现在大约有30个单词在语料库的文本中出现的次数超过了100次。由于我们已经去掉了单词的复数形式，以及一些类似的重复词，因此矩阵的密度也提高了：

```
> tdm
<<TermDocumentMatrix (terms: 4776, documents: 5880)>>
Non-/sparse entries: 27946/28054934
Sparsity           : 100%
Maximal term length: 35
Weighting          : term frequency (tf)
```

我们不但降低了在下一个环节中需要建立索引的单词数，同时还确定了在后面的分析中可以忽略的一小部分单词，例如，在有关包的描述信息中，单词set看起来就并不重要。

7.4.2 词形还原

在进行词干提取时，我们是从单词尾部去掉字符，希望在剩下的字符串中找到词干，这种探究式的方法经常会得到一些其实并不存在的词，就像我们前面样例所展示的一样。我们可以借助字典将这些词干完整化，并尽可能地成为长度最短且有意义的单词，不过这样做也有可能造成单词语义的偏离，例如，去掉“ness”这样的后缀。

我们也可以不采用这种打乱又重构单词的方法，而是通过使用字典，降低不同词的屈折词缀数量，来实现形态分析，这种方法被称为词形还原（Lemmatisation)，与词干提取方法不同，词形还原要寻找的是单词的词元（单词的规范化形式）。

Stanford的NLP小组开发并维护了一个基于Java的NLP工具，名为Stanford CoreNLP，不仅支持包括标记化、分割句子、POS标注以及句法分析等多种NLP算法及分词操作，还支持词形还原技术。

我们可以通过rJava包在R中使用CoreNLP，也可以直接安装coreNLP包，它包括了一些基于CoreNLP的Java库的包装函数，实现了对词形还原功能的支持。请注意，安装完R包后，我们还必须使用downloadCoreNLP函数来完成具体的安装步骤，以便能够使用Java库。

7.5 词条关联说明

前面计算得到的TermDocumentMatrix也可以被应用在确定语料库中清洗后词条间的关

联。使用 findAssocs 函数能够直接计算统一文档中出现的词条组的相关系数。

现在，让我们来看一下与 data 关联的词条：

```
> findAssocs(tdm, 'data', 0.1)
             data
set          0.17
analyzing    0.13
longitudinal 0.11
big          0.10
```

只有四个词条与“data”的相关系数超过 0.1，其中“analyzing”的关联度最高，这个结果也很正常。或者，我们可以忽略掉“set”，但看起来“longitudinal”和“big”也是在包描述内容中出现频率很高的词，那么，其么与“big”关联频率比较高的词条又有哪些呢？

```
> findAssocs(tdm, 'big', 0.1)
              big
mpi           0.38
pbd           0.33
program       0.32
unidata       0.19
demonstration 0.17
netcdf        0.15
forest        0.13
packaged      0.13
base          0.12
data          0.10
```

对原始语料库的检查结果表明，有好几个 R 包的描述开头都是“pbd”，它代表处理大数据（Programming with Big Data)，pbd 类的包通常都与 Open MPI 有关，这也很好地解释了这些词条之间的关联。

7.6 其他一些度量

当然，在对描述信息量化后，我们也可以使用标准的数据分析工具。例如，查询语料库中文本的长度：

```
> vnchar <- sapply(v, function(x) nchar(x$content))
> summary(vnchar)
   Min. 1st Qu.  Median    Mean 3rd Qu.    Max.
   2.00   27.00   37.00   39.85   50.00  168.00
```

因此，包的描述文本平均长度为 40 个字符，不过也存在仅有 2 个字符的描述文本。当然，这两个字符是已经去掉了包括数字、标点符号以及高频词剩下的内容。可以调用 which.

min 函数来查看描述内容最短的包：

```
> (vm <- which.min(vnchar))
[1] 221
```

原因在于：

```
> v[[vm]]
<<PlainTextDocument (metadata: 7)>>
NA
> res[vm, ]
    V1   V2
221   <NA>
```

原来这根本不是一个真正存在的包，而仅仅是原始表中的一个空行。我们再用可视化的方法来看一下包的描述信息的长度统计：

```
> hist(vnchar, main = 'Length of R package descriptions',
+      xlab = 'Number of characters')
```

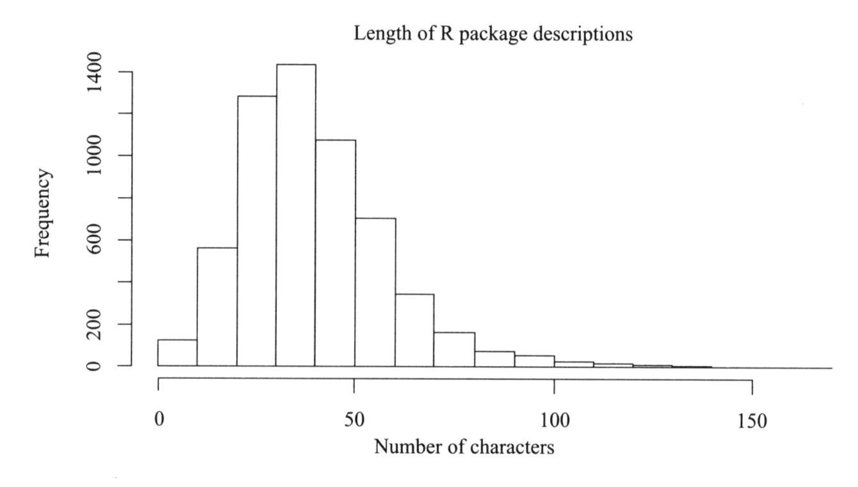

从直方图可知，大多数包描述内容都很短，不超过一句。之所以得出这一结论是因为一般在英语中一个句子大概包括 15 ~ 20 个单词，即 75 ~ 100 个字符。

7.7 文档分段

为确定清洗后的词条基于在语料库文档中的出现频数及相互关联的分组情况，我们可以直接使用 tmd 矩阵加上合适的算法，例如，使用经典的层次聚类算法。

另一方面，如果我们更希望基于包的描述对它们进行聚集操作，则应该使用 DocumentTermMatrix 而非前面介绍过的 TermDocumentMatrix 对象。在 DocumentTermMatrix 对象上运行聚类算法将实现文本分段。

更多其他方法的说明，请参考本书第 10 章。在本节中，我们将使用传统的 hclust 函数，该函数提供了一个基于距离的内置层次聚类算法。我们将通过一个所谓的 Hadleyverse 来证实这一点，Hadleyverse 对由 Hadley Wickham 开发的 R 包提供了很有用的描述：

```
> hadleyverse <- c('ggplot2', 'dplyr', 'reshape2', 'lubridate',
+   'stringr', 'devtools', 'roxygen2', 'tidyr')
```

下面确定在语料库 v 中哪些元素包含了之前列出的包的词条：

```
> (w <- which(res$V1 %in% hadleyverse))
[1] 1104 1230 1922 2772 4421 4658 5409 5596
```

计算已使用的词条的相似（相异）矩阵：

```
> plot(hclust(dist(DocumentTermMatrix(v[w]))),
+   xlab = 'Hadleyverse packages')
```

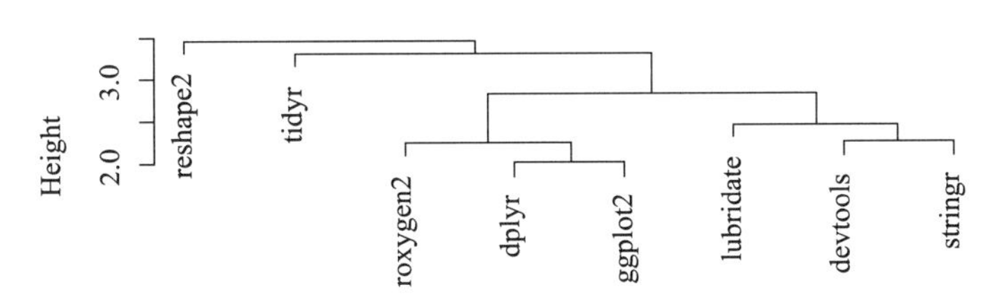

hadleyverse packages
hclust(*,"complete")

除了我们在第 4 章中已经介绍过的 reshape2 包和 tidyr 包，上图展示了两个独立的聚类（下面条目中的粗体词条都源自包的描述）：

- 包**使**（make）工作**简单化**（easier）
- 其他用于处理语言、**文本**（docamentation）和**语法**（grammar）

为了验证这点，我们来看看每个包清洗后的词条：

```
> sapply(v[w], function(x) structure(content(x),
+   .Names = meta(x, 'id')))
                                    devtools
      "tools make developing r code easier"
                                       dplyr
              "a grammar data manipulation"
                                     ggplot2
       "an implementation grammar graphics"
                                   lubridate
         "make dealing dates little easier"
                                    reshape2
```

```
      "flexibly reshape data reboot reshape "
                                     roxygen2
                "insource documentation r"
                                      stringr
                "make easier work strings"
                                        tidyr
   "easily tidy data spread gather functions"
```

符合主题模型拟合，也许是另外一种更合适的长远的基于 NLP 算法的文本聚类替代算法，例如 topicmodels 包。该开发包有一个非常详细和有用的说明，包括其理论背景，以及部分样例等。如果希望快速上手，我们可以先尝试在之前创建的 DocumentTermMatrix 对象上运行 LDA 或 CTM 函数，并指明需要创建的主题模型个数。基于我们前面的聚类样例，可以选择从 k=3 开始。

7.8 小结

本章的样例和一些简单的理论背景介绍了如何使用文本挖掘算法来分解纯英文文本以做更深入的分析。在下一章，我们将关注一些类似的数据分析的重要算法，例如通过确定孤立点、异常值以及处理缺失值等手段来平滑数据。

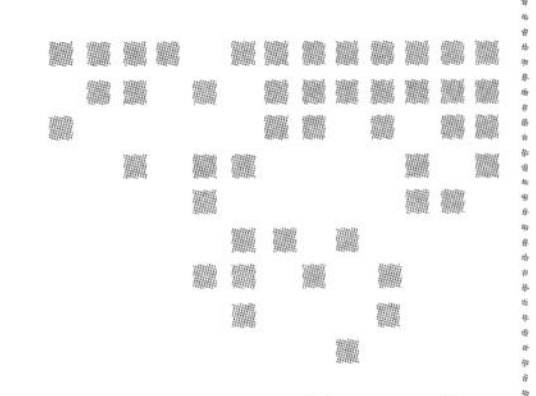

第8章 Chapter 8

数据平滑

在使用数据时，我们经常会发现数据集存在一些问题，例如缺失值、孤立点或相似异常值等。处理及清洗这些所谓的脏数据是数据科学家日常工作的一部分，甚至，这部分工作可能占据了我们80%以上的工作时间。

通常，数据集的错误可能源自不恰当的数据采集方法，而非数据采集过程中对数据的重复及调整造成的，通过一些简单的函数及算法对数据进行平滑处理是既必要又必须（从节约成本、时间及其他资源的角度）的选择。本章将介绍以下内容：

- 不同函数的na.rm参数的用例
- 用na.action及相关函数去掉缺失值
- 以友好方式实现数据填补的几个R包
- 处理异常值的outliers包及几种统计检验
- 如何在数据集上动脑筋实现Lund孤立点检验
- 一些其他稳健方法

8.1 缺失值的类型和来源

首先，我们需要了解一下缺失数据可能的源头，以确定我们为什么及怎样来取得这些缺失值。数据缺失的原因非常有限，通常是以下三类：

例如，数据缺失最主要的原因有可能是设备故障或人为因素造成不正确的数据录入。**完全随机缺失**（Missing Completely at Random，MCAR）是指数据集中每个样本值都有可能出现缺失，因此缺失值不会带来系统性错误或数据失真，我们也无法解释缺失模式。如果数据集允许 NA（无解、不可用或不可得）值那就最好了。

但是与 MCAR 相比，缺失值最常见也不易处理的情况是**随机缺失**（Missing at Random，MAR）。在 MAR 发生时，缺失模式是已知的或至少可被确认的，尽管这些都与实际缺失值没有任何关系。例如，如果某人假定一部分男人比女人更易孤独或者更懒惰，而受调查者可能并不愿意回答这一问题——请忽略掉问题本身。因此，并不是和女人比，男人更容易放弃薪水什么的，而是他们倾向于随机地回避一些问题。

> 关于缺失值的这种分类最早由 Donald B. Rubin 在 1967 年于期刊 *Biometrika* 63 (3): 581 ~ 592 发表的“Inference and Missing Data”一文中提出，然后由 Roderick J. A. Little（2002）在著作 *Statistical Analysis with Missing Data, Wiley* 中对其进行了扩展——更多细节值得在本书中找到答案。

最糟糕的情况可能是**完全非随机缺失**（Missing Not at Random，MNAR），此时数据通常因为某些与实际问题有关的特殊原因而产生缺失，此时缺失值被认为是不可忽略的无应答。

通常在进行某些敏感问题的调查或预研究过程中存在设计缺陷时会导致 MNAR，因为一些背景中潜在的过程而产生数据缺失，而我们又希望通过研究能更好地了解这些问题——因此其会导致一个相当复杂的状态。

那么，我们该怎么做才能解决这些问题呢？有时，方法相对比较容易。例如，如果我们手头样本值很多，因为大数定律规定了每个观测值出现缺失的概率是相同的，所以 MCAR 就不是什么问题了。我们通常有两种方法来处理未知值或缺失值：

- 去掉缺失值或观测值
- 用一些估计值替代缺失值

8.2 确定缺失值

对于缺失值特别是 MCAR 类型缺失值，最简单的处理方法就是去掉存在缺失值的观测样本。如果我们希望排除 matrix 或 data.frame 的每行，而这个 matrix 或 data.frame 中存在至少一个缺失值，我们可以使用 stats 包的 complete.cases 函数来确定这些缺失值。

让我们来看看究竟有多少行存在至少一个缺失值：

```
> library(hflights)
> table(complete.cases(hflights))
FALSE   TRUE
 3622 223874
```

大概是 25 万行数据的 1.5%：

```
> prop.table(table(complete.cases(hflights))) * 100
    FALSE      TRUE
 1.592116 98.407884
```

再来看不同列的 NA 的分布：

```
> sort(sapply(hflights, function(x) sum(is.na(x))))
             Year             Month        DayofMonth
                0                 0                 0
        DayOfWeek     UniqueCarrier         FlightNum
                0                 0                 0
          TailNum            Origin              Dest
                0                 0                 0
         Distance         Cancelled  CancellationCode
                0                 0                 0
         Diverted           DepTime          DepDelay
                0              2905              2905
          TaxiOut           ArrTime            TaxiIn
             2947              3066              3066
ActualElapsedTime           AirTime          ArrDelay
             3622              3622              3622
```

8.3 忽略缺失值

从上面的输出结果可知，在那些与时间有关的变量中缺失值较多，而在航班及出发日期变量中没有出现缺失值。另外，如果某个航班出现了缺失值，则其他变量同样出现缺失值的概率会比较高——大概有 3622 个样本存在缺失值：

```
> mean(cor(apply(hflights, 2, function(x)
+    as.numeric(is.na(x)))), na.rm = TRUE)
[1] 0.9589153
Warning message:
In cor(apply(hflights, 2, function(x) as.numeric(is.na(x)))) :
  the standard deviation is zero
```

下面，让我们看看都完成了哪些工作。首先，我们调用了 apply 函数将 data.frame 的值转换为 0 或 1，其中 0 代表一个观测值，而 1 代表缺失值。然后我们求得这个新生成矩阵的相关系数，当然结果返回了很多缺失值，因为某些列仅有一个唯一的值，就像警告信息中显示的那样。因此，我们必须要把 na.rm 参数设置为 TRUE，这样就去掉了由 cor 函数返回的相关系数中的缺失值，函数 mean 将返回一个真实的值而非 NA。

因此，一个可能的方法就是依靠 na.rm 参数，绝大多数对缺失值敏感的函数都支持该参数——例如 base 包和 stats 包中的 mean、median、sum、max 和 min 等参数。

为了编译 base 包里支持 na.rm 参数的所有函数，可以参考 http://stackoverflow.com/a/17423072/564164 上给出的一个很有意思的结论。之所以能找到这个结论是因为我坚信我们所使用的分析工具拥有强大的功能，换句话说，也就是花些时间来了解 R 在后台的工作方式。

首先，列出 baseenv（base 包的环境设置）的所有函数以及完整函数参数及函数体：

```
> Funs <- Filter(is.function, sapply(ls(baseenv()), get, baseenv()))
```

然后，调用 Filter 对列表中所有函数进行筛选，以下是拥有形参 na.rm 的函数：

```
> names(Filter(function(x)
+    any(names(formals(args(x))) %in% 'na.rm'), Funs))
 [1] "all"                       "any"
 [3] "colMeans"                  "colSums"
 [5] "is.unsorted"               "max"
 [7] "mean.default"              "min"
 [9] "pmax"                      "pmax.int"
[11] "pmin"                      "pmin.int"
[13] "prod"                      "range"
[15] "range.default"             "rowMeans"
[17] "rowsum.data.frame"         "rowsum.default"
[19] "rowSums"                   "sum"
[21] "Summary.data.frame"        "Summary.Date"
[23] "Summary.difftime"          "Summary.factor"
[25] "Summary.numeric_version"   "Summary.ordered"
[27] "Summary.POSIXct"           "Summary.POSIXlt"
```

上述方法可以很容易地应用于其他任意 R 包，只要改变环境变量的设置即可。例如，如果是 stats 包，就用 'package:stats'：

```
> names(Filter(function(x)
+   any(names(formals(args(x))) %in% 'na.rm'),
+     Filter(is.function,
+       sapply(ls('package:stats'), get, 'package:stats'))))
 [1] "density.default" "fivenum"          "heatmap"
 [4] "IQR"             "mad"              "median"
 [7] "median.default"  "medpolish"        "sd"
[10] "var"
```

这些都是在 base 和 stats 包中有 na.rm 参数的函数，将 na.rm 设置为 TRUE，就可以快速方便地在一个单独的函数调用中忽略缺失值（不需要从数据集中将这些 NA 值去掉）。但为什么 na.rm 没有默认为 TRUE 呢？

重写函数默认的参数值

如果读者不希望函数在处理包含缺失值的 R 对象时返回 NA，可以使用一些自定义的封装函数来重写这些默认的参数值，例如：

```
> myMean <- function(...) mean(..., na.rm = TRUE)
> mean(c(1:5, NA))
```

```
[1] NA
> myMean(c(1:5, NA))
[1] 3
```

另外也可以开发一个定制包重写 base 和 stats 函数中的默认设置，就像 rapportools 包，包括了各式辅助函数，它们的默认值都是相同的，以方便统计报表：

```
> library(rapportools)
Loading required package: reshape

Attaching package: 'rapportools'

The following objects are masked from 'package:stats':

    IQR, median, sd, var

The following objects are masked from 'package:base':

    max, mean, min, range, sum

> mean(c(1:5, NA))
[1] 3
```

这种方法的弊端在于永久地改变了以上函数的参数设置，如果要恢复其标准值，必须重启 R 会话或分离 rapportools 包，就像：

```
> detach('package:rapportools')
> mean(c(1:5, NA))
[1] NA
```

更普遍的做法是依靠 Defaults 包的一些巧妙的功能来重写某个函数的参数默认值，尽管该功能已经不再被维护，但确实还有用：

```
> library(Defaults)
> setDefaults(mean.default, na.rm = TRUE)
> mean(c(1:5, NA))
[1] 3
```

请注意，这里是对 mean.default 的默认值进行更新，而不是调整 mean，因为后一种处理有可能导致下面的错误：

```
> setDefaults(mean, na.rm = TRUE)
Warning message:
In setDefaults(mean, na.rm = TRUE) :
  'na.rm' was not set, possibly not a formal arg for 'mean'
```

这是因为 mean 属于 S3 方法，不带任何形参：

```
> mean
function (x, ...)
{
    if (exists(".importDefaults"))
        .importDefaults(calling.fun = "mean")
    UseMethod("mean")
}
<environment: namespace:base>
> formals(mean)
$x


$...
```

无论读者喜欢选择哪一种方法，在你的 Rprofile 文件中增加几行代码，当 R 启动时，就能自动调用这些函数了。

> 我们可以通过一个全局或用户指定的 Rprofile 文件来指定 R 的环境变量。该文件是一个普通的 R 脚本文件，通常放置在当前用户的主目录下，文件名前带有一个“.”，每次启动一个新的 R 会话时，就会执行该文件。我们可以在 R 会话刚开始或快结束时调用封装在 .First 或 .Last 函数里的 R 函数，以装载一些 R 包，输出一些特定的欢迎辞或数据库的 KPI 指标，又或者是安装所有 R 包的最新版本。

但是一般最好不要用这种非标准的方式来改变 R 环境，因为很有可能我们马上就会遇到一些棘手的问题，或者不知名的错误。

例如，我曾经习惯在 Rprofile 中指定 setwd ('/tmp') 使得工作路径一直是某个临时文件夹，这种设置对于那些对时间有要求的任务特别有效。但另一方面，花上 15 分钟来找出为什么某些随机的 R 函数似乎不起作用，但返回的文件看起来又没有错误信息这类问题也确实让人感觉不是那么愉快。

因此请记住：如果读者是通过 R 函数来改变默认的参数值，在通过 --vanilla 命令行启动常规 R 会话重现错误之前，就要做好心理准备面对在 R 邮件列表上那些主要基础函数的新错误。

8.4 去掉缺失值

在 R 函数中使用 na.rm 参数的另外一种方法是在调用分析函数之前先去掉数据集中的缺失值，因为是永久性地操作，所以这些缺失值不会在后面的分析中带来麻烦。为此，我们可以选择使用 na.omit 或 na.exclude 函数：

```
> na.omit(c(1:5, NA))
[1] 1 2 3 4 5
attr(,"na.action")
```

```
[1] 6
attr(,"class")
[1] "omit"
> na.exclude(c(1:5, NA))
[1] 1 2 3 4 5
attr(,"na.action")
[1] 6
attr(,"class")
[1] "exclude"
```

这两个函数间的唯一差别是返回的R对象na.action属性的分类不同，分别是omit和exclude两类。这一细小的差别仅对建模会有所影响。na.exclude函数返回的NA可出现在残差和预测值中，而na.omit则在向量中不考虑这些元素：

```
> x <- rnorm(10); y <- rnorm(10)
> x[1] <- NA; y[2] <- NA
> exclude <- lm(y ~ x, na.action = "na.exclude")
> omit <- lm(y ~ x, na.action = "na.omit")
> residuals(exclude)
    1     2     3     4     5     6     7     8     9    10
   NA    NA -0.89 -0.98  1.45 -0.23  3.11 -0.23 -1.04 -1.20

> residuals(omit)
    3     4     5     6     7     8     9    10
-0.89 -0.98  1.45 -0.23  3.11 -0.23 -1.04 -1.20
```

对于表格数据要注意的重要事项是，就像一个matrix或data.frame，如果某一行包含至少一个空缺值，函数将去掉整行数据。下面让我们用一个案例简单说明这个问题，首先创建一个3行3列的矩阵，包含了从1到9递增的数字，但是将所有可以被4整除的数用NA代替：

```
> m <- matrix(1:9, 3)
> m[which(m %% 4 == 0, arr.ind = TRUE)] <- NA
> m
     [,1] [,2] [,3]
[1,]    1   NA    7
[2,]    2    5   NA
[3,]    3    6    9
> na.omit(m)
     [,1] [,2] [,3]
[1,]    3    6    9
attr(,"na.action")
[1] 1 2
attr(,"class")
[1] "omit"
```

如结果所示，可以在 na.action 的属性中找到被去掉的行号。

8.5 在分析前或分析中筛选缺失值

假定我们要计算航班实际飞行时间的平均值：

```
> mean(hflights$ActualElapsedTime)
[1] NA
```

结果出现 NA 是理所当然的，因为如前面定义那样，该变量中包含了 NA 值，几乎所有对包含 NA 值的 R 操作都会返回 NA 值。下面，让我们采用如下所示的方法来解决这个问题：

```
> mean(hflights$ActualElapsedTime, na.rm = TRUE)
[1] 129.3237
> mean(na.omit(hflights$ActualElapsedTime))
[1] 129.3237
```

有性能问题吗？或者其他方法？

```
> library(microbenchmark)
> NA.RM   <- function()
+              mean(hflights$ActualElapsedTime, na.rm = TRUE)
> NA.OMIT <- function()
+              mean(na.omit(hflights$ActualElapsedTime))
> microbenchmark(NA.RM(), NA.OMIT())
Unit: milliseconds
      expr       min        lq    median        uq       max neval
   NA.RM()  7.105485  7.231737  7.500382  8.002941  9.850411   100
 NA.OMIT() 12.268637 12.471294 12.905777 13.376717 16.008637   100
```

基于 microbenchmark 包（请参考本书第 1 章）计算得到这些操作的性能，结果表明在仅调用一个函数的情况下，使用 na.rm 更好。

另外，如果我们希望在后面的分析阶段中重复使用这些数据，最好是一开始就去掉缺失值，而不是始终指定 na.rm 为 TRUE。

8.6 填补缺失值

有时候忽略掉缺失值不太合理或不太可行。例如，当观测值个数较少或者缺失不是随机发生的情况。此时，使用数据填补是一个切实可行的方法，它可以基于多种算法，用一些其他值来代替缺失值，例如：

- ❑ 一个已知的标量

- ❑ 该列中前一个值（hot-deck）
- ❑ 同一列中随机元素值
- ❑ 该列中出现次数最高的值
- ❑ 依据给定概率选择同一列中不同的值
- ❑ 基于回归或机器学习模型预测的值

hot-deck 方法经常用于连接多个数据集的情况。此时，data.table 的 roll 参数作用非常大，否则就要依靠 VIM 包的 hotdeck 函数，它提供了一些对缺失值进行可视化处理的有效方法。但如果处理数据集的一个给定列，我们也可以采用其他一些更简单的方法。

比方说，如果我们假设缺失值源自一些研究设计模式，利用一个已知的标量填补缺失值就是个相当简单的方法。假定有一个数据库存放了每天你上下班打卡的时间，通过比较这两者的差值，我们可以分析得到你日常工作的时长。如果该变量在某个时间段返回 NA，这也意味着这一整天我们都不在办公室，因此可以用 0 而非 NA 来填补。

不但理论上行得通，而且在 R 中完成这个任务也不难（样例延续了前面的样本，我们用 m 代表两个缺失值）：

```
> m[which(is.na(m), arr.ind = TRUE)] <- 0
> m
     [,1] [,2] [,3]
[1,]    1    0    7
[2,]    2    5    0
[3,]    3    6    9
```

类似地，也可以用随机数来填补缺失值，使用其他样本值或变量的均值都比较简单：

```
> ActualElapsedTime <- hflights$ActualElapsedTime
> mean(ActualElapsedTime, na.rm = TRUE)
[1] 129.3237
> ActualElapsedTime[which(is.na(ActualElapsedTime))] <-
+   mean(ActualElapsedTime, na.rm = TRUE)
> mean(ActualElapsedTime)
[1] 129.3237
```

使用 Hmisc 包的 impute 函数更简单：

```
> library(Hmisc)
> mean(impute(hflights$ActualElapsedTime, mean))
[1] 129.3237
```

看起来我们保留了变量的算术平均值，但是这一方法也存在严重的问题：

```
> sd(hflights$ActualElapsedTime, na.rm = TRUE)
[1] 59.28584
> sd(ActualElapsedTime)
[1] 58.81199
```

当用平均值填补缺失值时，变换后的变量的方差自然要比原始数据集的方差小，在某些情况下，这会带来很大的麻烦。此时，我们需要利用其他一些更精确的填补算法。

8.6.1 缺失值建模

除了前面提及的单变量填补方法之外，我们也可以对全体数据集而不仅仅是剩下的行建模来估计缺失值。简而言之，就是使用多元预测变量来填补缺失值。

相关的函数和包非常多，例如，Hmisc包的transcan函数，或imputeR包，都提供了各种各样的模型实现分类变量及连续变量的填补。

绝大多数方法和模型考虑的要么是连续变量，要么是分类变量。如果是混合型的数据集，我们必须要使用不同的算法来解决不同类型的缺失值。这样一来，就有可能忽视掉不同类型间数据的关联特性，导致产生局部模型。

为了避免这一问题，同时也简化对传统回归和其他相关的缺失值填补方法的说明（相关内容可以参考本书第5章和第6章），我们将着重探讨missForest包提供的一种非参数化方法，它可以以一种友好的方式同时处理分类变量和连续变量。

该方法依据给定数据迭代地建立能够填补缺失值的随机森林模型。由于我们手头hflights数据量相对较大，要运行完样例源代码时间较长，因此下面的样例中我们将选择标准的iris数据集。

首先，看一下数据集的原始结构，在数据集中没有出现缺失值：

```
> summary(iris)
  Sepal.Length    Sepal.Width     Petal.Length    Petal.Width
 Min.   :4.300   Min.   :2.000   Min.   :1.000   Min.   :0.100
 1st Qu.:5.100   1st Qu.:2.800   1st Qu.:1.600   1st Qu.:0.300
 Median :5.800   Median :3.000   Median :4.350   Median :1.300
 Mean   :5.843   Mean   :3.057   Mean   :3.758   Mean   :1.199
 3rd Qu.:6.400   3rd Qu.:3.300   3rd Qu.:5.100   3rd Qu.:1.800
 Max.   :7.900   Max.   :4.400   Max.   :6.900   Max.   :2.500
       Species
 setosa    :50
 versicolor:50
 virginica :50
```

下面，载入数据集并添加部分缺失值（完全随机），为后面的模型创建一个最小的可重复数据样本：

```
> library(missForest)
> set.seed(81)
> miris <- prodNA(iris, noNA = 0.2)
> summary(miris)
  Sepal.Length    Sepal.Width     Petal.Length    Petal.Width
```

```
Min.   :4.300  Min.   :2.000  Min.   :1.100  Min.   :0.100
1st Qu.:5.200  1st Qu.:2.800  1st Qu.:1.600  1st Qu.:0.300
Median :5.800  Median :3.000  Median :4.450  Median :1.300
Mean   :5.878  Mean   :3.062  Mean   :3.905  Mean   :1.222
3rd Qu.:6.475  3rd Qu.:3.300  3rd Qu.:5.100  3rd Qu.:1.900
Max.   :7.900  Max.   :4.400  Max.   :6.900  Max.   :2.500
NA's   :28     NA's   :29     NA's   :32     NA's   :33
      Species
setosa    :40
versicolor:38
virginica :44
NA's      :28
```

现在，每一列大概包含 20% 的缺失值，在上述的统计情况中也有相关说明。每个变量的完全随机缺失值案例在 28 ~ 33 之间。

下面将通过建立随机森林模型用实际的数字和因子水平代替缺失值。由于我们手头有原始的数据集，因此可以用完整的矩阵通过 verbose 函数的 xtrue 参数返回错误率，以检验方法的性能。这对于我们的案例非常合适，可以对比每次迭代过程中模型对预测结果的改进：

```
> iiris <- missForest(miris, xtrue = iris, verbose = TRUE)
  missForest iteration 1 in progress...done!
    error(s): 0.1512033 0.03571429
    estimated error(s): 0.1541084 0.04098361
    difference(s): 0.01449533 0.1533333
    time: 0.124 seconds

  missForest iteration 2 in progress...done!
    error(s): 0.1482248 0.03571429
    estimated error(s): 0.1402145 0.03278689
    difference(s): 9.387853e-05 0
    time: 0.114 seconds

  missForest iteration 3 in progress...done!
    error(s): 0.1567693 0.03571429
    estimated error(s): 0.1384038 0.04098361
    difference(s): 6.271654e-05 0
    time: 0.152 seconds

  missForest iteration 4 in progress...done!
    error(s): 0.1586195 0.03571429
    estimated error(s): 0.1419132 0.04918033
    difference(s): 3.02275e-05 0
```

```
    time: 0.116 seconds

  missForest iteration 5 in progress...done!
    error(s): 0.1574789 0.03571429
estimated error(s): 0.1397179 0.04098361
difference(s): 4.508345e-05 0
time: 0.114 seconds
```

在算法终止前，共进行了5次迭代，直至最后错误率不再提高。返回的missForest对象包括已填补的数据集和其他一些值：

```
> str(iiris)
List of 3
 $ ximp    :'data.frame':  150 obs. of  5 variables:
  ..$ Sepal.Length: num [1:150] 5.1 4.9 4.7 4.6 5 ...
  ..$ Sepal.Width : num [1:150] 3.5 3.3 3.2 3.29 3.6 ...
  ..$ Petal.Length: num [1:150] 1.4 1.4 1.3 1.42 1.4 ...
  ..$ Petal.Width : num [1:150] 0.2 0.218 0.2 0.2 0.2 ...
  ..$ Species     : Factor w/ 3 levels "setosa","versicolor",..: ...
 $ OOBerror: Named num [1:2] 0.1419 0.0492
  ..- attr(*, "names")= chr [1:2] "NRMSE" "PFC"
 $ error   : Named num [1:2] 0.1586 0.0357
  ..- attr(*, "names")= chr [1:2] "NRMSE" "PFC"
 - attr(*, "class")= chr "missForest"
```

上面的数据误差是一个估计值，该估计值基于数值型值的**归一化均方根误差计算**（normalized root mean squared error computed，NRMSE）以及因子的**错分率**（proportion of falsely classified，PFC）判断模型的填补效果。同样，我们也为以前运行的模型提供了完整的数据集，得到了一个真插补误差率——与前面的判断也非常接近。

更多有关相关机器学习的内容请参考本书第10章。

不过这种缺失值填补方法和均值填补这种更简单的方法比起来效果怎么样呢？

8.6.2 不同填补方法的比较

在比较过程中，仅会用到iris数据集的头四列，因此暂时不会涉及因子变量。下面是样例数据集的准备：

```
> miris <- miris[, 1:4]
```

在iris_mean中，我们用所有实际列的均值来代替缺失值：

```
> iris_mean <- impute(miris, fun = mean)
```

而在 iris_forest 中，我们通过拟合随机森林模型预测缺失值：

```
> iris_forest <- missForest(miris)
  missForest iteration 1 in progress...done!
  missForest iteration 2 in progress...done!
  missForest iteration 3 in progress...done!
  missForest iteration 4 in progress...done!
  missForest iteration 5 in progress...done!
```

现在让我们通过比较 iris_mean 和 iris_forest 与完整的 iris 数据集的关联来判断两种方法的准确性。对于 iris_forest，我们会从 ximp 属性中抽取实际填补后的数据集，并忽略掉原始 iris 表中的因子变量：

```
> diag(cor(iris[, -5], iris_mean))
Sepal.Length  Sepal.Width Petal.Length  Petal.Width
   0.6633507    0.8140169    0.8924061    0.4763395
> diag(cor(iris[, -5], iris_forest$ximp))
Sepal.Length  Sepal.Width Petal.Length  Petal.Width
   0.9850253    0.9320711    0.9911754    0.9868851
```

从结果可知，非参数化的随机森林模型比简单的均值填补方法效果要好很多。

8.6.3 不处理缺失值

请注意，这些方法都存在各自的缺陷，对大多数模型而言，用预测值去替代缺失值往往导致误差项和剩余方差不明显。

这也意味着我们降低了数据的可变性，同时高估了数据集中存在的某些关联，这会对我们的数据分析结果带来严重影响。因此，人们研究了一些仿真技术，以避免数据集失真，同时也针对任意模型进行假设检验。

8.6.4 多重填补

多重填补的思想源自多次对同一行缺失值进行拟合。例如，Monte Carlo 方法就经常会产生若干（3 ~ 10 个）完整的仿真数据集，对每个数据集都进行单独的分析，最后将结果进行综合，形成最终的估计值和置信区间。更多信息可参见 Hmisc 包中的 aregImpute 函数。

另一方面，是不是在所有情况下我们都必须去掉或填补缺失值呢？有关该问题的更多解答，请参考 8.8 节。不过在这之前，我们还必须了解其他一些有关数据平滑的要求。

8.7 异常值和孤立点

孤立点和异常值是指那些和其他观测值偏离非常大的数据点，既有可能是因为完全不同的生成方法也有可能就是错误导致的。确定孤立点非常重要，因为这些异常值会对数据分析带来如下不利影响：

- 增大错误方差
- 影响预测
- 影响正态性

换句话说，假如我们将原始数据集看成游戏中一个完整的圆石头，在实际应用前已经被清洗和抛光好了。在这块石头的表面存在一些小洞，就像数据集中的缺失值一样，应该被填补完整——使用数据填补。

而另一方面，这块石头不仅在表面有洞，有些地方还有泥点，同样也应该被清洗掉。但是我们该怎么将这些泥点与石头区分开来呢？本节将着重探讨 outliers 包以及一些相关技术，借助它们来判断和区分异常值。

由于 outliers 包中某些函数的名称与 randomForest 包（由 missForest 自动加载）中某些函数名称有冲突，因此最好在验证下面的样例之前分离这两个包：

```
> detach('package:missForest')
> detach('package:randomForest')
```

outlier 函数将返回与均值相差最大的那些变量值，与函数名称相反，返回结果不一定都是孤立的。相反，可以使用该函数的返回结果作为一个分析时的判断依据：

```
> library(outliers)
> outlier(hflights$DepDelay)
[1] 981
```

从结果可知，有一个航班在起飞之前就已经延误了 16 个小时了！很令人奇怪是不是？让我们再看看这种延误是否正常：

```
> summary(hflights$DepDelay)
   Min. 1st Qu.  Median    Mean 3rd Qu.    Max.     NA's
-33.000  -3.000   0.000   9.445   9.000 981.000     2905
```

延误时间的均值大约为 10 分钟，而 16 小时这个值也已经超过了第三分位数，而中位数为 0，因此不难判断相对较大的均值是因为存在某些异常值的原因：

```
> library(lattice)
> bwplot(hflights$DepDelay)
```

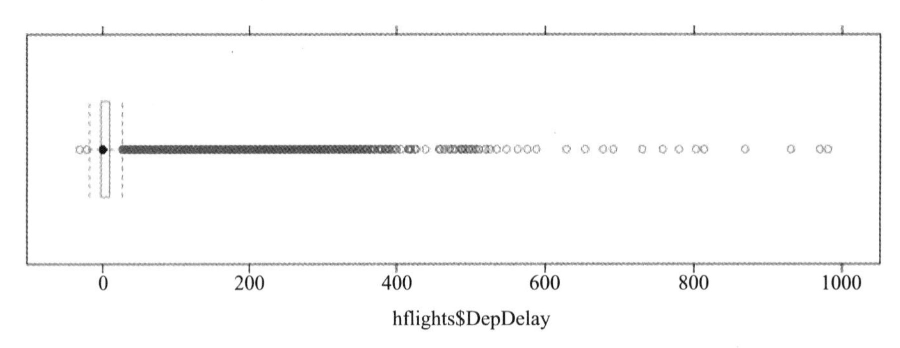

从上述气泡图输出可知，绝大多数航班都仅仅延误几分钟，四分位距大概为 10 分钟：

```
> IQR(hflights$DepDelay, na.rm = TRUE)
[1] 12
```

所有图中空心圈标出的点都有可能是异常值，因为它们和上四分位数的距离大于 1.5IQR，但是我们怎么用统计的方法检验这些结果呢？

异常值检验

outliers 包自带了一些异常值检验算法，例如：

- Dixon’s Q 检验（dixon.test）
- Grubb 检验（grubbs.test）
- 异常和正常方差（cochran.test）
- 卡方检验（chisq.out.test）

这些函数非常易于掌握和使用，只需要将向量传递给统计检验，显著性检验返回的 p 值就会清晰地指明数据是否存在异常值。例如，我们随机对 0 ~ 1 之间的 10 个值加上一个非常大的数字验证这个小样本中是否存在异常值：

```
> set.seed(83)
> dixon.test(c(runif(10), pi))

  Dixon test for outliers

data:  c(runif(10), pi)
Q = 0.7795, p-value < 2.2e-16
alternative hypothesis: highest value 3.14159265358979 is an outlier
```

但是，我们不能直接将这些函数应用到日常真实的数据集上，因为这些检验方法都假设数据样本服从正态分布，而实际的数据集很难满足这一要求：比起迅速到达目的地，航班更容易发生晚点。

因此，我们需要使用一些模糊方法，例如 mvoutlier 包，或者一些非常简单的方法，就像 Lund 40 年前就建议过的那样。该方法通过一个简单的线性回归，只计算每个值与均值的差值：

```
> model <- lm(hflights$DepDelay ~ 1)
```

现在只需要确认我们确实得到了和均值的差值：

```
> model$coefficients
(Intercept)
   9.444951
> mean(hflights$DepDelay, na.rm = TRUE)
[1] 9.444951
```

下面，基于F分布和两个辅助变量计算其临界值（其中a代表 α 的值，n代表样本数）：

```
> a <- 0.1
> (n <- length(hflights$DepDelay))
[1] 227496
> (F <- qf(1 - (a/n), 1, n-2, lower.tail = TRUE))
[1] 25.5138
```

将其代入Lund公式：

```
> (L <- ((n - 1) * F / (n - 2 + F))^0.5)
[1] 5.050847
```

下面求有多少值的标准残差要大于该临界值：

```
> sum(abs(rstandard(model)) > L)
[1] 1684
```

不过该如何从数据集中去掉这些孤立点呢？能不能规范化？有时对数据集进行一些人为的调整，就像填补缺失值或去掉孤立点，可能会得不偿失。

8.8 使用模糊方法

幸好，我们还可以用对异常值不敏感的模糊方法来分析数据集。这些模糊统计方法缘起于1960年，而一些和它们有关的知名算法出现的时间就更早了，包括使用中位数而非均值作为集中趋势等。如果数据集的分布不服从高斯曲线，就无法采用绝大多数传统的回归模型（参见本书第5章和第6章），而更适合使用模糊方法。

下面，我们先用传统线性回归方法，在给定带有部分缺失值的花瓣长度数据集上预测相应的花萼长度。为此，我们会用到前面定义好的miris数据集：

```
> summary(lm(Sepal.Length ~ Petal.Length, data = miris))

Call:
lm(formula = Sepal.Length ~ Petal.Length, data = miris)

Residuals:
     Min       1Q   Median       3Q      Max 
-1.26216 -0.36157  0.01461  0.35293  1.01933 

Coefficients:
             Estimate Std. Error t value Pr(>|t|)    
(Intercept)   4.27831    0.11721   36.50   <2e-16 ***
Petal.Length  0.41863    0.02683   15.61   <2e-16 ***
---
Signif. codes:  0 '***' 0.001 '**' 0.01 '*' 0.05 '.' 0.1 ' ' 1
```

```
Residual standard error: 0.4597 on 92 degrees of freedom
  (56 observations deleted due to missingness)
Multiple R-squared:  0.7258,  Adjusted R-squared:  0.7228
F-statistic: 243.5 on 1 and 92 DF,  p-value: < 2.2e-16
```

对花萼和花瓣长度比的预测为0.42，和真实值的差别不太大：

```
> lm(Sepal.Length ~ Petal.Length, data = iris)$coefficients
 (Intercept) Petal.Length
   4.3066034    0.4089223
```

预测值和实际系数的差别在于该数据集在前面被人为地引入了缺失值。那么还能得到更好的预测结果吗？我们也可以采用前面介绍过的任意一种填补缺失值的方法，或者采用MASS包提供的模糊线性回归方法，利用Petal.Length变量预测Sepal.Length的值：

```
> library(MASS)
> summary(rlm(Sepal.Length ~ Petal.Length, data = miris))

Call: rlm(formula = Sepal.Length ~ Petal.Length, data = miris)
Residuals:
     Min       1Q   Median       3Q      Max
-1.26184 -0.36098  0.01574  0.35253  1.02262

Coefficients:
             Value   Std. Error t value
(Intercept)   4.2739  0.1205    35.4801
Petal.Length  0.4195  0.0276    15.2167

Residual standard error: 0.5393 on 92 degrees of freedom
  (56 observations deleted due to missingness)
```

下面比较从原始（完整）和仿真（带缺失值）的两个数据集得到的模型系数：

```
> f <- formula(Sepal.Length ~ Petal.Length)
> cbind(
+     orig =  lm(f, data = iris)$coefficients,
+     lm   =  lm(f, data = miris)$coefficients,
+     rlm  = rlm(f, data = miris)$coefficients)
                  orig        lm       rlm
(Intercept)  4.3066034 4.2783066 4.2739350
Petal.Length 0.4089223 0.4186347 0.4195341
```

老实说，标准线性回归方法与模糊线性回归方法两者的结果没有太大差别，有点奇怪是不是？这是因为数据集包含的缺失值完全是随机的，但如果数据集的缺失值是其他类型或者还有孤立点，又会怎样呢？下面，我们通过模仿一些脏数据（将第一个观测样本的花萼长度由 1.4 改为 14——假定存在数据录入错误）再次检验：

```
> miris$Sepal.Length[1] <- 14
> cbind(
+     orig = lm(f, data = iris)$coefficients,
+     lm   = lm(f, data = miris)$coefficients,
+     rlm  = rlm(f, data = miris)$coefficients)
                  orig        lm       rlm
(Intercept)  4.3066034 4.6873973 4.2989589
Petal.Length 0.4089223 0.3399485 0.4147676
```

lm 模型的性能下降很快，而模糊模型的系数基本上能忽略掉孤立点的影响，从而和原来的模型差不多。可以得出结论：当存在异常值时，模糊方法是一个强有力的工具！更多其他已经在 R 中实现了的方法，请参考有关的 CRAN Task View，网址为 http://cran.rproject.org/web/views/Robust.html。

8.9 小结

本章探讨了数据清洗中的一些难题，重点讨论了缺失值和异常值的处理。根据问题领域不同，缺失值既可以是很少见的问题也可以是很常见的问题（例如，我过去曾碰到过一些项目，将正则表达式应用到 JSON 文件使其合乎要求）。不过我确信不管读者来自哪一个领域，都会对下一章的内容感兴趣——因为下一章我们将开始了解多元变量统计技术。

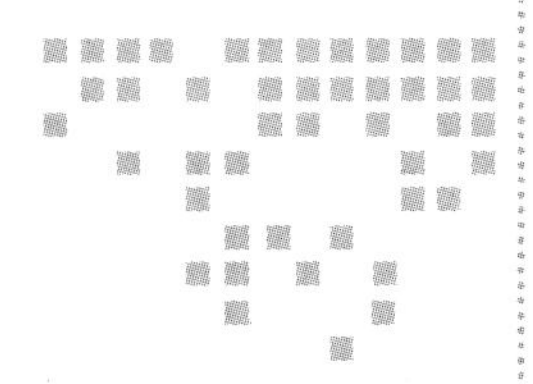

第9章 Chapter 9

从大数据到小数据

现在我们的数据集已经清洗干净可以用于分析了。首先看一下高维数据该如何处理，本章将介绍一些用于降维和特征抽取的统计技术，包括：

- **主成分分析**（Principal Component Analysis，PCA）
- **因子分析**（Factor Analysis，FA）
- **多维尺度分析**（Multidimensional Scaling，MDS）以及其他一些技术

绝大多数降维方法要求在数据集中有两个或多个数值变量间存在关联或相关性，因此样例矩阵中的列之间不是完全相互独立的。此时，降维的主要目的是减少数据集列变换到矩阵秩的个数，或者换句话说，在变量数减少的同时不损害包含的信息。线性代数中，矩阵的秩是指矩阵向量空间的维数——或者，更简单的说法是，在一个二次矩阵中，相互独立的行列个数。通过一个简单样例能更好地理解秩的概念：假设有一个学生数据集，包含了性别、年龄及出生日期。该数据集中因为可以从出生日期计算得到年龄值（通过线性变换），因此存在冗余。类似的，在 hflights 数据集中，年份变量也是静态的（不会发生变化），而飞行时间可以通过起飞时间和到达时间计算得到。

以上这些变换基本都是着重于确定变量间的公因子方差，不包括剩下的总体（单位）方差。结果数据集包含的列较少，更易于维护和处理，但是付出的代价是有可能丢失掉部分信息，并且会产生新的变量，这些变量与原始列相比更不容易理解。

如果存在完全的一一对应关系，则相关的所有变量都可以被忽略，因为它们无法提供数据集的额外信息。尽管这种现象不常发生，但在大多数情况下，从某个问题集中仅抽取一个或少数几个成分是完全可以接受的，例如在进行某些更进一步的分析时。

9.1 充分性测试

当准备进行数据降维或在对数据集进行多元变量统计分析希望找到潜在变量时，首先应该考虑，变量是否存在相互关系以及数据是否服从正态分布。

9.1.1 正态性

正态性不是一个必须要满足的条件。如果没有满足多元正态分布，PCA 的结果依然是合法并且能被解释的，但进行最大似然因子分析又必须要求满足正态性。

读者应该基于数据特性，永远使用合适的方法来完成数据分析。

无论如何，我们可以使用（例如）qqplot 对变量做组合分析，用 qqnorm 做单变量正态分布检验。我们先通过 hflights 的子集上来演示检验过程：

```
> library(hlfights)
> JFK <- hflights[which(hflights$Dest == 'JFK'),
+                 c('TaxiIn', 'TaxiOut')]
```

我们通过筛选仅保留了前往纽约肯尼迪（John F. Kennedy）国际机场的航班，其中只有两个变量让我们感兴趣：按分钟计时的滑行时间和离地时间。之前命令中使用的传统“[”记号可以被更容易理解的子集（subset）形式替换：

```
> JFK <- subset(hflights, Dest == 'JFK', select = c(TaxiIn, TaxiOut))
```

请注意，现在还没有必要在 subset 调用中引用变量名或指定数据框的名称。更多相关细节，请参考本书第 3 章。下面来看一下这两列数据值的分布：

```
> par(mfrow = c(1, 2))
> qqnorm(JFK$TaxiIn, ylab = 'TaxiIn')
> qqline(JFK$TaxiIn)
> qqnorm(JFK$TaxiOut, ylab = 'TaxiOut')
> qqline(JFK$TaxiOut)
```

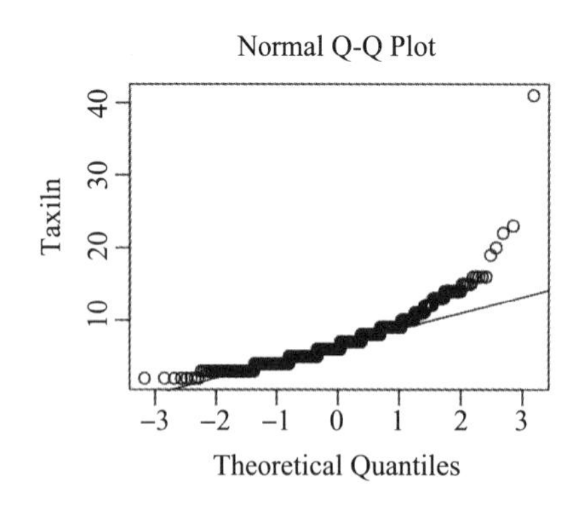

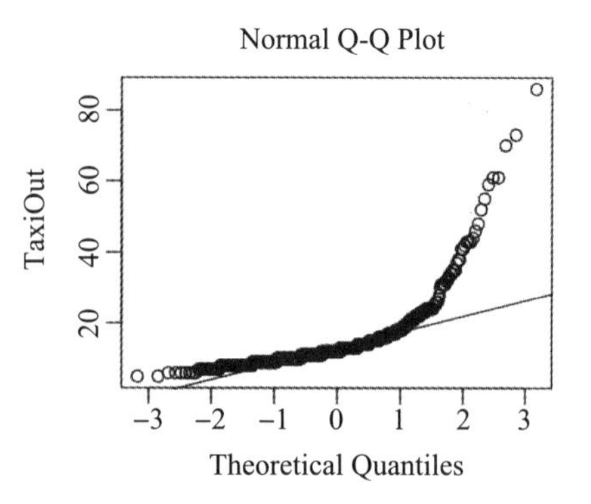

为了绘出上面的示意图，我们创建了一个新的图形设备（用函数 par 将两个示意图放在一行），然后调用 qqnorm，展示经验变量分位数和正态分布的差别，同时调用 qqline 在散点图中增加一条趋势直线，以利于比较。如果数据如前成比例，qqline 会生成一条 45 度的直线。

观察 QQ 图会发现，数据没有完全服从正态分布，这个结论也可以通过 Shapiro-Wilk 正态检验得到验证：

```
> shapiro.test(JFK$TaxiIn)

  Shapiro-Wilk normality test

data:  JFK$TaxiIn
W = 0.8387, p-value < 2.2e-16
```

P 值很小，因此原假设（数据服从正态分布）不成立。但如果我们不想使用单个的统计检验又该怎么判断多个变量的正态分布性呢？

9.1.2　多元变量正态性

多元变量的正态分布检验也差不多，这些方法提供了不同的途径来验证数据是否服从多元变量正态分布。现在，我们将使用 MVN 包，在 mvnormtest 包里面也可以找到类似的方法。后者还包括前面提到过的 Shapiro-Wilk 检验的多元变量版本。

Mardia 测试经常被应用于检验多元变量正态性，而且该方法不需要限制样本数据集的规模在 5000 以内。当装载好 MVN 包，处理好数据集中的缺失值后，最直接的方法是调用合适的 R 函数，可以得到自然合理的解释：

```
> JFK <- na.omit(JFK)
> library(MVN)
> mardiaTest(JFK)
   Mardia's Multivariate Normality Test
---------------------------------------
   data : JFK

   g1p            : 20.84452
   chi.skew       : 2351.957
   p.value.skew   : 0

   g2p            : 46.33207
   z.kurtosis     : 124.6713
   p.value.kurt   : 0

   chi.small.skew : 2369.368
```

```
  p.value.small   : 0

  Result           : Data is not multivariate normal.
---------------------------------------
```

更多处理和筛选缺失值的方法，请查看本书第 8 章。

在三个 p 值中，第三个 p 值对应的情况样本规模非常小（< 20），因此我们现在将注意力主要放在前两个值上，它们均小于 0.05。这意味着数据看起来不服从多元变量正态分布。麻烦源自 Mardia 在某些情况下检验效果不佳，因此需要更为模糊的方法。

MVN 包也支持 Henze-Zirkler 和 Royston 多元变量正态分布检验方法，使用起来也很简单：

```
> hzTest(JFK)
  Henze-Zirkler's Multivariate Normality Test
---------------------------------------------
  data : JFK

  HZ      : 42.26252
  p-value : 0

  Result  : Data is not multivariate normal.
---------------------------------------------

> roystonTest(JFK)
  Royston's Multivariate Normality Test
---------------------------------------------
  data : JFK

  H       : 264.1686
  p-value : 4.330916e-58

  Result  : Data is not multivariate normal.
---------------------------------------------
```

检验多元变量正态分布可视化效果更好的方法是绘制 QQ 图，我们前面已经尝试过该方法。和仅用理论上的正态分布去比较一个变量不同，我们首先需要计算变量间的马氏距离（Mahalanobis distance），结果应该符合卡方分布，自由度等于变量个数。MVN 包能够自动算出所有需要的值，再调用前面介绍过的任意一种正态分布检验函数进行比较，将 qqplot 参数设置为 TRUE 可得到最终图形。

```
> mvt <- roystonTest(JFK, qqplot = TRUE)
```

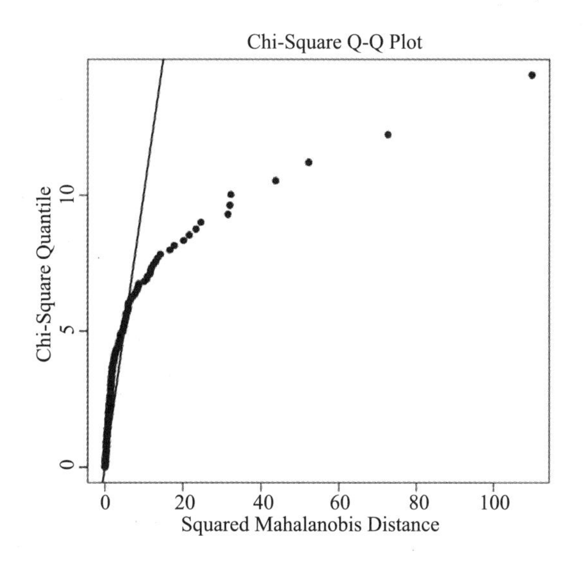

如果数据集是正态分布的，输出的结果图中数据点应该能较好地拟合直线。基于前面创建的 mvt 对象，还可以采用另外一种效果更好、使用更简单的显示方法——mvnPlot 函数，它能绘制两个变量的透视图和等高线图，为检验双变量正态分布提供了更直观的方法：

```
> par(mfrow = c(1, 2))
> mvnPlot(mvt, type = "contour", default = TRUE)
> mvnPlot(mvt, type = "persp", default = TRUE)
```

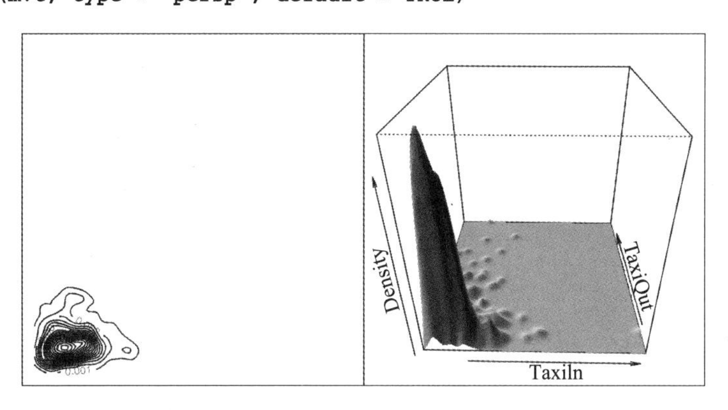

在右图中，我们可以在透视图中观察到两个变量的经验分布，绝大多数变量分布在图形的左下角，这意味着绝大多数航班的 TaxiIn 和 TaxiOut 时间都很短，形成了重尾分布。左图展现了一个类似的图形，但是是以鸟类的眼光：等高线代表了与右边 3D 图形的交叉，图中多元变量正态分布看起来更集中，有点像 2 维的钟形曲线：

```
> set.seed(42)
> mvt <- roystonTest(MASS::mvrnorm(100, mu = c(0, 0),
+          Sigma = matrix(c(10, 3, 3, 2), 2)))
> mvnPlot(mvt, type = "contour", default = TRUE)
> mvnPlot(mvt, type = "persp", default = TRUE)
```

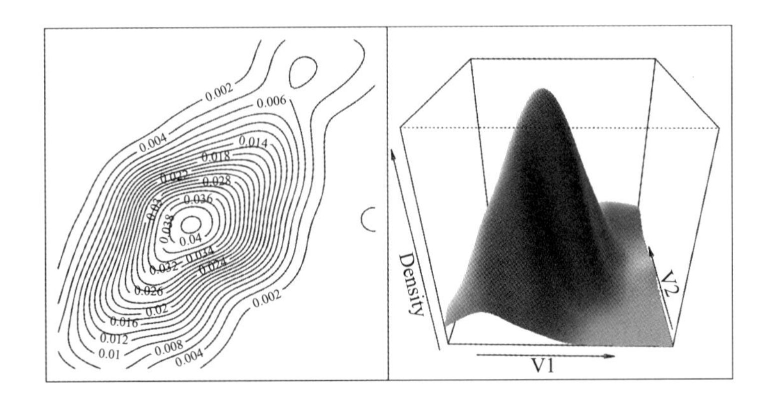

参见本书第13章，绘制空间数据的等高图。

9.1.3 变量间的依赖关系

除了正态性，当应用降维法时，我们还希望数据间能存在高度关联。这是因为，如果变量间不存在统计相关，那么PCA返回的结果就和数据没转换前差不多。

为此，我们来观察一下hflights数据集中数值变量之间有什么关联关系（输出是一个大矩阵，将在这里被压缩处理）：

```
> hflights_numeric <- hflights[, which(sapply(hflights, is.numeric))]
> cor(hflights_numeric, use = "pairwise.complete.obs")
```

在前面的样例中，我们创建了一个新的R对象以存放hflights数据框中全部的数值型变量，不包括5个字符型向量。我们调用run成组地去掉缺失值，最后结果返回了一个16行16列的矩阵：

```
> str(cor(hflights_numeric, use = "pairwise.complete.obs"))
 num [1:16, 1:16] NA NA NA NA NA NA NA NA NA NA ...
 - attr(*, "dimnames")=List of 2
  ..$ : chr [1:16] "Year" "Month" "DayofMonth" "DayOfWeek" ...
  ..$ : chr [1:16] "Year" "Month" "DayofMonth" "DayOfWeek" ...
```

在得到的关联矩阵中，缺失值的数目看起来很高，这是因为数据均源自2011年，因此，标准方差为零。最好从数据集中去掉包括Year在内的非数值型变量——不光是去掉数值变量，还要检查方差：

```
> hflights_numeric <- hflights[,which(
+     sapply(hflights, function(x)
+         is.numeric(x) && var(x, na.rm = TRUE) != 0))]
```

现在缺失值减少了很多：

```
> table(is.na(cor(hflights_numeric, use = "pairwise.complete.obs")))
FALSE  TRUE
  209    16
```

尽管已经做了处理，为什么数据集中还存在缺失值呢？这是因为，执行上述命令时会产生一条警告信息，我们稍后会解释这个问题：

```
Warning message:
In cor(hflights_numeric, use = "pairwise.complete.obs") :
  the standard deviation is zero
```

下面我们将实际数字放入 15×15 的关联矩阵进行分析，实际矩阵规模太大没办法在一页中表达。因此，我们没有显示最开始 cor 的执行结果，而是使用 ellipse 包的图形功能对这 225 个数字进行了可视化处理：

```
> library(ellipse)
> plotcorr(cor(hflights_numeric, use = "pairwise.complete.obs"))
```

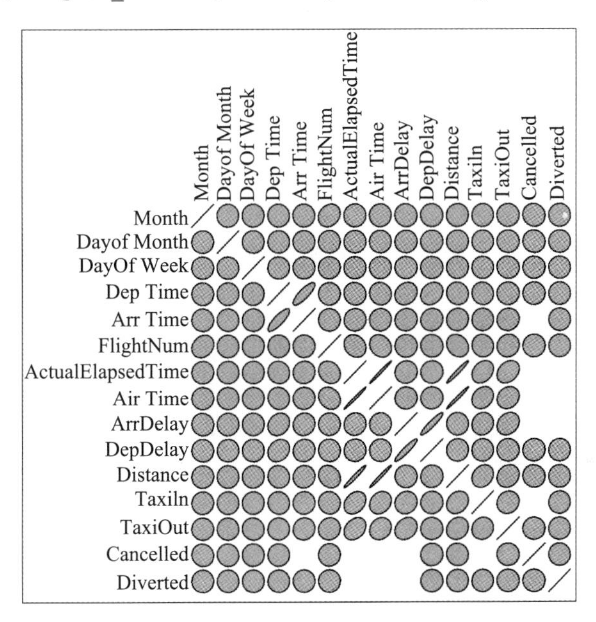

现在可以通过查看用椭圆代表的关联矩阵的值，其中：

- 标准的圆代表相关系数为 0
- 面积较小的椭圆对应的相关系数较大
- 切线代表系数的负 / 正

为了更好地帮助读者理解上面的结果，我们再用较少一些的人工生成的数据绘制一个类似的更容易理解的图：

```
> plotcorr(cor(data.frame(
+     1:10,
+     1:10 + runif(10),
+     1:10 + runif(10) * 5,
+     runif(10),
```

```
+       10:1,
+       check.names = FALSE)))
```

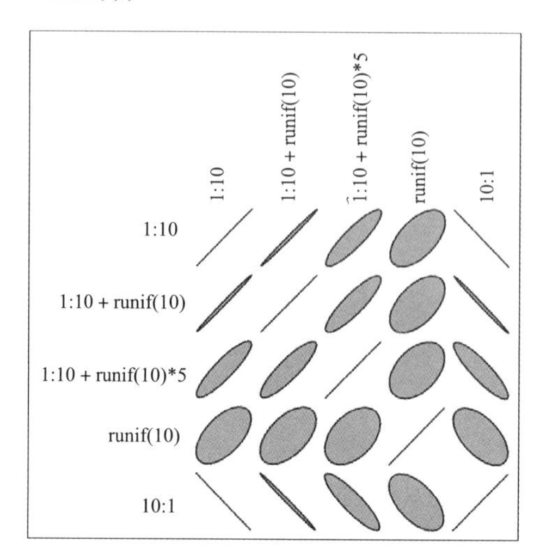

可以用 corrgram 包生成上图的关联矩阵示意图。

但现在让我们回到 hflights 数据集！在前面的图中，一些很窄的椭圆代表和时间相关的变量，说明其相关性很强，即使是 Month 变量也和 FlightNum 存在些许关联：

```
> cor(hflights$FlightNum, hflights$Month)
[1] 0.2057641
```

另一方面，图中显示的更多的是标准圆，这意味着变量间相关系数为零，即很多变量之间没有相关性，因此对原始数据集进行主成分分析意义不大，因为公共方差比例很低。

9.1.4 KMO 和 Barlett 检验

我们可以借助一些统计检验对低共同度的假设进行验证。SAS 和 SPSS 这些软件倾向使用 KMO 和 Barlett 检验来判断数据是否适合做 PCA。这两种检验方法都能应用于 R，例如，通过 psych 包：

```
> library(psych)
> KMO(cor(hflights_numeric, use = "pairwise.complete.obs"))
Error in solve.default(r) :
 system is computationally singular: reciprocal condition number = 0
In addition: Warning message:
In cor(hflights_numeric, use = "pairwise.complete.obs") :
 the standard deviation is zero
matrix is not invertible, image not found
Kaiser-Meyer-Olkin factor adequacy
Call: KMO(r = cor(hflights_numeric, use = "pairwise.complete.obs"))
Overall MSA = NA
```

```
MSA for each item =
      Month    DayofMonth     DayOfWeek
        0.5         0.5         0.5
     DepTime       ArrTime      FlightNum
        0.5         NA         0.5
ActualElapsedTime         AirTime       ArrDelay
         NA         NA         NA
     DepDelay      Distance        TaxiIn
        0.5         0.5          NA
     TaxiOut      Cancelled      Diverted
        0.5         NA         NA
```

麻烦的是，Overall MSA（Measure of Sampling Adequacy，抽样充分性测度，代表了变量之间平均关联）没办法在前面的输出中找到，这是因为相关矩阵中存在缺失值。下面，让我们选择一组相关系数为NA的变量进行进一步分析！从前面的图形中可以很容易找到这样的变量对，如果存在缺失值，则既不是圆也不是椭圆，例如Cancelled和AirTime：

```
> cor(hflights_numeric[, c('Cancelled', 'AirTime')])
          Cancelled AirTime
Cancelled         1      NA
AirTime          NA       1
```

可以通过事实来分析，如果某个航班被取消了，则其在空中的时间变化不大，或者说，该时间值不可得：

```
> cancelled <- which(hflights_numeric$Cancelled == 1)
> table(hflights_numeric$AirTime[cancelled], exclude = NULL)
<NA>
2973
```

因此，由于取值NA，我们在调用cor时会遇见缺失值，类似地，当进行缺失值处理时，也会得到NA，因为只有没有被取消的航班保留在数据集中，因此对于被取消掉的航班，其方差为零：

```
> table(hflights_numeric$Cancelled)
     0      1
224523   2973
```

我们最好从数据集中先去掉Cancelled变量，然后再开始进行上面的假设检验，因为在变量中包含的信息也可以从数据集的其他变量中获得。或者，换句话而言，被Cancelled的变量，能够通过其他列进行线性变换得到，因此在后面的分析中可以被忽略：

```
> hflights_numeric <- subset(hflights_numeric, select = -Cancelled)
```

下面再来看看在关联矩阵中是否还有缺失值：

```
> which(is.na(cor(hflights_numeric, use = "pairwise.complete.obs")),
+   arr.ind = TRUE)
                  row col
```

```
Diverted           14   7
Diverted           14   8
Diverted           14   9
ActualElapsedTime   7  14
AirTime             8  14
ArrDelay            9  14
```

看起来 Diverted 列也遇到了类似的问题，当航班延误时，没办法获得其他三个变量的值。重新建一个子集，就可以对整个关联矩阵进行 KMO 检验了：

```
> hflights_numeric <- subset(hflights_numeric, select = -Diverted)
> KMO(cor(hflights_numeric[, -c(14)], use = "pairwise.complete.obs"))
Kaiser-Meyer-Olkin factor adequacy
Call: KMO(r = cor(hflights_numeric[, -c(14)], use = "pairwise.complete.
obs"))
Overall MSA =  0.36
MSA for each item =
            Month        DayofMonth          DayOfWeek
             0.42              0.37               0.35
          DepTime           ArrTime          FlightNum
             0.51              0.49               0.74
ActualElapsedTime           AirTime           ArrDelay
             0.40              0.40               0.39
         DepDelay          Distance             TaxiIn
             0.38              0.67               0.06
          TaxiOut
             0.06
```

Overall MSA 也被称为 Kaiser-Meyer-Olkin（KMO）值，取值范围为 0 ~ 1，它的大小说明了变量间的偏相关性是否足够小，从而不会影响到后面的数据降维。下表展示了由 Kaiser 提出的一个普遍的 KMO 分级系统或经验规则：

值	说明
KMO < 0.5	极不适合
0.5 < KMO < 0.6	不太适合
0.6 < KMO < 0.7	一般
0.7 < KMO < 0.8	适合
0.8 < KMO < 0.9	很适合
KMO > 0.9	非常适合

如果 KMO 值小于 0.5 被认为不可接受，它意味着由关联矩阵计算得到的偏相关建议变量间关联性不强，不适合降维及建立潜在变量模型。

尽管去掉一些 MSA 值较低的变量能够改善 Overall MSA，我们也可以建立一些更合适的模型，但为了教学方便，我们目前不会再把时间花在数据转换上，接下来仍旧使用在本书

第 3 章介绍过的 mtcars 数据集：

```
> KMO(mtcars)
Kaiser-Meyer-Olkin factor adequacy
Call: KMO(r = mtcars)
Overall MSA =  0.83
MSA for each item =
 mpg  cyl disp   hp drat   wt qsec   vs   am gear carb
0.93 0.90 0.76 0.84 0.95 0.74 0.74 0.91 0.88 0.85 0.62
```

看起来用 mtcars 数据集来做多元变量统计分析再合适不过了。通过 Bartlett 检验也可以得到类似的结论，该检验主要是判断关联矩阵是否和某个单位矩阵类似，或者换句话说，判断变量之间是否存在统计关联。另外，如果关联矩阵在对角线以外的值都为 0，变量间是相互独立的，因此也不用考虑多元变量类的方法了。psych 包提供了一个非常容易掌握的函数来实现 Bartlett 检验：

```
> cortest.bartlett(cor(mtcars))
$chisq
[1] 1454.985

$p.value
[1] 3.884209e-268

$df
[1] 55
```

结果的 p 值非常低，因此 Bartlett 检验的原假设应该被拒绝，这意味着关联矩阵和单位矩阵差别很大，因此变量之间的相关系数看起来是 1 而非 0，这和前面 KMO 值很大的判断也是吻合的。

在开始介绍实际的统计方法之前，请注意，尽管前面探讨的假设在很多情况下都有意义，也应该作为通用规则去执行，但并不是一定要使用 KMO 和 Bartlett 检验。高的共同度对因子分析及其他潜在模型都非常重要，而 PCA 则属于一种数学变换，即使在 KMO 值很低的情况下也可以使用。

9.2 主成分分析

对数据科学家而言，在高维数据库中寻找影响最大的因素是一项具有挑战性的工作。这种时候该**主成分分析**（Principal Component Analysis，PCA）登台了：它能找到数据中的核心成分。该方法由 Karl Pearson 在 100 多年前提出，在诸多领域都有应用。

PCA 的目标是借助正交变换，用更有意义的结构来解释数据。线性变换趋向于用人为定义的向量空间基来揭示数据集的内部结构，换句话说，就是从原始数据集计算得到新的变量，而这些新产生的变量将包含原始变量的方差，按降序排列。

可以通过对协方差矩阵、关联矩阵进行特征值分解（R-PCA），或者奇异值分解（Q-PCA）两种方式完成。每种模型都有其自身优势，例如计算性能，资源利用等，在将关联矩阵应用于特征值分解时，能够在进行 PCA 处理之前避免数据的提前标准化。

无论采用哪一种方法，PCA 都能得到一个维数更少的数据集，其中无关的主成分是由原始变量的线性组合产生。而这种有意义的模式又能在数据分析的时候对确定变量间结构提供很大帮助，因此 PCA 经常被用于探索性数据分析任务中。

PCA 处理的结果包含了和从原始数据集中抽取的主成分数一样多的变量，其中第一主成分方差最大，往往包含了绝大部分信息，因此在描述原始数据集时重要性最高，而最后一个成分通常仅包含某个单一原始数据集变量很少的信息。基于此，我们通常仅保留 PCA 的头几个主成分用于进一步的分析，不过本书也会介绍一些有关单位变异数提取值的案例。

9.2.1 PCA 算法

R 提供了多种函数实现 PCA。用 eigen 和 svd 都可以分别进行 R-PCA 或 Q-PCA 计算得到主成分，简单起见，我们将介绍一些级别更高的函数。作为曾是统计学教师的我认为比起花很多时间探讨这些方法的线性代数背景知识，不如将重点放在执行分析和解释结果上——特别是在时间和篇幅都有限的情况下。

R-PCA 可以使用 psych 包的 princomp 或 principal 函数实现，而更多人喜欢的 Q-PCA 可以使用 prcomp 函数实现。我们下面将重点介绍 Q-PCA，来看一下 mtcars 数据集包含了哪些成分：

```
> prcomp(mtcars, scale = TRUE)
Standard deviations:
 [1] 2.57068 1.62803 0.79196 0.51923 0.47271 0.46000 0.36778 0.35057
 [9] 0.27757 0.22811 0.14847

Rotation:
          PC1       PC2       PC3        PC4       PC5       PC6
mpg  -0.36253  0.016124 -0.225744 -0.0225403  0.102845 -0.108797
cyl   0.37392  0.043744 -0.175311 -0.0025918  0.058484  0.168554
disp  0.36819 -0.049324 -0.061484  0.2566079  0.393995 -0.336165
hp    0.33006  0.248784  0.140015 -0.0676762  0.540047  0.071436
drat -0.29415  0.274694  0.161189  0.8548287  0.077327  0.244497
wt    0.34610 -0.143038  0.341819  0.2458993 -0.075029 -0.464940
qsec -0.20046 -0.463375  0.403169  0.0680765 -0.164666 -0.330480
vs   -0.30651 -0.231647  0.428815 -0.2148486  0.599540  0.194017
am   -0.23494  0.429418 -0.205767 -0.0304629  0.089781 -0.570817
gear -0.20692  0.462349  0.289780 -0.2646905  0.048330 -0.243563
carb  0.21402  0.413571  0.528545 -0.1267892 -0.361319  0.183522
          PC7        PC8       PC9      PC10       PC11
mpg  0.367724 -0.7540914  0.235702  0.139285 -0.1248956
```

```
cyl   0.057278 -0.2308249  0.054035 -0.846419 -0.1406954
disp  0.214303  0.0011421  0.198428  0.049380  0.6606065
hp   -0.001496 -0.2223584 -0.575830  0.247824 -0.2564921
drat  0.021120  0.0321935 -0.046901 -0.101494 -0.0395302
wt   -0.020668 -0.0085719  0.359498  0.094394 -0.5674487
qsec  0.050011 -0.2318400 -0.528377 -0.270673  0.1813618
vs   -0.265781  0.0259351  0.358583 -0.159039  0.0084146
am   -0.587305 -0.0597470 -0.047404 -0.177785  0.0298235
gear  0.605098  0.3361502 -0.001735 -0.213825 -0.0535071
carb -0.174603 -0.3956291  0.170641  0.072260  0.3195947
```

请注意，我们调用 prcomp 时将参数 scale 的值设置为 TRUE，而为了向后兼容 S 语言，该参数默认值为 FALSE。通常建议标准化。使用标准化选项保证标准化后进行 PCA 与处理前是等价的，就像：prcomp (scale(mtcars))，得到以单位方差表示的数据。

prcomp 首先返回主成分的标准差，该值展示了 11 个主成分所保留的信息量，第一个主成分的标准差要比其他值大得多，大概能够解释 60% 的变量：

```
> summary(prcomp(mtcars, scale = TRUE))
Importance of components:
                         PC1   PC2   PC3    PC4    PC5    PC6    PC7
Standard deviation     2.571 1.628 0.792 0.5192 0.4727 0.4600 0.3678
Proportion of Variance 0.601 0.241 0.057 0.0245 0.0203 0.0192 0.0123
Cumulative Proportion  0.601 0.842 0.899 0.9232 0.9436 0.9628 0.9751
                          PC8   PC9    PC10  PC11
Standard deviation     0.3506 0.278 0.22811 0.148
Proportion of Variance 0.0112 0.007 0.00473 0.002
Cumulative Proportion  0.9863 0.993 0.99800 1.000
```

除了第一个成分，只有第二个成分的标准差大于 1，也就是说只需要前两个成分就差不多能包含原始变量的信息。或者换句话说，也就是只有前两个变量的特征值大于 1。可以通过计算主成分的标准差平方得到特征值，求和后如期望一样得到原始变量数：

```
> sum(prcomp(scale(mtcars))$sdev^2)
[1] 11
```

9.2.2 确定成分数

PCA 算法计算得到的主成分个数通常会与原始数据集中变量数相同，并按重要程度降序排列。

一般而言，我们可以简单地只保留标准差大于 1 的成分，也即那些包含的方差信息和原始变量一样多的成分：

```
> prcomp(scale(mtcars))$sdev^2
 [1] 6.608400 2.650468 0.627197 0.269597 0.223451 0.211596 0.135262
 [8] 0.122901 0.077047 0.052035 0.022044
```

11 个成分中仅有 2 个成分符合要求，累计方差贡献率为 85%：

```
> (6.6 + 2.65) / 11
[1] 0.8409091
```

另外也可以借助碎石图（scree plot）这个非常棒的可视化工具来选择成分数。psych 包提供了两个函数 scree 和 VSS.scree 来实现这个功能：

```
> VSS.scree(cor(mtcars))
```

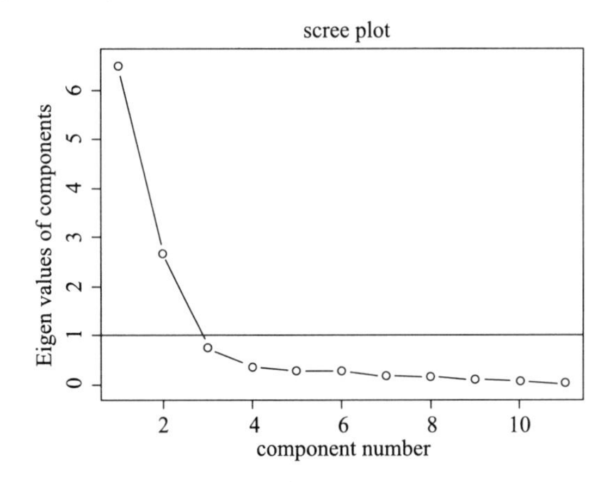


```
> scree(cor(mtcars))
```

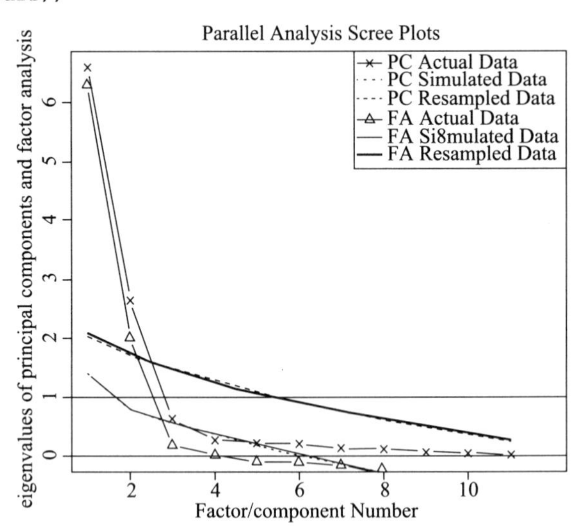

以上两个图的唯一差别在于 scree 函数的输出结果除了 PCA 还包含了因子分析的特征值。本章 9.3 节将重点介绍该方法。

如结果图所示，VSS.scree 提供了主成分特征值的可视化效果，特征值等于 1 处的水平线高亮显示了分界点，这通常被称为 Kaiser 准则。

除了上述经验法则，我们也可以使用 Elbow 规则，该规则将点连成的线段看成是肘关节，最优主成分个数所对应的点位于手肘弯曲的地方。所以，只需要在碎石图中找到线段开始变得平缓的分界点即可，而在样例图中，选择 3 个主成分比用 Kaiser 准则选出的 2 个主成分更合适。

除了 Cattell 的碎石检验，我们还可以将前面获得的主成分在增加一点随机样本数据后再来比较，以确定应该保留的最佳主成分个数：

```
> fa.parallel(mtcars)
```

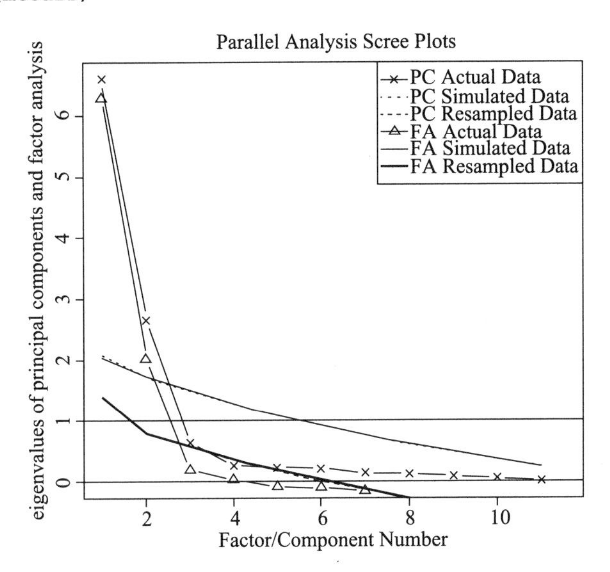


```
Parallel analysis suggests that the number of factors = 2
and the number of components =  2
```

现在我们使用统计工具已经得到了更合适的主成分个数，从之前的 11 个变量改为现在的 2 个变量，太棒了！但是这些人为生成的变量到底代表什么意思呢？

9.2.3　成分解释

降维带来的唯一困惑就是到底该怎么理解这些新生成的、高度压缩的、变形后的数据，现在我们采用 PC1 和 PC2 两个变量来描述 32 台汽车样本：

```
> pc <- prcomp(mtcars, scale = TRUE)
> head(pc$x[, 1:2])
                    PC1      PC2
Mazda RX4     -0.646863  1.70811
Mazda RX4 Wag -0.619483  1.52562
```

```
Datsun 710          -2.735624 -0.14415
Hornet 4 Drive      -0.306861 -2.32580
Hornet Sportabout    1.943393 -0.74252
Valiant             -0.055253 -2.74212
```

这些值都是通过将原始数据集与变量系数相乘得到，也被称为主成分载荷（rotation）或成分矩阵，它是一个标准的线性变换：

```
> head(scale(mtcars) %*% pc$rotation[, 1:2])
                          PC1      PC2
Mazda RX4           -0.646863  1.70811
Mazda RX4 Wag       -0.619483  1.52562
Datsun 710          -2.735624 -0.14415
Hornet 4 Drive      -0.306861 -2.32580
Hornet Sportabout    1.943393 -0.74252
Valiant             -0.055253 -2.74212
```

所有变量都进行了标准化，均值为 0，标准差如上所述：

```
> summary(pc$x[, 1:2])
      PC1                PC2
 Min.   :-4.187   Min.   :-2.742
 1st Qu.:-2.284   1st Qu.:-0.826
 Median :-0.181   Median :-0.305
 Mean   : 0.000   Mean   : 0.000
 3rd Qu.: 2.166   3rd Qu.: 0.672
 Max.   : 3.892   Max.   : 4.311
> apply(pc$x[, 1:2], 2, sd)
   PC1    PC2
2.5707 1.6280
> pc$sdev[1:2]
[1] 2.5707 1.6280
```

PCA 得分经过标准化处理，因为它常返回的值被转换为新的带正交基的坐标系统，意味着这些成分彼此之间既不相关也未标准化：

```
> round(cor(pc$x))
     PC1 PC2 PC3 PC4 PC5 PC6 PC7 PC8 PC9 PC10 PC11
PC1    1   0   0   0   0   0   0   0   0    0    0
PC2    0   1   0   0   0   0   0   0   0    0    0
PC3    0   0   1   0   0   0   0   0   0    0    0
PC4    0   0   0   1   0   0   0   0   0    0    0
PC5    0   0   0   0   1   0   0   0   0    0    0
PC6    0   0   0   0   0   1   0   0   0    0    0
PC7    0   0   0   0   0   0   1   0   0    0    0
PC8    0   0   0   0   0   0   0   1   0    0    0
```

```
PC9    0  0  0  0  0  0  0  0  1  0  0
PC10   0  0  0  0  0  0  0  0  0  1  0
PC11   0  0  0  0  0  0  0  0  0  0  1
```

为明确每个主成分的实际意义，检查载荷矩阵非常有帮助：

```
> pc$rotation[, 1:2]
          PC1       PC2
mpg  -0.36253  0.016124
cyl   0.37392  0.043744
disp  0.36819 -0.049324
hp    0.33006  0.248784
drat -0.29415  0.274694
wt    0.34610 -0.143038
qsec -0.20046 -0.463375
vs   -0.30651 -0.231647
am   -0.23494  0.429418
gear -0.20692  0.462349
carb  0.21402  0.413571
```

可能用图表来说明上面的分析表更能解决问题，调用 biplot 函数，不但可以显示原始变量，还可以在同一张图上展示基于主成分的新坐标系（箭头标记）：

```
> biplot(pc, cex = c(0.8, 1.2))
> abline(h = 0, v = 0, lty = 'dashed')
```

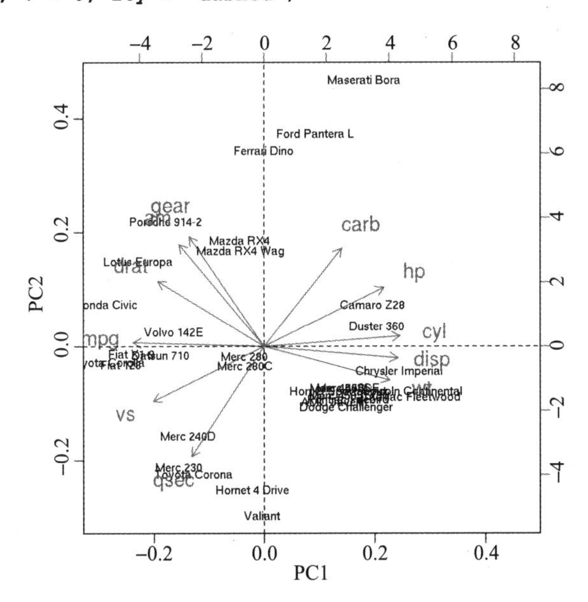

可以得出 PC1 包含的信息绝大多数来自变量气缸数目（cyl）、排气量（disp）、重量（weight）、油耗（mpg），通过检查 PC1 轴的最大和最小值，看起来油耗降低了 PC1 的值。类似的，由观察结果可知 PC2 包括加速度（qsec）、档位（gear）、化油器（carb）和变速器类型

(am)。为确定上述结论，我们可以计算得到原始变量和主成分的相关系数：

```
> cor(mtcars, pc$x[, 1:2])
          PC1       PC2
mpg  -0.93195  0.026251
cyl   0.96122  0.071216
disp  0.94649 -0.080301
hp    0.84847  0.405027
drat -0.75617  0.447209
wt    0.88972 -0.232870
qsec -0.51531 -0.754386
vs   -0.78794 -0.377127
am   -0.60396  0.699103
gear -0.53192  0.752715
carb  0.55017  0.673304
```

不过这有意义吗？该怎么给PC1和PC2命名呢？气缸数目和排气量看起来都属于引擎的参数，而重量和车身关联更多，油耗则与这两者都有关联。另一个主成分包含的变量主要与悬挂系统相关，不过也涵盖了速度的信息，更不用说在前面的矩阵中还存在一大堆一般的关联关系。现在该怎么办呢？

9.2.4 旋转方法

基于旋转都是在子空间实现的这一事实，因此，与前面讨论的PCA相比，旋转方法通常只能得到次优解，这意味着旋转后新的坐标轴能解释的方差比原始成分少。

另一方面，旋转简化了成分的结构，使得其更易于理解，结果更易于解释。因此在实际中我们经常会用到这些方法。

旋转方法可以（确实被）经常应用到PCA和FA（稍后详细讨论）中，一般常用的是正交变换。

存在两类主要的旋转：

- 正交（Orthogonal），新轴之间相互垂直，成分/因子之间没有相关性。
- 斜交（Oblique），新轴之间不一定相互垂直，因此变量之间可能存在相关性。

方差最大旋转（Varimax rotation）是应用最为广泛的旋转方法之一。由Kaiser在1958年提出，一直沿用至今。该方法能最大化载荷矩阵的方差，增强了得分的可解释性：

```
> varimax(pc$rotation[, 1:2])
$loadings
     PC1    PC2
mpg  -0.286 -0.223
cyl   0.256  0.276
```

```
disp  0.312  0.201
hp           0.403
drat -0.402
wt    0.356  0.116
qsec  0.148 -0.483
vs          -0.375
am   -0.457  0.174
gear -0.458  0.217
carb -0.106  0.454

                 PC1   PC2
SS loadings    1.000 1.000
Proportion Var 0.091 0.091
Cumulative Var 0.091 0.182

$rotmat
         [,1]    [,2]
[1,]  0.76067 0.64914
[2,] -0.64914 0.76067
```

现在，第一个成分看起来更容易受到变速器类型、气缸数目以及主减速比的影响，而第二个成分则受到加速度、马力和化油器个数的影响。因此，可以将 PC1 命名为变速器（transmission），将 PC2 命名为功率（power）。下面，我们通过新的坐标系来观察这 32 个样本：

```
> pcv <- varimax(pc$rotation[, 1:2])$loadings
> plot(scale(mtcars) %*% pcv, type = 'n',
+     xlab = 'Transmission', ylab = 'Power')
> text(scale(mtcars) %*% pcv, labels = rownames(mtcars))
```

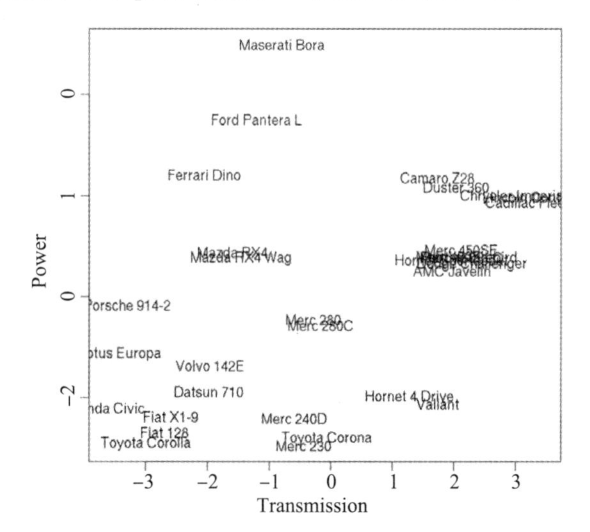

从上图可知，每个数据科学家都应该从位于左上角的区域选择评分最高的车型，对吗？这些车出现在 y 轴上功率大的位置，同时从 x 轴的位置来看，它们的变速器性能也不错——别忘了在原始变量中这两类性能参数是负相关的。下面再来看看其他一些旋转方法和它们的优点！

四等分极限轴旋转法（Quartimax rotation）也属于正交变换类方法。这种方法可以最小化那些必需的成分数目，从而得到一个普遍的成分和附加的小一点的成分。如果需要在方差最大旋转方法和四等分极限轴旋转法两者之间选择一个折中的方法，不如尝试一下等量最大旋转法（Equimax rotation）。

斜交旋转法包含直接斜交旋转法（Direct Oblimin）和 Promax 旋转法，但在基础 R 包甚至是更高级的 psych 包都找不到对该方法的支持。不过，我们可以导入 GPArotation 包，该包为 PCA 和 FA 提供了多种旋转方法。下面就来看看 Promax 旋转方法工作过程，与 Oblimin 方法相比，Promax 旋转的速度要快得多：

```
> library(GPArotation)
> promax(pc$rotation[, 1:2])
$loadings

Loadings:
     PC1    PC2   
mpg  -0.252 -0.199
cyl   0.211  0.258
disp  0.282  0.174
hp           0.408
drat -0.416       
wt    0.344       
qsec  0.243 -0.517
vs          -0.380
am   -0.502  0.232
gear -0.510  0.276
carb -0.194  0.482

                 PC1   PC2
SS loadings    1.088 1.088
Proportion Var 0.099 0.099
Cumulative Var 0.099 0.198

$rotmat
         [,1]    [,2]
[1,]  0.65862 0.58828
[2,] -0.80871 0.86123
```

```
> cor(promax(pc$rotation[, 1:2])$loadings)
          PC1      PC2
PC1  1.00000 -0.23999
PC2 -0.23999  1.00000
```

最后一个命令的执行结果也证实了与正交旋转不同，斜交旋转的得分可能具有相关性。

9.2.5　使用 PCA 检测孤立点

除了数据分析，PCA 还可以被应用于其他非常多的领域。例如，我们可以使用 PCA 来生成特征脸（eigenface）、图像压缩（compress image）、分类观察（classify observation）或者通过图像滤波在高维空间里检测孤立点。现在，我们将创建一个比 2012 年发表在 R-bloggers (http://www.r-bloggers.com/finding-a-pinin-a-haystack-pca-image-filtering）上的相关问题稍微简单一点的模型。

这个问题的挑战性在于从位于火星的好奇号探测器发回来的一张尘土照片中找出一个看似金属的物体。该图片可以在 NASA 的官网上获得：http://www.nasa.gov/images/content/694811main_pia16225-43_full.jpg，为了方便，我生成了一个更短的 URL：http://bit.ly/nasa-img。

在下面的图像中，我们可以看到用黑圈标记的一个高亮的异常物体，直接下载的图像是没有这个标记的，这样的处理是确保读者知道我们要寻找的东西是什么。

下面我们将采用一些统计方法在没有人工干预（或干预很少）的前提下发现该物体！首先，下载图像并导入到 R，可以使用 jpeg 包完成这一任务：

```
> library(jpeg)
> t <- tempfile()
> download.file('http://bit.ly/nasa-img', t)
trying URL 'http://bit.ly/nasa-img'
Content type 'image/jpeg' length 853981 bytes (833 Kb)
```

```
opened URL
==================================================
downloaded 833 Kb

> img <- readJPEG(t)
> str(img)
 num [1:1009, 1:1345, 1:3] 0.431 0.42 0.463 0.486 0.49 ...
```

函数 readJPEG 返回的是图像中每个像素的 RGB 值，因此结果为一个 3 维阵列，第 1 维是行，第 2 维是列，第 3 维是 RGB 值。

RGB 是一种加色混色模型，通过混合红、绿、蓝三种颜色，并分别设置不同的亮度和透光性，产生其他多种多样的颜色。RGB 在计算机科学领域有广泛的应用。

PCA 要求输入变量是一个矩阵，因此需要将上述 3 维阵列变换为一个 2 维数据集。为此，我们暂时不使用像素排序方法，因为我们稍后将对其重构，现在仅仅是将所有像素的 RGB 值作为一个列表，一个一个列出来：

```
> h <- dim(img)[1]
> w <- dim(img)[2]
> m <- matrix(img, h*w)
> str(m)
 num [1:1357105, 1:3] 0.431 0.42 0.463 0.486 0.49 ...
```

简而言之，我们保留了原始图像的高度（以像素为单位），将其放在变量 h 中，宽度值存放在变量 w 中，然后将该 3D 阵列变换为一个拥有 1 357 105 行的矩阵。然后，导入 4 列数据，对 3 行数据进行转换，我们可以如下调用实际上更简单的统计方法：

```
> pca <- prcomp(m)
```

如前所述，数据科学家们的确花了大量时间用于数据预处理，以简化实际的数据分析工作，是吧？

抽取得到的成分看起来效果不错，第一主成分累计贡献率超过了 96%：

```
> summary(pca)
Importance of components:
                         PC1    PC2     PC3
Standard deviation     0.277 0.0518 0.00765
Proportion of Variance 0.965 0.0338 0.00074
Cumulative Proportion  0.965 0.9993 1.00000
```

前面，RGB 值的解释非常直观，但是这些成分又是什么意思呢？

```
> pca$rotation
          PC1      PC2      PC3
[1,] -0.62188  0.71514  0.31911
```

```
[2,] -0.57409 -0.13919 -0.80687
[3,] -0.53261 -0.68498  0.49712
```

看起来第一成分像是三种颜色的混合，第二个成分中没有绿色，而第三个成分中又似乎仅包含绿色。与其瞎猜不如用图形来看看这些成分的意义？为此，让我们借助以下辅助函数从上述成分 / 荷载矩阵中抽出色彩强度：

```
> extractColors <- function(x)
+     rgb(x[1], x[2], x[3])
```

调用函数处理成分矩阵元素的绝对值得到了用来描述主成分的十六进制色码：

```
> (colors <- apply(abs(pca$rotation), 2, extractColors))
      PC1        PC2        PC3
"#9F9288" "#B623AF" "#51CE7F"
```

很容易在图像中表达这些编码——例如，在饼图中，扇形面积代表了能用主成分的累计贡献率：

```
> pie(pca$sdev, col = colors, labels = colors)
```

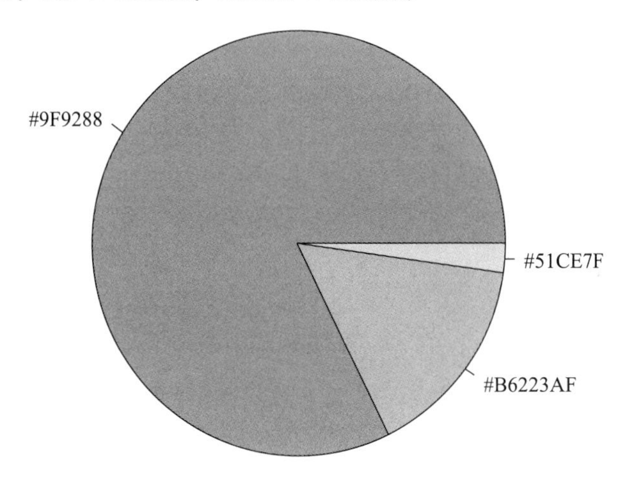

现在，在 pca$x 中存储的得分里已经没有实际的红、绿或蓝色或实际颜色的色码了，主成分是用上图展现的颜色来描述每个像素。就像前面探讨过的一样，第三个成分代表了带绿色的颜色，而第二成分中绿色是缺失的（呈现出紫色），而第一个成分中包含了所有 RGB 色彩的高度值，因此呈现出黄褐色，这个也不奇怪，因为图片是在火星上的沙漠中拍摄的。

接下来将原始的图像以单色显示，以展现主成分的强度。以下几行代码将基于 PC1 和 PC2 得到两张有关好奇号以及其周围环境的调整后的照片：

```
> par(mfrow = c(1, 2), mar = rep(0, 4))
> image(matrix(pca$x[, 1], h), col = gray.colors(100))
> image(matrix(pca$x[, 2], h), col = gray.colors(100), yaxt = 'n')
```

尽管经过一些线性变换，图像已经发生了90度的旋转，但是很明显在第一张图像中要找到前面的异常物体有些困难。而事实上，这张图像上显示的是沙漠环境中的噪声，由于PC1包括了类似尘土的颜色亮度，因此这个成分对描述茶褐色的变化是有帮助的。

另一方面，第二成分对尘土中的异常物体实现了高亮处理！这是因为尘土中紫色比率较低，而异常物体相对更暗一点。

我真的非常喜欢这段R代码，以及简化后的样例：虽然代码很简单，但却证明了R的强大，并说明了如何应用标准的数据分析方法来提取原始数据中隐藏的信息。

9.3 因子分析

尽管验证性**因子分析**（factor analysis，FA）的功能令人惊讶，也被广泛应用于社会科学等领域，但是我们将只讨论探索性FA，目标是基于其他经验数据能够确定一些未知的、未被观测到的变量。

FA潜在变量模型由Spearman于1904在研究单因子时提出，Thurstone在1947年对模型进行了扩展，使其不仅仅局限于单因子。统计模型假定数据集中已经展现的变量是那些未被观测到的潜在的变量作用的结果，我们可以基于观测到的数据来追踪这些潜在变量。

FA可以处理连续（数值）型变量，模型认为每个观测到的变量都是一些未知的潜在因子之和。

> 请注意相比PCA，在做FA前对数据进行正态性、KMO以及Bartlett检验非常重要，因为PCA更倾向于是一种描述方法，而在FA中，我们的的确确建立了模型。

使用最频繁的探索性FA方法是最大似然FA，前面已经安装过的stats包的factanal函数支持该方法。其他因子方法可以通过psych包的fa函数实现——例如，**普通最小二乘**（ordinary least square，OLS）、**加权最小二乘**（weighted least square，WLS）、**广义加权最小二乘**（generalizedweighted least square，GLS）或主因子分析（principal factor solution）等。这些函数的输入可以是原始数据或协方差矩阵。

下面，我们来看一下默认的因子方法在mtcars数据集的子集上是如何执行的。鉴于排气量可以由其他相关变量计算得出，因此我们先抽取出除排气量以外的所有与性能有关的变量：

```
> m <- subset(mtcars, select = c(mpg, cyl, hp, carb))
```

在下面的data.frame对象上调用fa函数，并保存执行结果：

```
> (f <- fa(m))
Factor Analysis using method =  minres
Call: fa(r = m)
Standardized loadings (pattern matrix) based upon correlation matrix
       MR1   h2   u2 com
mpg  -0.87 0.77 0.23   1
cyl   0.91 0.83 0.17   1
hp    0.92 0.85 0.15   1
carb  0.69 0.48 0.52   1

                MR1
SS loadings    2.93
Proportion Var 0.73

Mean item complexity =  1
Test of the hypothesis that 1 factor is sufficient.

The degrees of freedom for the null model are  6
and the objective function was  3.44 with Chi Square of  99.21
The degrees of freedom for the model are 2
and the objective function was  0.42

The root mean square of the residuals (RMSR) is  0.07
The df corrected root mean square of the residuals is  0.12

The harmonic number of observations is  32
with the empirical chi square  1.92  with prob <  0.38
The total number of observations was  32
with MLE Chi Square =  11.78  with prob <  0.0028

Tucker Lewis Index of factoring reliability =  0.677
RMSEA index =  0.42
and the 90 % confidence intervals are  0.196 0.619
BIC =  4.84
Fit based upon off diagonal values = 0.99
```

```
Measures of factor score adequacy
                                                  MR1
Correlation of scores with factors               0.97
Multiple R square of scores with factors         0.94
Minimum correlation of possible factor scores    0.87
```

不错，这么多细节信息真让人印象深刻！MR1 代表由默认的因子分析方法（最小残差或 OLS）第一个被抽取出来的因子。由于模型中仅有一个因子，就不存在因子旋转的操作，代码实现了一个关于因子数是否充足的检验，其中部分系数证明模型拟合效果很好。

上述结果可综合反映到下图上：

```
> fa.diagram(f)
```

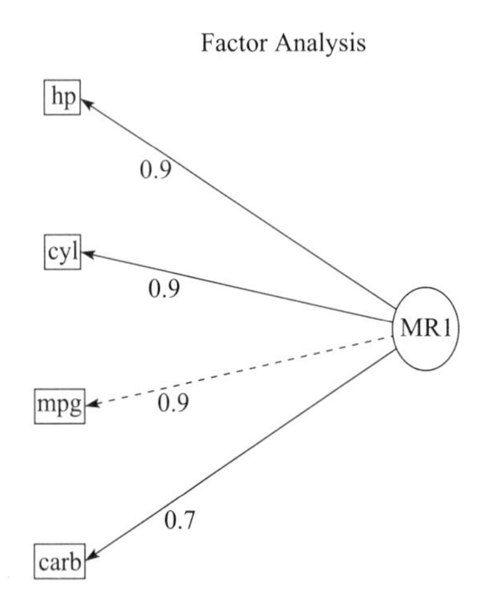

在上图中，我们可以发现在潜在变量和可观测变量之间存在的高度关联，箭头指示的方向说明了该因子对经验数据集的值有影响作用。能猜出这个因子和汽车引擎的排气量之间的关联吗？

```
> cor(f$scores, mtcars$disp)
0.87595
```

恩，看起来匹配结果不错。

9.4 主成分分析和因子分析

糟糕的是，主成分经常会和因子分析混淆在一起，这两个术语及相关方法某些时候可以混用，尽管它们的数学背景和目标都完全不同。

PCA 通过创建主成分来减少变量个数，后面的项目可以使用这些主成分而非原始变量进行处理。这意味着我们能够借助这些能描述数据变化的人为创建的变量抽取出数据集的最基本的部分：

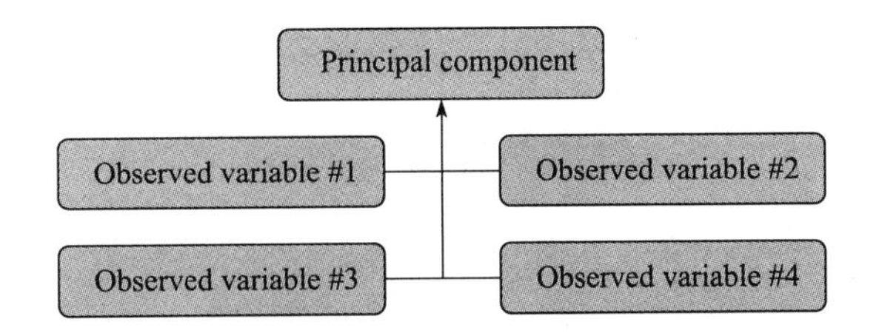

FA刚好是另外一种相反的方法，它试图找到那些未知的潜在变量来解释原始数据。用更通俗易懂的话来解释，就是我们使用从经验数据集中的可见变量去猜测数据的内部结构：

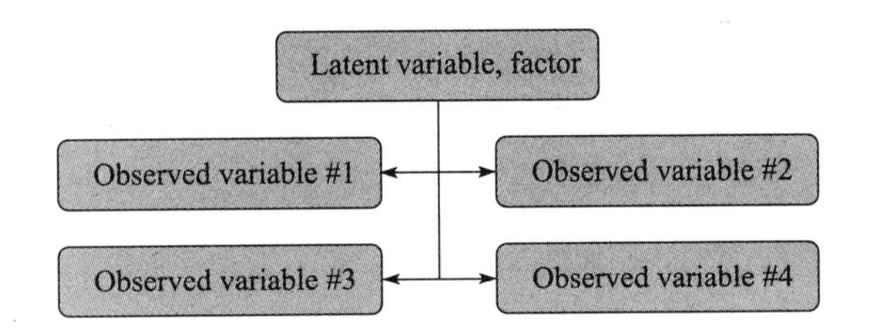

9.5 多维尺度分析

多维尺度分析（Multidimensional Scaling，MDS）是最初应用于地理学的一种多元变量处理技术。MDS的主要目标是将多元变量数据点映射到二维空间，通过可视化对观测值的相对距离来揭示数据集的结构。MDS应用范围很广，例如地理学、社会学和市场研究。

MASS包的isoMDS函数实现了非参数化的MDS，我们将重点介绍经典的计量MDS，可由stats包的cmdscale函数实现。两种类型的MDS都将距离矩阵作为主要参数，该矩阵可通过dist函数由任意数值表格数据得到。

不过在介绍复杂的样例之前，我们先来看看在有一个现成的距离矩阵时（内置的eurodist数据集），可以用MDS干些什么：

```
> as.matrix(eurodist)[1:5, 1:5]
          Athens Barcelona Brussels Calais Cherbourg
Athens         0      3313     2963   3175      3339
Barcelona   3313         0     1318   1326      1294
Brussels    2963      1318        0    204       583
Calais      3175      1326      204      0       460
Cherbourg   3339      1294      583    460         0
```

上面的值代表了21个欧洲城市之间以公里为单位的相互距离，我们只展示了前面5×5的值。执行经典的MDS非常简单：

```
> (mds <- cmdscale(eurodist))
                 [,1]      [,2]
Athens      2290.2747  1798.803
Barcelona   -825.3828   546.811
```

```
Brussels              59.1833  -367.081
Calais               -82.8460  -429.915
Cherbourg           -352.4994  -290.908
Cologne              293.6896  -405.312
Copenhagen           681.9315 -1108.645
Geneva                -9.4234   240.406
Gibraltar          -2048.4491   642.459
Hamburg              561.1090  -773.369
Hook of Holland      164.9218  -549.367
Lisbon             -1935.0408    49.125
Lyons               -226.4232   187.088
Madrid             -1423.3537   305.875
Marseilles          -299.4987   388.807
Milan                260.8780   416.674
Munich               587.6757    81.182
Paris               -156.8363  -211.139
Rome                 709.4133  1109.367
Stockholm            839.4459 -1836.791
Vienna               911.2305   205.930
```

这些得分与主成分非常类似，类似执行 prcomp (eurodist) $x[, 1:2] 的效果。事实上，PCA 可以被看成是基础的 MDS。

无论如何，我们已经将 21 维的空间转换为 2 维空间，可以非常方便地用图形展示出来（而不是像前面用 21 行和 21 列的矩阵）：

```
> plot(mds)
```

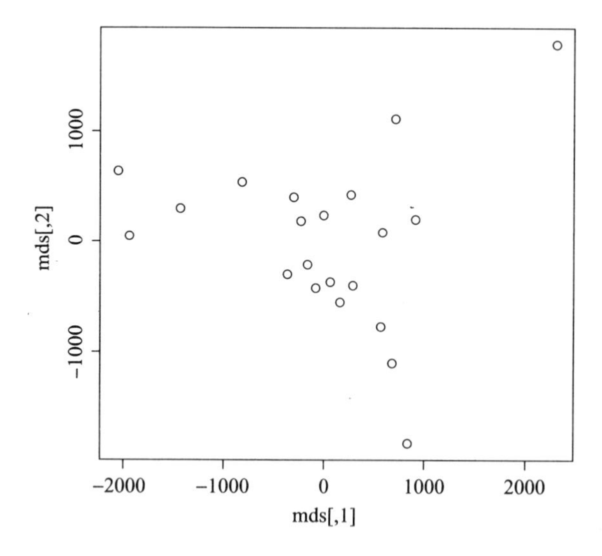

看起来有点熟悉？如果没感觉，请再看下面这张图，两行代码的作用是用城市名称代替匿名的点：

```
> plot(mds, type = 'n')
> text(mds[, 1], mds[, 2], labels(eurodist))
```

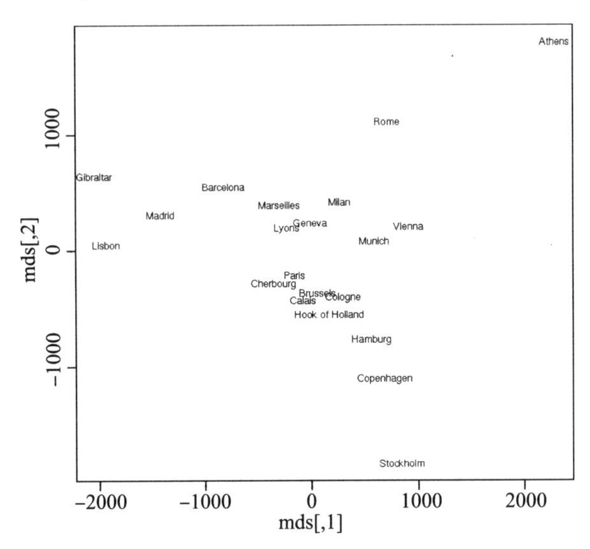

图中 y 轴发生了翻转，可以通过将第二个参数乘上 -1 来固定它，我们在图中将距离矩阵展现为一张欧洲城市地图——没有增加其他地理信息。我个人觉得这种方式更让人印象深刻。

更多数据可视化的方法和窍门请参考本书第 13 章。

下面看一下在非地理数据集中怎样使用 MDS，其中的数据是以非距离矩阵的方式展现的。返回 mtcars 数据集：

```
> mds <- cmdscale(dist(mtcars))
> plot(mds, type = 'n')
> text(mds[, 1], mds[, 2], rownames(mds))
```

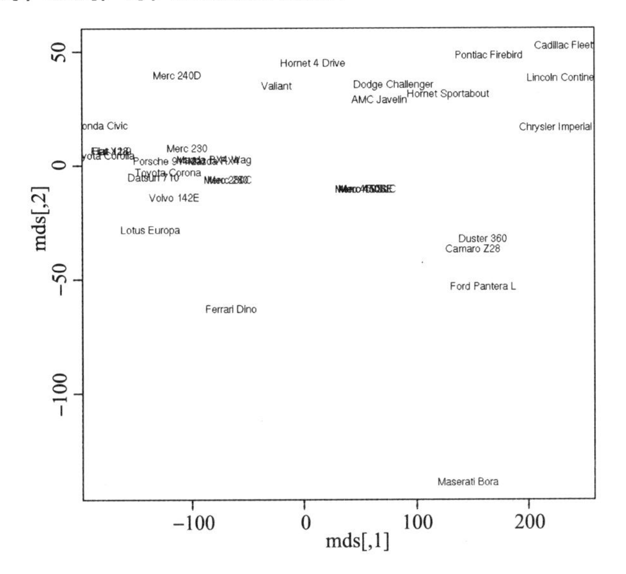

图中 32 个样本散步在二维空间里，样本间的距离由 MDS 计算得出，计算时考虑到了所有 11 个原始变量，由结果很容易得出相似和相差甚远的汽车型号。我们将在本书第 10 章对这些内容进行详细讨论。

9.6 小结

本章，我们介绍了不少多元变量处理方法，通过人工计算得到连续型变量，并试图找到潜在的相似的数值型变量，以降低变量维度。但有的时候仅使用数字很难对现实进行描述，这时我们应该考虑使用分类变量。

在下一章中，我们将介绍一些定义数据类型（聚类）的新方法，并展示在已经获得的训练集基础上如何对样本进行分类。

第10章 Chapter 10

分类和聚类

在前面的内容中，我们着重探讨了如何对连续型变量进行压缩以达到降维效果，但上述方法在处理分类数据时存在一定局限，例如对调查结果的分析。

尽管其中一些方法尝试将离散变量转换为连续变量，例如，使用一系列的虚拟变量或指示变量，但绝对大多数情况下，与其固执地套用熟悉的方法不如重新思考研究的目的何在。

> 可以为原始数据集的每个离散变量创建一个新变量，利用一组虚拟变量来替代分类变量，然后将1赋值给相关列，将0赋值给其他列。在统计分析，特别是使用回归模型时，可以采用这种方法将分类变量转换为数值变量。

当我们通过分类变量来分析某个样本及全体对象时，通常我们并不会对单独的案例产生兴趣，而是对相似元素或样本组感兴趣，这里相似元素可以是数据集中列值相近的行。

本章，我们将分别介绍有监督（supervised）和无监督（unsupervised）方法来发现数据集中的相似样本，包括：

- 层次聚类（hierarchical clustering）
- k均值（k-means）聚类
- 一些机器学习算法
- 潜类别模型（latent class model）
- 判别分析（discriminant analysis）

- 逻辑回归（logistic regression）

10.1 聚类分析

聚类（clustering）属于无监督学习方法，应用领域非常广泛，包括模式识别、社会科学以及药剂学等。聚类分析的目标是生成同类数据子集，这些子集也被称为聚簇（clusters），其中，同一个聚簇中的对象相似性较高，而不同聚簇间对象相异性大。

10.1.1 层次聚类

聚类分析是最常见也是最流行的一种模式识别方法，因此，有非常多的聚类模型和算法来分析数据集的分布、密度、可能的中心点等。本节，我们将探索一些层次聚类方法。

层次聚类既可以采用凝聚法（agglomerative）也可以采用分裂法（divisive）。凝聚层次聚类首先将每个对象作为一个簇，然后最接近的簇以迭代的方式逐项合并，直到最后形成一个簇，在簇中包含了原始数据集中的所有对象。该方法最大的弊端在于每次迭代时，都需要重新计算簇间距离，因此在处理大数据集时效率很低。我建议最好不要对 hflights 数据集执行下面的命令。

分裂的层次聚类与凝聚层次聚类相反，采用自顶向下的处理方式。首先将所有的对象置于一个簇中，然后迭代地将簇逐渐划分为越来越小的簇，直到每个对象自成一簇。

包 stats 中的 hclust 函数能够实现层次聚类，它的输入是一个距离矩阵。为了介绍该函数的工作方式，我们将使用本书第 3 章和第 9 章中都介绍过的 mtcars 数据集作为样例，下面代码中的 dist 函数的说明在本书第 9 章：

```
> d <- dist(mtcars)
> h <- hclust(d)
> h

Call:
hclust(d = d)

Cluster method   : complete
Distance         : euclidean
Number of objects: 32
```

上面输出太过简单，只展示了距离矩阵中包含的 32 个元素以及聚类的方法。对于这样一个小数据集，采用下图所示的图形方式更能说明问题：

```
> plot(h)
```

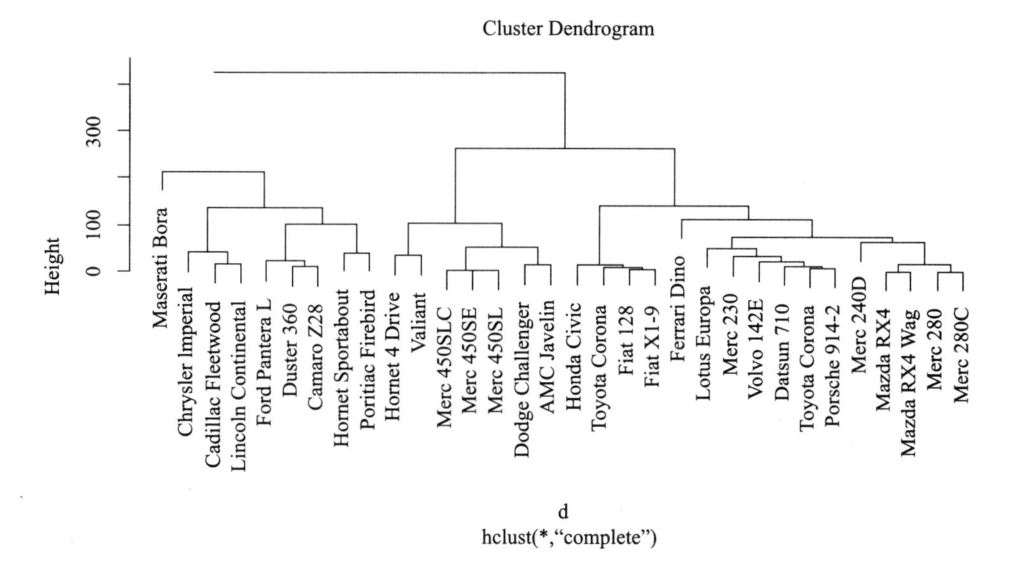

通过绘制 hclust 对象，我们可以得到一个树状图（dendrogram），从该图可知聚类的构成方式。树状图在确定聚簇个数时非常有用，而在数据集中由于样例太多就不适合用树状图。在 *y* 轴的任意位置，都能做一条水平线，它与树状图的 *n* 个交点就是相应的 *n*- 聚类分析结果。

R 提供了非常方便的方法，帮助我们用树状图来可视化聚类的结果。在下图中，显示了对之前样例的一个三个聚类的划分结果：

```
> plot(h)
> rect.hclust(h, k=3, border = "red")
```

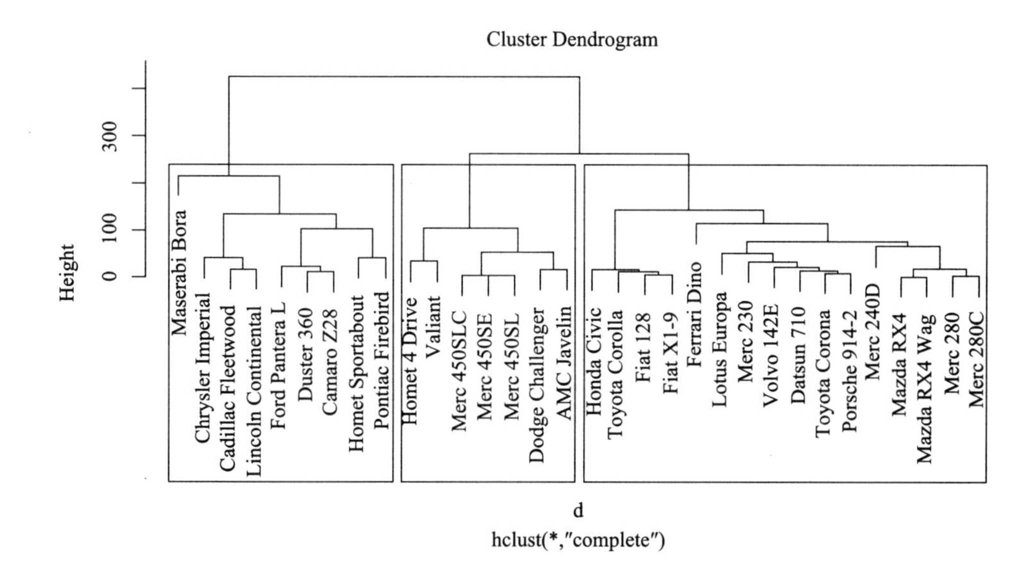

尽管这张图看起来更清晰，也对我们理解大数据集中的相似对象很有帮助，但依然难以让人理解得很透彻。所以，我们选择用向量方式来展现聚类之间的关系：

```
> (cn <- cutree(h, k = 3))
          Mazda RX4       Mazda RX4 Wag          Datsun 710
                  1                   1                   1
     Hornet 4 Drive   Hornet Sportabout             Valiant
                  2                   3                   2
         Duster 360           Merc 240D            Merc 230
                  3                   1                   1
           Merc 280           Merc 280C          Merc 450SE
                  1                   1                   2
         Merc 450SL         Merc 450SLC  Cadillac Fleetwood
                  2                   2                   3
Lincoln Continental   Chrysler Imperial            Fiat 128
                  3                   3                   1
        Honda Civic      Toyota Corolla       Toyota Corona
                  1                   1                   1
   Dodge Challenger         AMC Javelin          Camaro Z28
                  2                   2                   3
   Pontiac Firebird           Fiat X1-9       Porsche 914-2
                  3                   1                   1
       Lotus Europa      Ford Pantera L        Ferrari Dino
                  1                   3                   1
      Maserati Bora          Volvo 142E
                  3                   1
```

每个聚类中的元素个数：

```
> table(cn)
 1  2  3
16  7  9
```

看起来聚类 1，也就是上图中的第三个聚类，对象个数最多。看得出来这个聚类与其他两个聚类的差别吗？有些熟悉车的品牌的读者可能知道答案，但是我们还是用实际的数字来回答：

请注意在下面的样例中，我们使用了 round 函数对小数点后的数字进行四舍五入的操作，以保证页面能排得下：

```
> round(aggregate(mtcars, FUN = mean, by = list(cn)), 1)
  Group.1  mpg cyl  disp    hp drat  wt qsec  vs  am gear carb
1       1 24.5 4.6 122.3  96.9  4.0 2.5 18.5 0.8 0.7  4.1  2.4
2       2 17.0 7.4 276.1 150.7  3.0 3.6 18.1 0.3 0.0  3.0  2.1
3       3 14.6 8.0 388.2 232.1  3.3 4.2 16.4 0.0 0.2  3.4  4.0
```

现在看来不同聚类之间车辆的平均性能以及油耗差别确实非常大！那么组内标准差是多少呢？

```
> round(aggregate(mtcars, FUN = sd, by = list(cn)), 1)
  Group.1 mpg cyl disp   hp drat  wt qsec  vs  am gear carb
1       1 5.0   1 34.6 31.0  0.3 0.6  1.8 0.4 0.5  0.5  1.5
2       2 2.2   1 30.2 32.5  0.2 0.3  1.2 0.5 0.0  0.0  0.9
3       3 3.1   0 58.1 49.4  0.4 0.9  1.3 0.0 0.4  0.9  1.7
```

和原始数据集的标准差相比降低了不少：

```
> round(sapply(mtcars, sd), 1)
  mpg   cyl  disp    hp  drat    wt  qsec    vs    am  gear  carb
  6.0   1.8 123.9  68.6   0.5   1.0   1.8   0.5   0.5   0.7   1.6
```

簇间标准差计算结果也是类似的：

```
> round(apply(
+   aggregate(mtcars, FUN = mean, by = list(cn)),
+   2, sd), 1)
Group.1     mpg     cyl    disp      hp    drat      wt    qsec
    1.0     5.1     1.8   133.5    68.1     0.5     0.8     1.1
     vs      am    gear    carb
    0.4     0.4     0.6     1.0
```

可见我们确实达到了聚类的初衷，将相似的对象放在一个簇中，而相异程度较大的对象放在不同簇中。但是为什么我们最后划分得到3个簇，而不是2个、4个，或者更多的簇呢？

10.1.2 确定簇的理想个数

NbClust包支持在进行实际聚类分析之前对数据进行一些探索性分析。该包的主要函数可以计算得到30个不同的指数，用来确定聚类的理想个数。包括：

- 单个值
- 平均值
- 所有值
- 相似度
- 质心（聚类的中心）
- 中值
- K均值
- Ward值

装载导入NbClust包后，让我们用图形来表示数据可能的聚类个数——与第9章类似，在图的拐点处，可以发现更多关于下面肘部规则（elbow-rule）的信息：

```
> library(NbClust)
> NbClust(mtcars, method = 'complete', index = 'dindex')
```

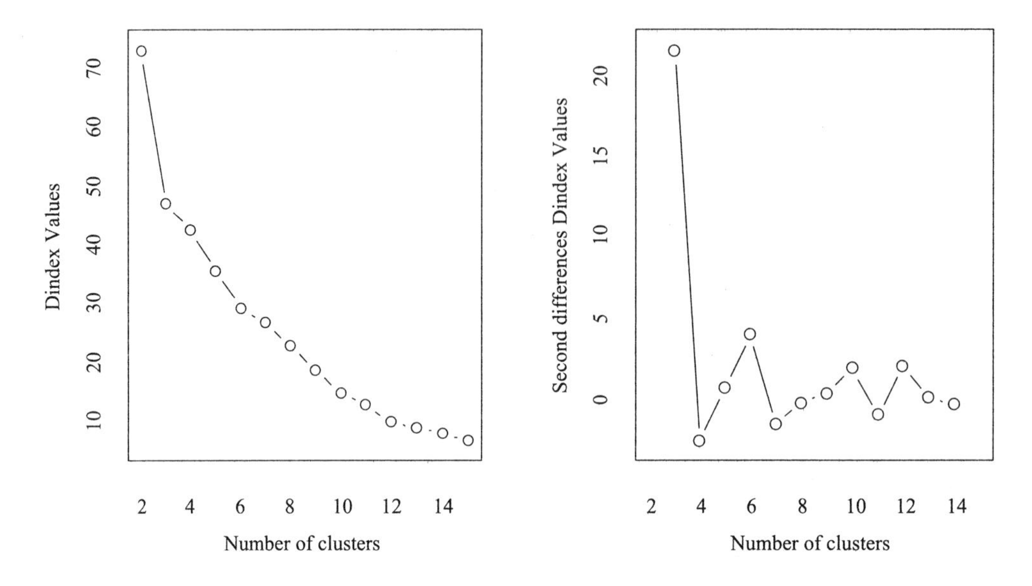

在第一个图中，我们一样找到了图形拐弯处（elbow），右边第二个图可能对绝大多数读者来说更直观一些。我们在图中要寻找的是最显著的峰值，该值显示了对 mtcars 数据集做聚类处理时选择 3 个聚簇是最合适的。

糟糕的是，在这么小的数据集上调用 NbClust 方法，效果不佳。因此，为了证明我们的观点，我们再选择一些其他标准方法，通过以下的列表对象筛选出合适的聚类个数：

```
> NbClust(mtcars, method = 'complete', index = 'hartigan')$Best.nc
All 32 observations were used.

Number_clusters     Value_Index
         3.0000         34.1696
> NbClust(mtcars, method = 'complete', index = 'kl')$Best.nc
All 32 observations were used.

Number_clusters     Value_Index
         3.0000          6.8235
```

Hartigan (Hart) 指标和 Krzanow ski-Lai (KL) 指标都建议选择 3 个聚类，接下来让我们看看 iris 数据集，其包含更多的数据案例和更少的数值列结构。调用所有可用的聚类指标算法：

```
> NbClust(iris[, -5], method = 'complete', index = 'all')$Best.nc[1,]
All 150 observations were used.

*******************************************************************
* Among all indices:
* 2 proposed 2 as the best number of clusters
* 13 proposed 3 as the best number of clusters
* 5 proposed 4 as the best number of clusters
* 1 proposed 6 as the best number of clusters
* 2 proposed 15 as the best number of clusters

                   ***** Conclusion *****

* According to the majority rule, the best number of clusters is  3

 *******************************************************************
         KL          CH    Hartigan         CCC       Scott     Marriot
          4           4           3           3           3           3
     TrCovW      TraceW    Friedman       Rubin      Cindex          DB
          3           3           4           6           3           3
Silhouette        Duda    PseudoT2       Beale   Ratkowsky        Ball
          2           4           4           3           3           3
PtBiserial        Frey     McClain        Dunn      Hubert     SDindex
          3           1           2          15           0           3
     Dindex        SDbw
          0          15
```

输出的结果证实了 3 是最合适的聚类结果，因为 13 种方法得到的结果都是选择 3 个聚类最优，另外 5 种方法建议选择 4 个聚类，个别方法建议选择更少的聚类数。

上述方法不但适用于层次聚类，也可以应用在 k 均值聚类方面，不过它要求在进行分析之前就先确定聚类的个数——与层次聚类不同，在层次聚类中可以经过大量计算后通过对系统树图的处理确定结果聚类的个数。

10.1.3 k 均值聚类

k 均值聚类属于非层次聚类的一种，由 MacQueen 于 1967 年提出，与层次聚类方法相比，k 均值聚类具有极大的性能优势。

与层次聚类分析不同，k 均值聚类要求用户在着手分析之前就需确定簇的个数。

该算法的步骤可以概括为以下四步：

（1）在样本空间中随机选择 k 个质心；

（2）将每个样本分配到离其最近的质心所在的簇；

（3）重新计算点到质心的距离；

（4）重复第 2、3 步直到聚类没有变化，算法完成收敛。

我们可以使用 stats 包的 kmeans 函数。由于 k 均值聚类要求事先指定簇个数，我们可以使用前面介绍过的 NbClust 函数，也可以随意指定一个比较合适的值。

根据前面实验的结果，仍然选择簇个数为 3，因为当簇个数为 3 时，簇间距离平方和下降得非常快：

```
> (k <- kmeans(mtcars, 3))
K-means clustering with 3 clusters of sizes 16, 7, 9

Cluster means:
       mpg      cyl     disp       hp     drat       wt     qsec
1 24.50000 4.625000 122.2937  96.8750 4.002500 2.518000 18.54312
2 17.01429 7.428571 276.0571 150.7143 2.994286 3.601429 18.11857
3 14.64444 8.000000 388.2222 232.1111 3.343333 4.161556 16.40444
         vs        am     gear     carb
1 0.7500000 0.6875000 4.125000 2.437500
2 0.2857143 0.0000000 3.000000 2.142857
3 0.0000000 0.2222222 3.444444 4.000000

Clustering vector:
          Mazda RX4       Mazda RX4 Wag          Datsun 710
                  1                   1                   1
     Hornet 4 Drive   Hornet Sportabout             Valiant
                  2                   3                   2
         Duster 360           Merc 240D            Merc 230
                  3                   1                   1
           Merc 280           Merc 280C          Merc 450SE
                  1                   1                   2
         Merc 450SL         Merc 450SLC  Cadillac Fleetwood
                  2                   2                   3
Lincoln Continental   Chrysler Imperial            Fiat 128
                  3                   3                   1
        Honda Civic      Toyota Corolla       Toyota Corona
                  1                   1                   1
```

```
   Dodge Challenger          AMC Javelin          Camaro Z28
                  2                    2                   3
   Pontiac Firebird            Fiat X1-9       Porsche 914-2
                  3                    1                   1
       Lotus Europa       Ford Pantera L        Ferrari Dino
                  1                    3                   1
      Maserati Bora           Volvo 142E
                  3                    1
Within cluster sum of squares by cluster:
[1] 32838.00 11846.09 46659.32
 (between_SS / total_SS =  85.3 %)

Available components:

[1] "cluster"      "centers"      "totss"        "withinss"
[5] "tot.withinss" "betweenss"    "size"         "iter"
[9] "ifault"
```

聚类的平均值显示了每个簇的特征，可以发现，在第一个聚类的汽车样本中，mpg 较高（油耗较低），平均有 4 个气缸（相比其他都是 6 个或 8 个），而不是略低的性能等其他特性。输出自动解释了实际的聚类个数。

现在让我们将结果与前面层次聚类的结果进行比较：

```
> all(cn == k$cluster)
[1] TRUE
```

结果看起来比较稳定，对吗？

聚类个数没有特殊含义，排列也是随机的。换句话而言，也就是聚类的结果是定类型变量。基于此，当聚类个数排列结果不同时，前面的 R 命令有可能返回 FALSE 而非 TRUE，但考虑到实际聚类的意义，可以验证其结果是一样的。可以参考 cbind(cn, k$cluster) 的结果输出，从表中查看聚类的具体情况。

10.1.4　可视化聚类

使用图形化展现是加深对聚类理解的好办法。本节我们将使用 cluster 包的 clusplot 函数来完成该任务，因为在前面第 9 章中，我们已经对函数将维度降低到 2 维的过程有简单说明：

```
> library(cluster)
> clusplot(mtcars, k$cluster, color = TRUE, shade = TRUE, labels = 2)
```

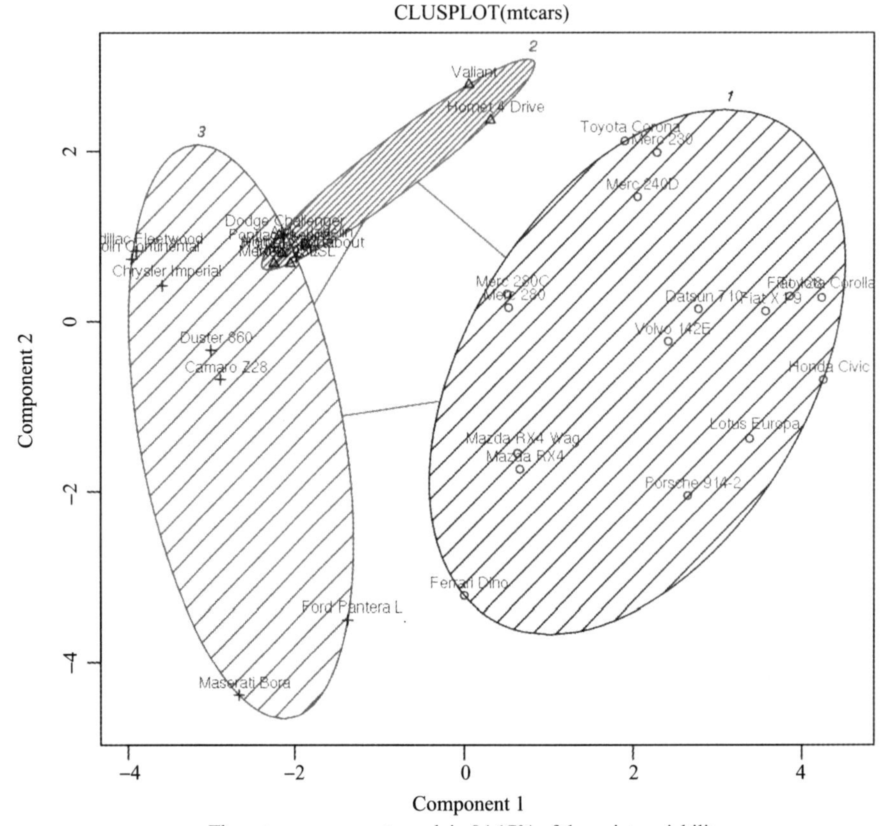

如图所示，当降维完成后，两个主成分的累计方差贡献率达到 84.17%，为了更易于理解聚类，牺牲了一部分信息的完整性。

对聚类的相对密度采用可视化处理时，参数 shade 可以帮助我们更好地理解同一聚类内元素的相似程度。参数 label 设置为 2，能够同时在图中展示数据点和其标签。注意当显示大量数据时，应将该参数设置为默认值 0（不显示标签）或 4（仅椭圆有标签）。

10.2 潜类别模型

潜类别分析（Latent Class Analysis，LCA）是一种在各种外显变量间确定潜类别的方法。它和因子分析类似，但可以被应用于离散 / 分类型数据。因此，LCA 最常用于对调查结果的分析。

本节，我们将使用 poLCA 包的 poLCA 函数，该函数使用最大期望值（expectation-maximization）和牛顿迭代（Newton-Raphson）法来寻找参数的最大似然值。

poLCA 函数要求输入数据为从 1 开始的整数或因子，否则将会出错。为此，我们将

mtcars 的部分数据转换为因子：

```
> factors <- c('cyl', 'vs', 'am', 'carb', 'gear')
> mtcars[, factors] <- lapply(mtcars[, factors], factor)
```

以上代码将重写当前 R 会话中的 mtcars 数据集，为了恢复到原始数据集以便其他样例能够使用，可以使用 rm(mtcars) 命令从会话中删除掉改写后的数据集。

10.2.1　潜类别分析

现在数据格式已经符合要求，可以开始潜类别分析。先弄清楚相关函数的一些重要参数：

- 首先，需要定义描述模型的公式，基于该公式来确定 LCA（类似聚类分析但处理的是离散型变量）或**潜类别回归**（Latent Class Regression，LCR）模型
- 参数 nclass 指明了模型中假定存在的潜类别个数，默认为 2。基于本章前面样例的结果，我们在此将其改为 3
- 使用 maxiter、tol、probs.start 和 nrep 参数来调整模型
- 参数 graphs 可以显示或隐藏参数

首先使用基本的三个类别的 LCA 来处理所有可得的离散变量：

```
> library(poLCA)
> p <- poLCA(cbind(cyl, vs, am, carb, gear) ~ 1,
+   data = mtcars, graphs = TRUE, nclass = 3)
```

输出的第一部分（也可以通过访问前面保存到 poLCA 列表的 probs 元素获取）统计了每个潜类别外显变量的概率：

```
> p$probs
Conditional item response (column) probabilities,
 by outcome variable, for each class (row)

$cyl
              4      6 8
class 1:  0.3333 0.6667 0
class 2:  0.6667 0.3333 0
class 3:  0.0000 0.0000 1

$vs
              0      1
class 1:  0.0000 1.0000
class 2:  0.2667 0.7333
class 3:  1.0000 0.0000
```

```
$am
              0      1
class 1:  1.0000 0.0000
class 2:  0.2667 0.7333
class 3:  0.8571 0.1429

$carb
              1      2      3      4      6      8
class 1:  1.0000 0.0000 0.0000 0.0000 0.0000 0.0000
class 2:  0.2667 0.4000 0.0000 0.2667 0.0667 0.0000
class 3:  0.0000 0.2857 0.2143 0.4286 0.0000 0.0714
$gear
              3   4      5
class 1:  1.0000 0.0 0.0000
class 2:  0.0000 0.8 0.2000
class 3:  0.8571 0.0 0.1429
```

从这些概率输出可知，所有 8 汽缸的汽车都属于第 3 个聚簇，第 1 聚簇仅包含拥有自动变速器、1 个汽化器、3 个齿轮等特征的汽车。在函数调用中设置 graph 参数值为 TRUE，或者直接调用 plot 函数，能够得到下面所示的结果：

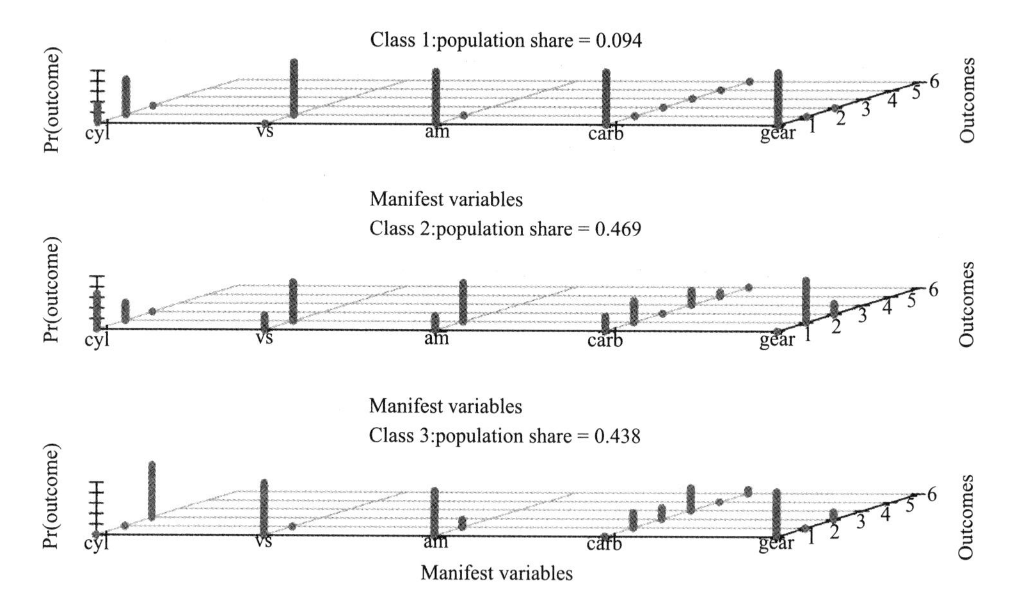

图形的高亮功能很直观地展示出与其他类别相比，第 1 个潜类别包含的元素最少：

```
> p$P
[1] 0.09375 0.46875 0.43750
```

poLCA 对象也揭示了结果相关的一些其他重要特征。例如说，让我们通过操作符“$”抽取车对象的命名列表：

- predclass 返回最可能的对象关系
- 另外，后面输出的内容为包含不同情况下各种类别关系概率的矩阵
- AIC 统计值（Akaike Information Criterion aic）、BIC 统计值（Bayesian Information Criterion，bic）、偏差（Gsq）和卡方值（Chisq）都代表了对模型拟合效果的不同度量结果

10.2.2 LCR 模型

另一方面，LCR 模型属于监督学习方法，当我们不仅仅对试探性分析隐含变量和观测值之间的关联感兴趣，而是希望从训练数据中获得一个或多个协变量来预测潜类别关系概率时，可使用 LCR 模型。

10.3 判别分析

判别函数分析（Discriminant Function Analysis，DA）是指确定哪个连续独立变量（预测变量）可以判定一个离散依赖变量（响应量）所属类别的过程，它可以被看成**多元方差分析**（Multivariate Analysis of Variance，MANOVA）的逆操作。

这也意味着 DA 和逻辑回归（参见本书第 6 章）类似，后者因为灵活性更高，所以在实际中应用范围更广。逻辑回归既可以处理分类数据，也能够处理连续数据，而 DA 要求独立变量必须为数值型，以及其他一些逻辑回归没有的限制条件：

- 假设样本服从正态分布
- 已经去掉了孤立点
- 变量间不存在高度关联（多重共线性）
- 每个类别的样本数不能低于预测变量的个数
- 独立变量的个数不能超过样本个数

有两种不同的 DA 方法，我们将使用 MASS 包的 lda 函数实现线性判别，使用 qda 函数实现二次判别函数。

我们首先令齿轮个数为依赖变量，令其他数值变量为独立变量。为了确保样例使用的是标准 mtcars 数据集，而不是在前面实验中已经被重写过的数据集，需要清空命名空间，将 gear 列更新，使其能够包含类别变量而非实际的数值：

```
> rm(mtcars)
> mtcars$gear <- factor(mtcars$gear)
```

由于样本数比较少（在第 9 章已经探讨过该问题），可以先将正态和其他检验放在一边，

开始实际的分析。

调用 lab 函数，将**交叉验证**（cross validation，CV）设置为 TRUE，以便能够检验预测的精确度。公式中的符号“.”代表除了显示指定的齿轮个数之外的其他所有变量：

```
> library(MASS)
> d <- lda(gear ~ ., data = mtcars, CV =TRUE)
```

现在我们就可以通过混淆矩阵将预测结果与原始值进行比较来判断预测的准确度：

```
> (tab <- table(mtcars$gear, d$class))
     3  4  5
  3 14  1  0
  4  2 10  0
  5  1  1  3
```

为了展示相对百分比而不是直接显示原始的数字，我们可以做一些快速转换：

```
> tab / rowSums(tab)
             3          4          5
  3 0.93333333 0.06666667 0.00000000
  4 0.16666667 0.83333333 0.00000000
  5 0.20000000 0.20000000 0.60000000
```

也可以计算得到错分率：

```
> sum(diag(tab)) / sum(tab)
[1] 0.84375
```

差不多有 84% 的样例能够被分配到最可能的类别中，可以通过列表对象的 posterior 属性查看实际的预测分配概率：

```
> round(d$posterior, 4)
                         3      4      5
Mazda RX4           0.0000 0.8220 0.1780
Mazda RX4 Wag       0.0000 0.9905 0.0095
Datsun 710          0.0018 0.6960 0.3022
Hornet 4 Drive      0.9999 0.0001 0.0000
Hornet Sportabout   1.0000 0.0000 0.0000
Valiant             0.9999 0.0001 0.0000
Duster 360          0.9993 0.0000 0.0007
Merc 240D           0.6954 0.2990 0.0056
Merc 230            1.0000 0.0000 0.0000
Merc 280            0.0000 1.0000 0.0000
Merc 280C           0.0000 1.0000 0.0000
Merc 450SE          1.0000 0.0000 0.0000
Merc 450SL          1.0000 0.0000 0.0000
Merc 450SLC         1.0000 0.0000 0.0000
Cadillac Fleetwood  1.0000 0.0000 0.0000
```

```
Lincoln Continental 1.0000 0.0000 0.0000
Chrysler Imperial   1.0000 0.0000 0.0000
Fiat 128            0.0000 0.9993 0.0007
Honda Civic         0.0000 1.0000 0.0000
Toyota Corolla      0.0000 0.9995 0.0005
Toyota Corona       0.0112 0.8302 0.1586
Dodge Challenger    1.0000 0.0000 0.0000
AMC Javelin         1.0000 0.0000 0.0000
Camaro Z28          0.9955 0.0000 0.0044
Pontiac Firebird    1.0000 0.0000 0.0000
Fiat X1-9           0.0000 0.9991 0.0009
Porsche 914-2       0.0000 1.0000 0.0000
Lotus Europa        0.0000 0.0234 0.9766
Ford Pantera L      0.9965 0.0035 0.0000
Ferrari Dino        0.0000 0.0670 0.9330
Maserati Bora       0.0000 0.0000 1.0000
Volvo 142E          0.0000 0.9898 0.0102
```

重新执行 lda 函数，这次不使用交叉检验，以观察实际判别结果，以及根据 gear 属性形成的不同类别的结构：

```
> d <- lda(gear ~ ., data = mtcars)
> plot(d)
```

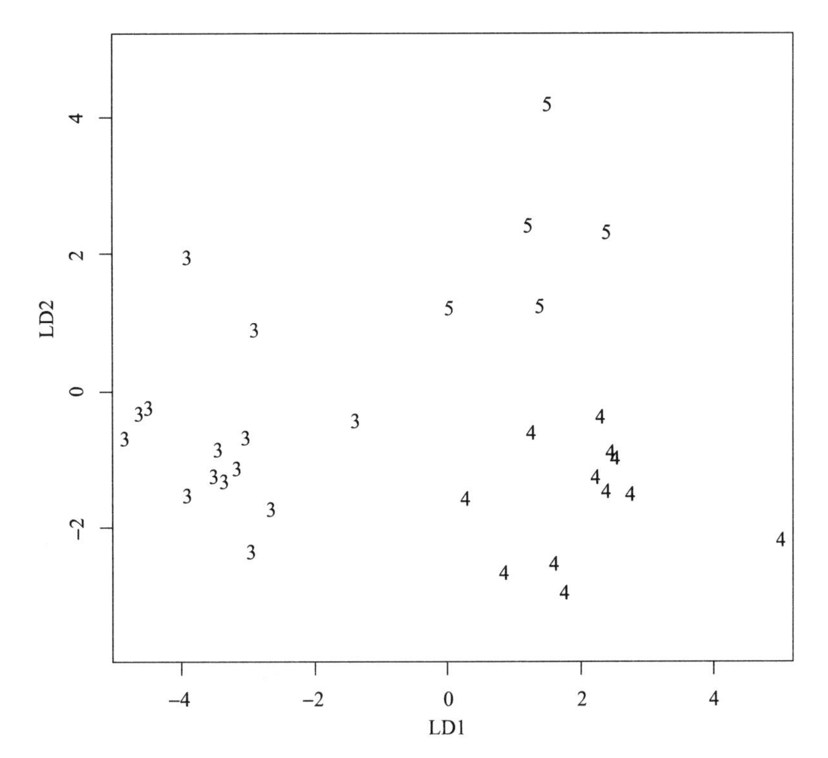

上图中的数字代表 mtcars 数据集中由实际齿轮个数所划分的汽车类别分布。通过两个判别量很直观地展示了齿轮数相同的汽车样本的相似性以及 gear 列值不同的数据之间的差异。

也可以通过调用 predict 从对象 d 中抽取出这些判别分析结果，或者直接使用直方图为工具，通过独立变量的类别来表现连续变量的分布：

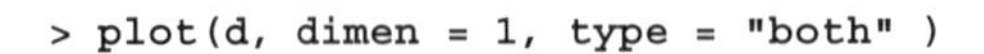

```
> plot(d, dimen = 1, type = "both" )
```

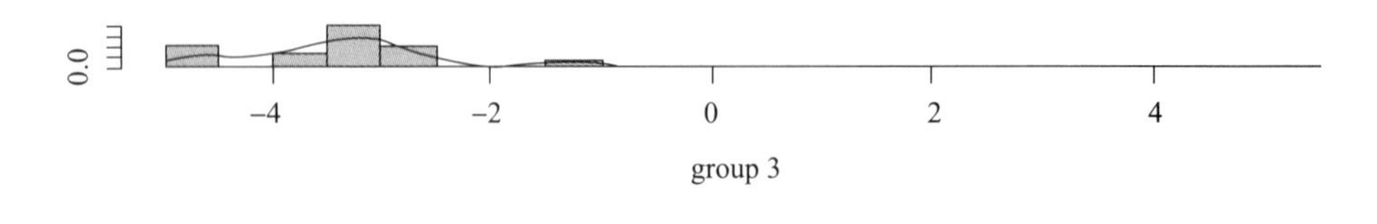

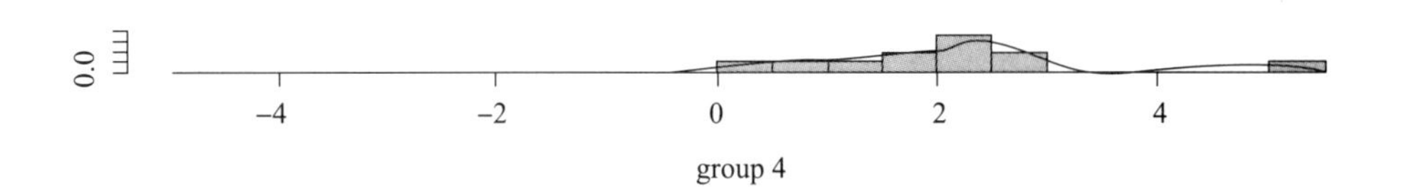

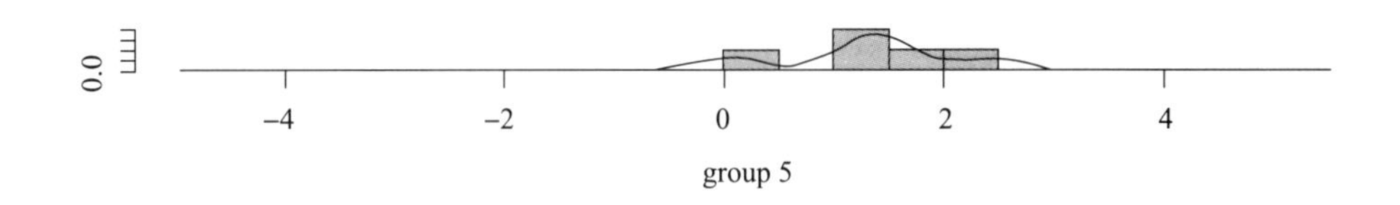

10.4 逻辑回归

尽管在第 6 章已经介绍过逻辑回归的一些概念，但由于该方法也经常会被应用于分类问题，因此本章我们将通过有关样例重新复习一下逻辑回归方法，并且增加一些前面没学习过的新的内容——例如，多项逻辑回归等。

通常样本数据可能并不符合判别分析方法的要求，这时选择使用 logistic、logit 或 probit 回归都是不错的选择，因为这些方法对非正态分布和组内方差不齐的情况不敏感。但这些方法都要求有一定数量的样本，如果样本数比较少，则采用判别分析更可靠。

简而言之，我们需要为每个独立变量准备至少 50 个样本，这意味着，如果我们希望为前面的 mtcars 数据集建立一个逻辑回归模型，我们至少需要 500 个样本——但我们实际上只有 32 个样本。

这里，我们希望通过一两个简单的样例来展示如何实施逻辑回归——例如，基于汽车的性能和重量来判断它是自动挡还是手动挡：

```
> lr <- glm(am ~ hp + wt, data = mtcars, family = binomial)
> summary(lr)
```

```
Call:
glm(formula = am ~ hp + wt, family = binomial, data = mtcars)

Deviance Residuals:
    Min       1Q    Median      3Q      Max
-2.2537  -0.1568  -0.0168   0.1543   1.3449

Coefficients:
            Estimate Std. Error z value Pr(>|z|)
(Intercept) 18.86630    7.44356   2.535  0.01126 *
hp           0.03626    0.01773   2.044  0.04091 *
wt          -8.08348    3.06868  -2.634  0.00843 **
---
Signif. codes:  0 '***' 0.001 '**' 0.01 '*' 0.05 '.' 0.1 ' ' 1

(Dispersion parameter for binomial family taken to be 1)

    Null deviance: 43.230  on 31  degrees of freedom
Residual deviance: 10.059  on 29  degrees of freedom
AIC: 16.059

Number of Fisher Scoring iterations: 8
```

上述输出结果中最重要的表是系数表，它描述了模型和独立变量对依赖变量的值是否有显著作用，可以概括为：

- 马力[㊀]每增加一个单位，将提高车辆为手动挡的对数几率（至少在 1974 年数据采集的那个时候是这样的情况）
- 重量每增加一个单位（磅[㊁]），会降低同样情况的对数几率 8 个单位

看起来，尽管（或正是由于）样本数非常少，模型对数据的拟合效果非常好，能够根据汽车的马力和重量属性判断车辆是自动挡还是手动挡：

```
> table(mtcars$am, round(predict(lr, type = 'response')))
    0  1
  0 18  1
  1  1 12
```

但是如果按照前面的命令，判断齿轮个数而非传输类型，将无法得到正确的结果，因为逻辑回归默认适合二项分类变量。我们可以对数据进行多元模型拟合来解决这个问题，例如使用冗余变量，检验一辆车是否拥有 3/4/5 个齿轮，或者其他情况，也可以直接使用多项逻

㊀ 1 马力（英制）= 746 焦耳 / 秒

㊁ 1 磅 = 0.454 千克

辑回归。包 nnet 提供了一个非常方便的函数来实现这一目标：

```
> library(nnet)
> (mlr <- multinom(factor(gear) ~ ., data = mtcars))
# weights:  36 (22 variable)
initial  value 35.155593
iter  10 value 5.461542
iter  20 value 0.035178
iter  30 value 0.000631
final  value 0.000000
converged
Call:
multinom(formula = factor(gear) ~ ., data = mtcars)

Coefficients:
  (Intercept)       mpg       cyl      disp         hp     drat
4  -12.282953 -1.332149 -10.29517 0.2115914 -1.7284924 15.30648
5    7.344934  4.934189 -38.21153 0.3972777 -0.3730133 45.33284
         wt        qsec        vs       am     carb
4 21.670472   0.1851711  26.46396 67.39928 45.79318
5 -4.126207 -11.3692290 -38.43033 32.15899 44.28841

Residual Deviance: 4.300374e-08
AIC: 44
```

和期待的结果一样，基于小样本数据集最后得到了一个拟合度非常高的模型：

```
> table(mtcars$gear, predict(mlr))
     3  4  5
  3 15  0  0
  4  0 12  0
  5  0  0  5
```

但因为样本数太少，所以该模型实际上功能非常有限，在将模型应用到下一个样例中前，请在当前 R 会话中去掉更新了的 mtcars 数据集以避免出现意外错误：

```
> rm(mtcars)
```

10.5 机器学习算法

机器学习（Machine Learning，ML）是基于数据驱动算法的集合，具备自我学习能力。与非机器学习类算法不同，ML 算法需要并且能够从训练数据中学习规律，机器学习算法通常被分为有监督学习和无监督学习两类。

有监督学习（supervised learning）指训练数据同时包含输入向量和其相应的输出值，它意味着算法需要在历史数据库中找到输入数据和输出结果之间的关联，我们称这样的历史数据库为训练集，算法要能根据新到达的输入数据来预测其输出结果。

例如，银行数据库中存放了海量的有关贷款交易细节的数据，输入向量包括贷款者个人信息——例如年龄、工资、婚姻状况等——而输出（目标）变量是判断是否能够按时还贷。在这个案例中，可以使用一个有监督学习算法来判断不同类型的贷款者哪些更能坚持按时还款，并以此来作为对贷款申请进行筛选的依据。

无监督学习拥有不同的目标。由于在历史数据库中不能事先获得输出结果，算法需要能够确定输入变量之间的关联，并将样本分成若干组。

10.5.1　k 近邻算法

k 近邻（K-Nearest Neighbor，k-NN）算法，不同于层次或 k 均值聚类方法，是一种有监督学习算法。尽管经常被人把它和 k 均值聚类混淆，k-NN 和 k 均值是两种完全不同的算法。k 近邻算法被非常广泛地应用于模式识别和商务分析领域，该算法很大一个优势在于它对孤立点不敏感，使用方法也很简单—就如同其他很多机器学习算法一样。

k-NN 算法主要思路为先找到历史数据库中某个观测样本的 k 个距离最近的样本，然后只依据最邻近的一个或者几个样本的类别来决定待分样本所属的类别。

在本节样例中，我们将使用 class 包的 knn 函数，该函数包括 4 个参数，其中 train 和 test 分别为训练数据集和测试数据集，cl 为训练集的类别归属情况，k 是在对测试数据集进行分类时需要考虑的近邻样本的个数。

通常 k 值默认为 1，这样算法一般不会碰到什么问题——尽管这时算法的准确度比较低。如果提高近邻数目，则能够改进算法的分类精度。如果为了提高精度使用的 k 值比较大，最好选择一个不是样本类别数目倍数的整数。

将 mtcars 数据集分成两部分：训练数据集和测试数据集。为了简单起见，我们选择一半训练数据集和一半测试数据集的方法：

```
> set.seed(42)
> n     <- nrow(mtcars)
> train <- mtcars[sample(n, n/2), ]
```

为了实验结果可重现，我们选择 set.seed 根据预先确定好的固定值来配置随机数生成器：这样在所有机器上就可以得到相同的随机数。

我们在 1 到 32 之间随机生成 16 个整数，以便从 mtcars 数据集中随机抽取 50% 的行，下面调用 dplyr 包的代码片段能更好地说明问题：

```
> library(dplyr)
> train <- sample_n(mtcars, n / 2)
```

然后再从数据集中选出与新得到的 data.frame 对象不相同的那些行放入测试数据集：

```
> test <- mtcars[setdiff(row.names(mtcars), row.names(train)), ]
```

现在首先来确定训练数据集中的聚簇关系，再依据分析结果来判断测试数据集中样例的分类结果。至此，我们可以使用前面章节中学到的知识，而不是直接使用大家都熟悉的一些汽车的特征属性，我们可以调用聚类算法来定义训练数据集中每个元素所属的类别——但这不是我们学习的重点。读者们也可以在自己的测试数据集上调用聚类算法，对吗？有监督学习和无监督学习的最大差别就在于我们为前者提供了经验数据以便建立分类模型。

因此，我们将使用汽车的齿轮数作为聚类依据，并根据训练集的分类结果，来预测测试数据集中汽车的齿轮个数：

```
> library(class)
> (cm <- knn(
+     train = subset(train, select = -gear),
+     test  = subset(test, select = -gear),
+     cl    = train$gear,
+     k     = 5))
[1] 4 4 4 4 3 4 4 3 3 3 3 3 4 4 4 3
Levels: 3 4 5
```

测试数据集的分类结果如上所示。我们还可以想办法来检验分类精度，例如，计算实际齿轮数和预测齿轮数的相关系数：

```
> cor(test$gear, as.numeric(as.character(cm)))
[1] 0.5459487
```

现在结果优化了很多，训练数据集如果规模能大一点，效果会更好。机器学习算法通常会从历史数据集中抽取数以百万的记录进行训练学习，而我们目前这个数据集才 16 个样本。下面，让我们通过混淆矩阵来看一下模型不能提供精准预测的原因在哪里：

```
> table(test$gear, as.numeric(as.character(cm)))
    3 4
  3 6 1
  4 0 6
  5 1 2
```

从结果可知，如果汽车的齿轮数为 3 或 4，则 k 近邻分类算法可以非常精确地预测齿轮的个数（13 个错了 1 个），但模型在遇到齿轮个数为 5 的情况时，误差很大，可以通过原始数据集中相关车辆个数来解释这个现象：

```
> table(train$gear)
3 4 5
8 6 2
```

在训练数据集中只有 2 辆 5 齿轮汽车，对于要构建一个预测准确度比较高的模型来说实在是太少了。

10.5.2 分类树

也可以采用基于决策树的递归分裂来实现有监督的机器学习算法。决策树方法的优势在于，首先，用户可以通过浏览决策树更好地理解待分类的数据；其次，算法在大多数场景中很容易使用。

装载 rpart 包，将 gear 属性作为响应变量调用函数构建一棵分类树：

```
> library(rpart)
> ct <- rpart(factor(gear) ~ ., data = train, minsplit = 3)
> summary(ct)
Call:
rpart(formula = factor(gear) ~ ., data = train, minsplit = 3)
  n= 16

    CP nsplit rel error xerror      xstd
1 0.75      0      1.00  1.000 0.2500000
2 0.25      1      0.25  0.250 0.1653595
3 0.01      2      0.00  0.125 0.1210307

Variable importance
drat qsec  cyl disp   hp  mpg   am carb
  18   16   12   12   12   12    9    9

Node number 1: 16 observations,    complexity param=0.75
  predicted class=3  expected loss=0.5  P(node) =1
    class counts:     8     6     2
   probabilities: 0.500 0.375 0.125
  left son=2 (10 obs) right son=3 (6 obs)
  Primary splits:
      drat < 3.825 to the left,  improve=6.300000, (0 missing)
      disp < 212.8 to the right, improve=4.500000, (0 missing)
      am   < 0.5   to the left,  improve=3.633333, (0 missing)
      hp   < 149   to the right, improve=3.500000, (0 missing)
      qsec < 18.25 to the left,  improve=3.500000, (0 missing)
  Surrogate splits:
      mpg  < 22.15 to the left,  agree=0.875, adj=0.667, (0 split)
      cyl  < 5     to the right, agree=0.875, adj=0.667, (0 split)
      disp < 142.9 to the right, agree=0.875, adj=0.667, (0 split)
      hp   < 96    to the right, agree=0.875, adj=0.667, (0 split)
      qsec < 18.25 to the left,  agree=0.875, adj=0.667, (0 split)

Node number 2: 10 observations,    complexity param=0.25
```

```
  predicted class=3  expected loss=0.2  P(node) =0.625
    class counts:     8     0     2
   probabilities: 0.800 0.000 0.200
  left son=4 (8 obs) right son=5 (2 obs)
  Primary splits:
      am   < 0.5   to the left,  improve=3.200000, (0 missing)
      carb < 5     to the left,  improve=3.200000, (0 missing)
      qsec < 16.26 to the right, improve=1.866667, (0 missing)
      hp   < 290   to the left,  improve=1.422222, (0 missing)
      disp < 325.5 to the right, improve=1.200000, (0 missing)
  Surrogate splits:
      carb < 5     to the left,  agree=1.0, adj=1.0, (0 split)
      qsec < 16.26 to the right, agree=0.9, adj=0.5, (0 split)

Node number 3: 6 observations
  predicted class=4  expected loss=0  P(node) =0.375
    class counts:     0     6     0
   probabilities: 0.000 1.000 0.000
Node number 4: 8 observations
  predicted class=3  expected loss=0  P(node) =0.5
    class counts:     8     0     0
   probabilities: 1.000 0.000 0.000

Node number 5: 2 observations
  predicted class=5  expected loss=0  P(node) =0.125
    class counts:     0     0     2
   probabilities: 0.000 0.000 1.000
```

结果对象是一棵相对简单的决策树（decision tree）——我们对 minsplit 参数设置了非常低的阈值，因此结点个数大于 1。如果不调整参数的值，那么在调用方法时很有可能根本就没办法得到一棵树，因为结点默认包含的最小样例数为 20，所以训练数据集中的 16 个样本很有可能全部被分到一个结点内。

不过这里构建决策树最重要的目的是为了确定齿轮数量和后轴比以及自动或手动变速方式的关系：

```
> plot(ct); text(ct)
```

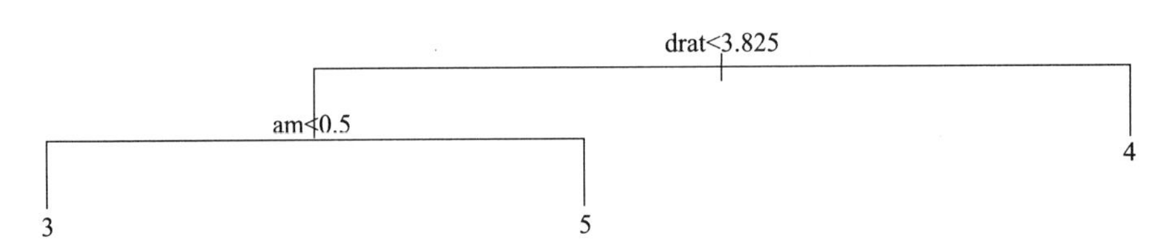

上图直白来说就是：

- 一辆车如果后轴比比较高，齿轮数为 4
- 所有自动挡的汽车有 3 个齿轮
- 手动变速的车有 5 个齿轮

由于样本数太低，因此能够得到的规则非常有限，而从混淆矩阵也可以发现模型存在很多局限性，比方说，模型对带 5 个齿轮的汽车判断结果就不准确：

```
> table(test$gear, predict(ct, newdata = test, type = 'class'))
    3 4 5
  3 7 0 0
  4 1 5 0
  5 0 2 1
```

但是 16 辆车中的确有 13 辆车的预测是准确的，让人印象深刻，这个结果比前面 k 近邻算法的结果要好！

现在让我们对前面的代码进行一些优化，不用简图而是调用 rpart.plot 包的 main 函数来处理这个对象，或者导入 party 包，用该包提供的一个非常灵巧的函数来描述 party 对象。比方说，可以调用 as.party 函数来处理通过 partykit 包计算得到的 ct 对象；或者我们可以重新使用 ctree 函数生成分类树。基于以上经验，我们现在仅将前面被高亮的变量送到模型中：

```
> library(party)
> ct <- ctree(factor(gear) ~ drat, data = train,
+   controls = ctree_control(minsplit = 3))
> plot(ct, main = "Conditional Inference Tree")
```

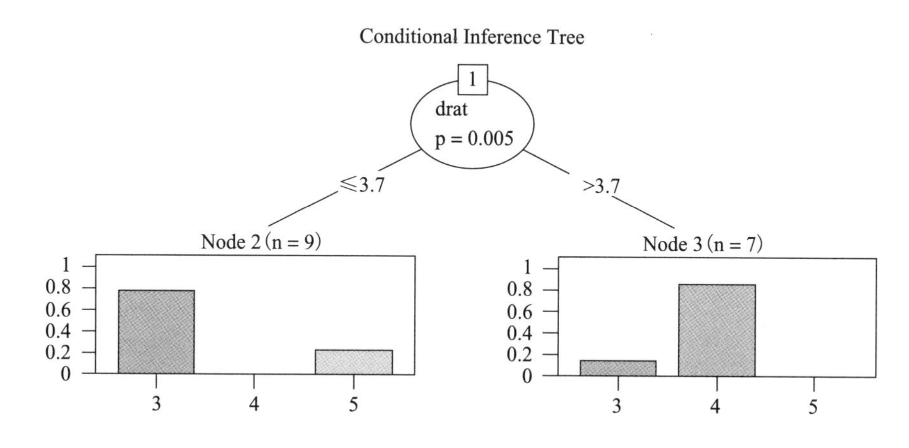

看起来这个模型在基于后轴比来确定齿轮数的准确度更低：

```
> table(test$gear, predict(ct, newdata = test, type = 'node'))
    2 3
  3 7 0
  4 1 5
```

```
5 0 3
```

下面，我们再来看看哪些机器学习的算法能够提供更准确或更可靠的模型!

10.5.3 随机森林

随机森林（random forest）算法的主要思想源于，与其冒着过度拟合的风险构建一棵结点不断增长的深度决策树，还不如生成多棵决策树来最小化模型方差而非最大化模型准确度。与一棵训练好的决策树相比，随机森林方法的结果所包含的噪声更多，但平均而言，可靠性程度更高。

可以在R中用同样方法处理前面的样例，例如，使用randomForest包，该包提供了一个非常友好的方法，帮助用户实现经典的随机森林算法：

```
> library(randomForest)
> (rf <- randomForest(factor(gear) ~ ., data = train, ntree = 250))
Call:
 randomForest(formula = factor(gear) ~ ., data = train, ntree = 250)
               Type of random forest: classification
                     Number of trees: 250
No. of variables tried at each split: 3

        OOB estimate of  error rate: 25%
Confusion matrix:
  3 4 5 class.error
3 7 1 0   0.1250000
4 1 5 0   0.1666667
5 2 0 0   1.0000000
```

函数调用的方法非常简单：自动返回混淆矩阵并计算预测误差率——当然，我们也可以基于另外一个mtcars的子集得到：

```
> table(test$gear, predict(rf, test))
    3 4 5
  3 7 0 0
  4 1 5 0
  5 1 2 0
```

这次，绘图函数返回的结果有所不同：

```
> plot(rf)
> legend('topright',
+   legend = colnames(rf$err.rate),
+   col    = 1:4,
+   fill   = 1:4,
+   bty    = 'n')
```

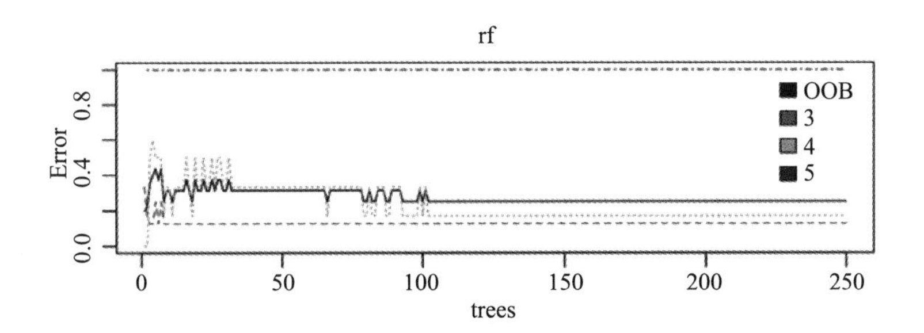

从图中可以观察到模型的均方误差随决策树个数变化的过程，这些决策树都是基于训练集的子集随机生成的。由图可知，在经过一段时间后，误差率将保持在一个固定值上，因此增加随机样本个数并没有太多意义。

当然，由于可以随机组合的样本非常有限，因此结果也非常直观。特别要注意的是，齿轮数为 5 的车辆（顶部虚线），其误差率基本保持不变，这也高度说明了我们训练集样本存在的局限性。

10.5.4 其他算法

尽管相关的机器学习算法及调用方法还有很多值得继续讨论（例如 ID3 算法以及 gbm 包和 xgboost 都支持的 Gradient Boosting 算法），以及如何从 R 控制台使用 Weka 调用 C4.5，但在本章，我仅在最后一个案例中介绍如何通过 caret 包，使用一个通用接口来调用这些算法：

```
> library(caret)
```

该包提供了一些非常实用的函数和方法，可以作为一种独立于算法的工具。这意味着前面所探讨的模型可以在不指明诸如 rpart、ctree 或 randomForest 函数名的情况下直接处理，我们还可以简单依靠 caret 包的 train 函数，该函数将算法定义作为一个参数。

下面，让我们看看 C4.5 算法的改进及开源版本在处理我们的训练集的时候性能如何：

```
> library(C50)
> C50 <- train(factor(gear) ~ ., data = train, method = 'C5.0')
> summary(C50)

C5.0 [Release 2.07 GPL Edition]    Fri Mar 20 23:22:10 2015
-------------------------------


Class specified by attribute `outcome'


Read 16 cases (11 attributes) from undefined.data


-----  Trial 0:  -----
```

```
Rules:

Rule 0/1: (8, lift 1.8)
  drat <= 3.73
  am <= 0
  ->  class 3  [0.900]

Rule 0/2: (6, lift 2.3)
  drat > 3.73
  ->  class 4  [0.875]

Rule 0/3: (2, lift 6.0)
  drat <= 3.73
  am > 0
  ->  class 5  [0.750]

Default class: 3

*** boosting reduced to 1 trial since last classifier is very accurate
*** boosting abandoned (too few classifiers)


Evaluation on training data (16 cases):

          Rules
    ----------------
      No      Errors

       3    0( 0.0%)   <<


     (a)   (b)   (c)    <-classified as
    ----  ----  ----
       8                (a): class 3
             6          (b): class 4
                   2    (c): class 5


  Attribute usage:

  100.00%  drat
```

```
  62.50%   am
```

以上输出看起来非常吸引人，因为误差率的的确确为 0，这意味着我们刚刚构建的模型非常好地拟合了训练数据集，满足之前那三条简单的规则：

- 后轴比大的汽车有 4 个齿轮
- 其他汽车的齿轮数要么为 3（手动），要么为 5（自动）

不过，再仔细观察一下结果，会发现没有 Holy Grail 这款车：

```
> table(test$gear, predict(C50, test))
    3 4 5
  3 7 0 0
  4 1 5 0
  5 0 3 0
```

该算法在 16 辆车中正确预测了 12 辆车，也很好地说明了单棵决策树很有可能产生过度拟合的问题。

10.6　小结

本章广泛探讨了数据聚类和分类的方法，包括哪些分析过程和模型是重要的，以及在数据科学家的工具箱中经常被拿出来的工具是什么。在下一章，我们将介绍一些不那么普遍，但依然重要的领域——如何分析图形和网络数据。

Chapter 11 第 11 章

基于 R 的社会网络分析

自上世纪初期，社会网络已经有较长的发展历史，而在过去 10 年内，由于海量社会媒体数据站点的出现以及能够获取到的相关数据，**社会网络分析**（social network analysis，SNA）变得日益普遍。本章，我们将介绍如何检索和装载网络数据，并通过大量使用 igraph 包来完成对这类网络数据的分析和展现。

Igraph 是由 Gábor Csárdi 开发的一个开源社会网络分析工具，软件提供了大量的网络分析工具，并支持 R、C、C++ 以及 Python 环境。

本章，我们将基于 R 环境通过案例来探讨以下问题：

- 装载和处理网络数据
- 网络中心性度量
- 网络图形展现

11.1 装载网络数据

在 R 的生态体系下检索网络化信息的最简单方法可能就是分析 R 包之间的相互依赖关系。基于本书第 2 章的介绍，我们可以通过对 CRAN 镜像的 HTTP 解析来获取到这些数据，但，幸运的是，R 提供了一个内置函数能够从 CRAN 返回所有可得的 R 包，并且附加了一些有用的元数据：

CRAN 上提供的包的总数每天都在增长，由于我们处理的是活动数据，因此读者看到的结果有可能与下面的样例存在些许差别：

```
> library(tools)
> pkgs <- available.packages()
> str(pkgs)
 chr [1:6548, 1:17] "A3" "abc" "ABCanalysis" "abcdeFBA" ...
 - attr(*, "dimnames")=List of 2
  ..$ : chr [1:6548] "A3" "abc" "ABCanalysis" "abcdeFBA" ...
  ..$ : chr [1:17] "Package" "Version" "Priority" "Depends" ...
```

现在我们得到了一个 6500 行规模的矩阵，第 4 列包含了由逗号分隔的依赖信息。我们很幸运地从工具包中找到了一个方便的函数来解决诸如数据解析、数据清洗包括从数据集中去掉版本和其他不相关信息这类麻烦事：

```
> head(package.dependencies(pkgs), 2)
$A3
     [,1]      [,2] [,3]
[1,] "R"       ">=" "2.15.0"
[2,] "xtable"  NA   NA
[3,] "pbapply" NA   NA

$abc
     [,1]       [,2] [,3]
[1,] "R"        ">=" "2.10"
[2,] "nnet"     NA   NA
[3,] "quantreg" NA   NA
[4,] "MASS"     NA   NA
[5,] "locfit"   NA   NA
```

package.dependencies 函数将返回一长串的矩阵：每个代表一个 R 包，包括该包要求的必须先安装和导入的包的名称、版本。此外，也可以通过 depLevel 参数得到类似信息。我们可以基于这些信息构建一个内容更丰富的数据集，该数据集中将包含 R 包之间的连接关系。

下面脚本创建了一个 data.frame，在这个数据框架对象中每一行代表一个 R 包之间的连接，src 列展示了哪个包参考了 dep 包，而标签说明了连接的类型：

```
> library(plyr)
> edges <- ldply(
+   c('Depends', 'Imports', 'Suggests'), function(depLevel) {
+     deps <- package.dependencies(pkgs, depLevel = depLevel)
+     ldply(names(deps), function(pkg)
+         if (!identical(deps[[pkg]], NA))
+             data.frame(
+                 src   = pkg,
```

```
+                   dep   = deps[[pkg]][, 1],
+                   label = depLevel,
+                   stringsAsFactors = FALSE))
+ })
```

尽管以上代码片段乍看起来有些复杂，但我们只需要查找每个包之间的依赖关系（就像在一个循环里面）即可，结果返回 data.frame 的一行，并嵌套在另外一个循环中，循环访问上述提及的所有 R 包的连接关系。结果得到的 R 对象非常直观，很好理解：

```
> str(edges)
'data.frame':  26960 obs. of  3 variables:
 $ src  : chr  "A3" "A3" "A3" "abc" ...
 $ dep  : chr  "R" "xtable" "pbapply" "R" ...
 $ label: chr  "Depends" "Depends" "Depends" "Depends" ...
```

11.2 网络中心性度量

现在我们已经获得了 6500 个包中差不多 30 000 个关联关系。这是一个稀疏网络还是一个稠密网络呢？换句话说，所有这些可能存在的包的依赖关系到底有多少呢？如果某个包对其他所有包都存在依赖关系又该怎么办呢？我们不需要使用任何功能强大的包来回答这些疑问：

```
> nrow(edges) / (nrow(pkgs) * (nrow(pkgs) - 1))
[1] 0.0006288816
```

从结果看比例相对较低，这也使得 R 的系统管理员比较容易管理 R 软件的密集网络。但谁才是这场游戏的主角呢？哪些包被依赖程度最高呢？

我们可以计算在没有任何复杂的 SAN 知识的前提下，计算一个相对不那么重要的度量来回答这个问题，因为上述问题可以被定义为“哪个 R 包在边数据集中的 dep 列中被引用次数最多？”或者，用更简单的话说，就是“哪个包的逆依赖性最高？”

```
> head(sort(table(edges$dep), decreasing = TRUE))
      R  methods     MASS     stats testthat  lattice
   3702      933      915       601      513      447
```

看起来 50% 以上的包都依赖于 R 的最精简版本。因此，为了不扭曲我们的方向网络，我们可以移除以下边：

```
> edges <- edges[edges$dep != 'R', ]
```

下面该将连接列表输入到一个真正的图形对象中，以计算得到更先进的中心性度量，并将结果可视化：

```
> library(igraph)
> g <- graph.data.frame(edges)
> summary(g)
IGRAPH DN-- 5811 23258 --
attr: name (v/c), label (e/c)
```

装载包后，graph.data.frame 函数能将各种格式的数据源转换成 igraph 对象，这是一个非常有用的对象，R 为其提供了多种处理方法。比如，简单统计得到顶点和边的个数，从结果可知大约有 700 个 R 包是独立的。下面调用 igraph 函数计算前面手工计算得出的度量值：

```
> graph.density(g)
[1] 0.0006888828
> head(sort(degree(g), decreasing = TRUE))
 methods      MASS     stats testthat  ggplot2  lattice
     933       923       601      516      459      454
```

methods 包排名第一的结果并不让人奇怪，因为经常有一些使用复杂 S4 的包或方法需要它。MASS 和 stats 包包含了绝大部分常用的统计方法，但其他一些包是什么原因呢？ lattice 和 ggplot2 包用起来非常方便，提供了功能强大的图形处理引擎，testthat 包是 R 中最常用的单元测试扩展，在提交新包到中心 CRAN 服务器时必须要在包的说明中提到它。

但是 degree 属性是社会网络唯一能够引用的中心性度量。不幸的是，紧密性度量，也即对结点之间的彼此距离的说明，在考虑依赖度时并没有太多意义，但是 betweenness 确实是对上述结果的一个有意义的比对：

```
> head(sort(betweenness(g), decreasing = TRUE))
   Hmisc      nlme  ggplot2      MASS multcomp       rms
943085.3 774245.2 769692.2 613696.9 453615.3 323629.8
```

该度量值说明了每个包起到桥接作用（两个包之间的唯一连接）的次数，因此该值不是对包的依赖性说明，相反，它从比较全局的角度说明了包的重要性。假设一个包其 betweenness 值比较高，如果将其从 CRAN 上移除，不仅仅是直接依赖于它的包，所有其他在这棵依赖树上存在的包都会陷入尴尬的境地。

11.3　网络数据的展现

为了比较这两种度量，可绘制一个简单的散点图展示每个 R 包的 degree 和 betweenness 值：

```
> plot(degree(g), betweenness(g), type = 'n',
+   main = 'Centrality of R package dependencies')
```

```
> text(degree(g), betweenness(g), labels = V(g)$name)
```

Centrality of R package dependencies

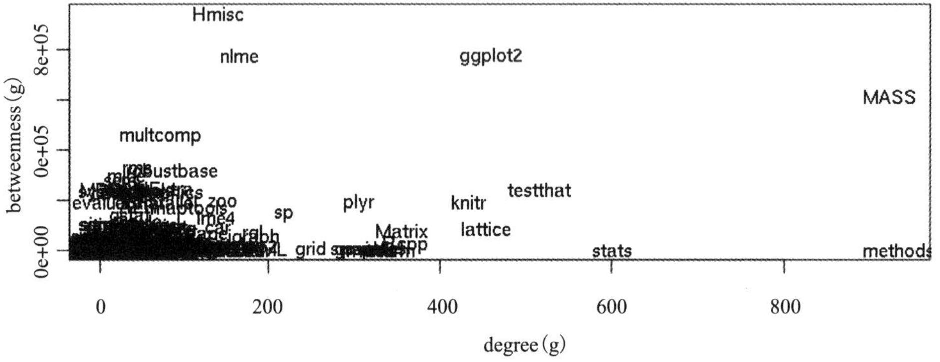

放松，我们在几分钟内将很快生成更精彩和更具说服力的效果图！从上图也可发现有些包尽管直接依赖于它的包并不多，但对整个 R 生态体系依然有较大影响。

在继续处理之前，我们先对数据集进行筛选，通过构建 igraph 包的依赖树来去掉图形中大部分结点，仅包括所有它依赖的包或和它有重要关联的包：

下面 igraph 依赖关系的列表生成于 2015 年 4 月。自那以后发布了 igraph 比较重要的一个新版本，由于导入了 magrittr 和 NMF 包，因此增加了更多的依赖关系。因此，当读者自己运行下列样例时，将返回一个规模更大的网络和图形。但基于教学目的，我们将在下面的输出中仅展示一个比较小的网络。

```
> edges <- edges[edges$label != 'Suggests', ]
> deptree <- edges$dep[edges$src == 'igraph']
> while (!all(edges$dep[edges$src %in% deptree] %in% deptree))
+   deptree <- union(deptree, edges$dep[edges$src %in% deptree])
> deptree
[1] "methods"   "Matrix"    "graphics"  "grid"      "stats"
[6] "utils"     "lattice"   "grDevices"
```

因此，我们如果要使用 igraph 包，就必须先装载上面这 8 个包。请注意这些包并不全部是直接依赖的，其中一些是依赖于另外一些包。为了展现这棵依赖树的结构，我们调用绘图函数来完成：

```
> g <- graph.data.frame(edges[edges$src %in% c('igraph', deptree), ])
> plot(g)
```

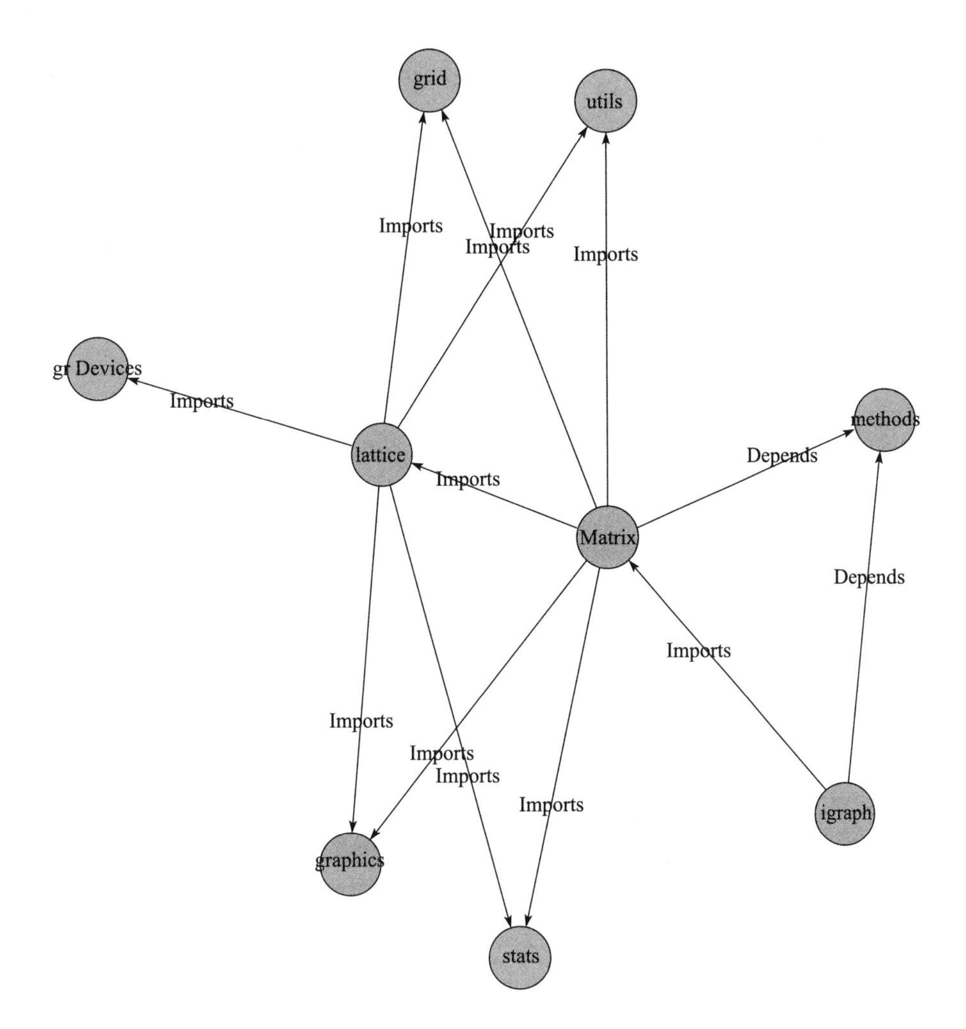

从图中可知，igraph 包确确实实仅依赖于一个包，尽管它使用了一些 Matrix 包的函数，其他几个提及的包都是因为和后者存在依赖关系。

为了更形象地描述上述依赖关系来说明问题，我们可以考虑去掉依赖标签，并用颜色来区分关系，然后给顶点加上颜色来强调 igraph 的依赖关系。可以通过 V 函数和 E 函数来调整顶点和边的属性值：

```
> V(g)$label.color <- 'orange'
> V(g)$label.color[V(g)$name == 'igraph'] <- 'darkred'
> V(g)$label.color[V(g)$name %in%

+         edges$dep[edges$src == 'igraph']] <- 'orangered'
> E(g)$color <- c('blue', 'green')[factor(df$label)]
> plot(g, vertex.shape = 'none', edge.label = NA)
```

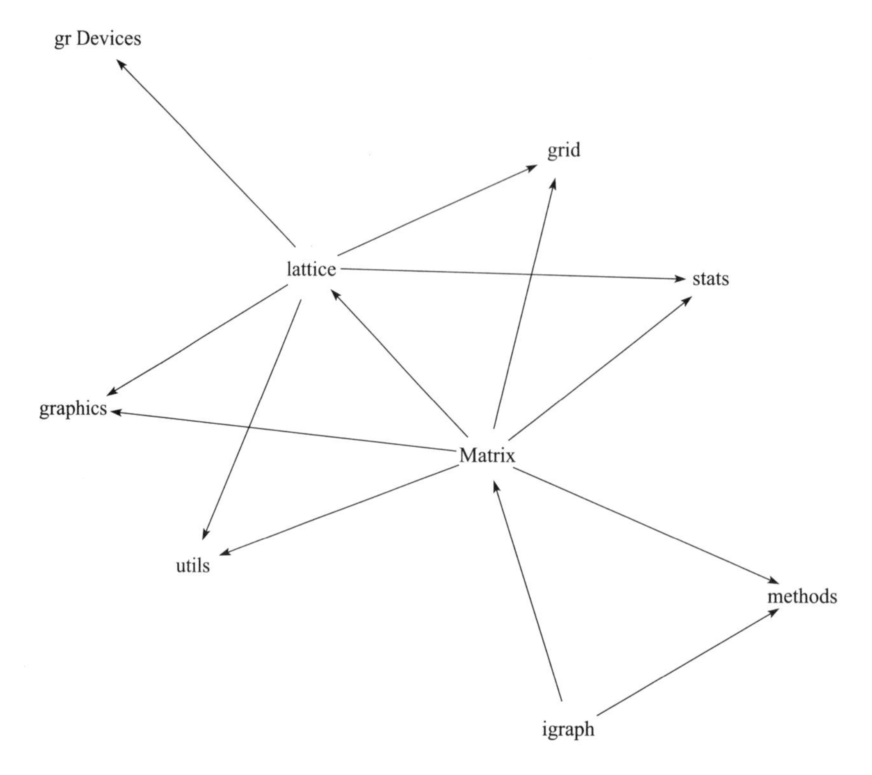

效果好多了！我们的中心主题 igraph 包，用深色高亮显示，与其相关的两个直接依赖关系用略暗的颜色表示，其他依赖关系都改为用浅一点的颜色表示。类似地，相对大量存在的导入关系，我们可以用深色箭头来强调依赖（Depend）关系。

11.3.1 交互网络图

如果读者不喜欢图中结点的排列效果怎么办？可以修改最后一行命令得到新结果，或者使用 tkplot 函数得到一个动态图形，这样就可以通过拖拽结点动态地调整得到适合的布局：

```
> tkplot(g, edge.label = NA)
```

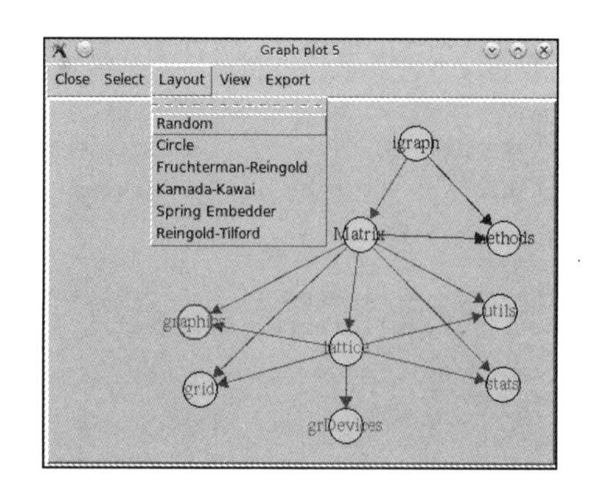

我们还能做得更好一点吗？尽管上图的结果已经非常有价值，但对 JavaScript 授权的交互图的当前趋势没有涉及。因此，下面我们再使用 htmlwidgets 和 visNetwork 两个包，借助 JavaScript 重绘刚才的交互图。本书第 13 章将对任务过程展开详细说明，读者即使不具备 Java 脚本语言的基础也能够完成，仅需将抽取的结点和边数据集传给 visNetwork 函数：

```
> library(visNetwork)
> nodes <- get.data.frame(g, 'vertices')
> names(nodes) <- c('id', 'color')
> edges <- get.data.frame(g)
> visNetwork(nodes, edges)
```

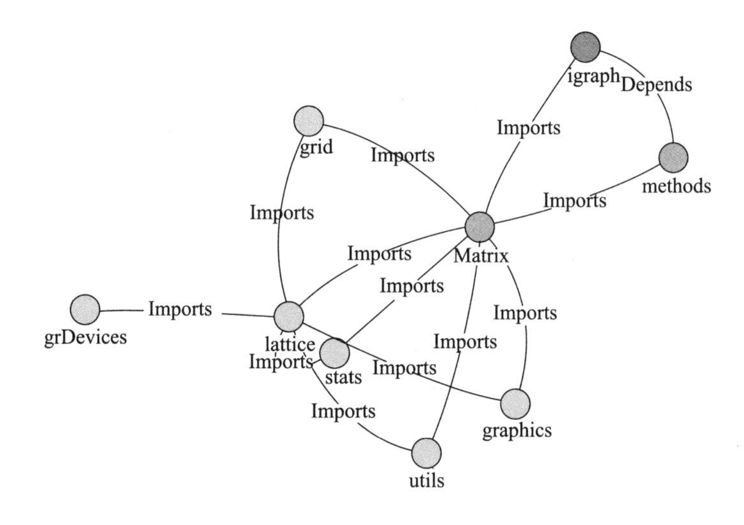

11.3.2 绘制层次图

相应地，也可以通过编写程序，绘制有序树来生成类似的层次图：

```
> g <- dominator.tree(g, root = "igraph")$domtree
> plot(g, layout = layout.reingold.tilford(g, root = "igraph"),
+   vertex.shape = 'none')
```

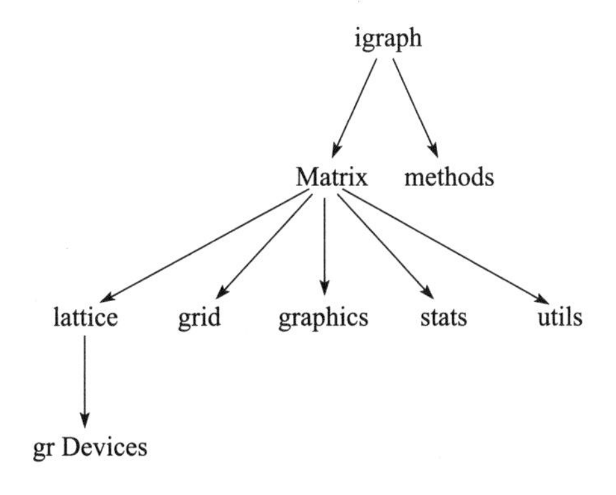

11.3.3 使用R包来解释包的依赖关系

鉴于我们正在应用的R，这样一种统计编程环境，其最激动人心也最强大的特性就在于它拥有活跃的社区，我们也可能希望寻找另外一些早已经实现的解决方案来完成问题的解答。如果我们在谷歌上简单搜寻一下，或翻阅 StackOverflow 或 http://www.r-bloggers.com/ 的一些帖子，就会发现 Revolution Analytics 公司提供的 miniCRAN 包，提供了一些相关的实用函数：

```
> library(miniCRAN)
> pkgs <- pkgAvail()
> pkgDep('igraph', availPkgs = pkgs, suggests = FALSE,
+   includeBasePkgs = TRUE)
[1] "igraph"     "methods"     "Matrix"     "graphics"  "grid"
[6] "stats"      "utils"       "lattice"    "grDevices"
> plot(makeDepGraph('igraph', pkgs, suggests = FALSE,
+   includeBasePkgs = TRUE))
```

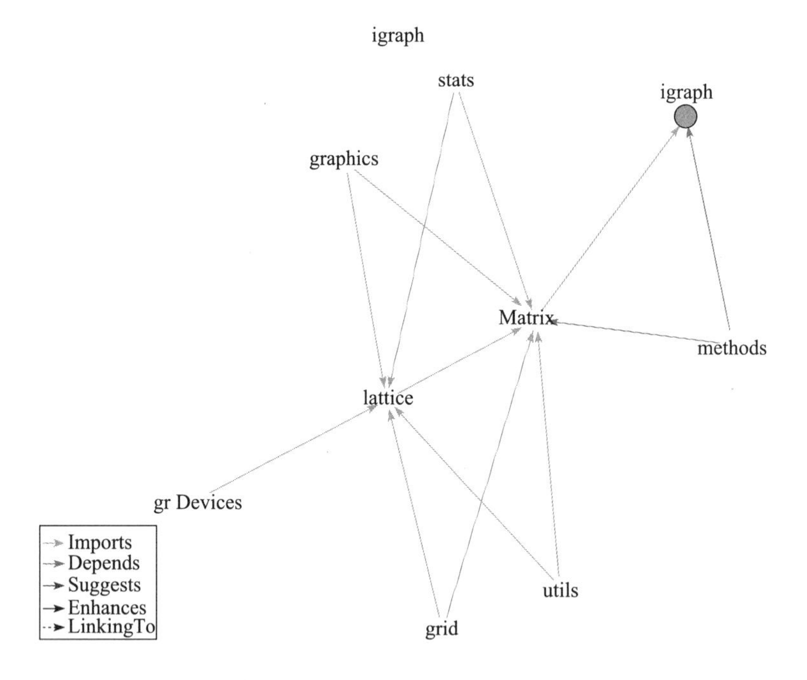

但如果回到最初的问题：我们该如何解释这些网络数据呢？

11.4 更多网络分析资源

除了令人惊艳的数据可视化功能，igraph 包还提供了很多其他功能，但很遗憾，我们无法在短短的一个章节中很好地阐述网络分析的理论。因此我建议读者应阅读包的文档说明，在文档里附带了很多有用的、不解自明的样例以及很好的参考。

简而言之，网络分析提供了多种方法来计算中心性和紧密性度量。就像我们在本章一开始介绍的那样，网络分析还能够确定其中的桥接关系并模拟它们的变化，此外还有很多不错的方法能够完成网络结点的分隔处理。

例如，在《Introduction to R for QuantitativeFinance》（我是该书的作者之一）这本书的"Financial Networks"一章中，我们开发了一些 R 脚本，能够基于同业拆借市场（interbank lending market）事务级别（transaction-level）网络数据来确定匈牙利的**系统重要性金融机构**（systemically important financial institution，SIFI）。该数据集和网络理论帮助我们实现了对金融危机的建模和预测，同时也能够模拟中央政府的干预效果。

更多有关该项研究的公开资源可以从 2015 年在芝加哥召开的 R/Finance 会议上获取（http://www.rinfinance.com/agenda/2015/talk/GergelyDaroczi.pdf），还有一个 Shiny 应用程序（https://bit.ly/rfin2015-hunbanks），相关的有一个基于仿真的感染模型也在《Mastering R for Quantitative Finance》这本书的"Systemic Risk"一章中有所论述。

在这项联合研究背后隐藏的核心思想是借助由同业拆借交易数据构成的网络来分析确定核心的、周边的以及半周边的金融机构。网络中的结点为银行机构，如果银行之间存在借贷关系，则代表银行的结点之间有一条边，这样我们就能够将周边结点中的桥接关系当成更小的银行之间的中转行，因为这些小银行彼此之间可能不会发生直接的借贷关系。

一个有趣的问题是，当借助数据集解决了一些技术问题之后，我们需要能够模拟如果某个中转银行发生了违约的情况，会带来什么后果，而该违约事件是否将对其他金融机构产生影响。

11.5　小结

本章篇幅不长，主要介绍了图形化数据集的一种新数据结构，我们使用了包括静态和交互式等各种 R 包完成了对这样一类小型网络的可视化展现。下一章，我们将深入探讨其他两种常用的数据类型：首先是时态数据的分析，接着是空间数据的分析。

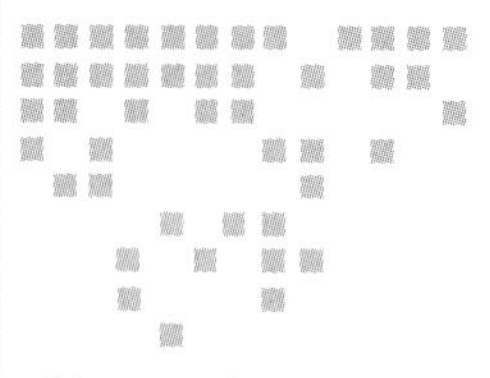

Chapter 12 第12章

时序数据分析

时序（time-series）数据是指按时间先后顺序排列的数据，通常被应用于金融领域，或者诸如社会科学等领域。与搜集不同横剖面数据相比，搜集整理随时间变化数据的很大一个优势在于我们能够获取同一个观测对象随时间变化的不同值，而不用比较很多不同的观测点。

因此，时序数据因其特性要求采用不同的分析方法和数据存储结构。本章，我们将探讨以下内容：

- 首先，我们将了解如何导入并将观测值转换为时序对象。
- 然后，学会分析时序对象的方法，通过平滑和筛选观测值来调整可视化效果。
- 除了选择季节分解（seasonal decomposition）方法，我们还将介绍基于时序模型（time-series model）的趋势方法（forecasting method），同时探讨诸如确定时序数据中的孤立点（outlier）、极值（extreme value）和异常值（anomaly）等不同方法。

12.1 创建时序对象

很多关于时序分析的指南手册都会首先介绍stats包的ts函数，它能以非常直接的方式创建时序对象。只需要准备好一个数值向量或数值矩阵（时序分析绝大多数时候处理的是连续变量），指定数据的频率，就搞定了！

频率是指采集数据的自然时间跨度，依据事件发生的季节特征而定。因此，对于月度数据，应该将其设置为12，如果是季度数据，频率设为4，如果是以天计数的数据，则设置为365或7。例如，像社会科学领域，用户数据的周季节特征很明显，则频率应该设为7，但如果数据每一天都有不同变化，例如，天气数据，则频率就应该设置为365。

在即将开始的样例中，我们将使用hflights数据集的日常汇总统计数据。首先，导入相关数据集并转换为 data.table 对象以便能够很容易地完成汇聚操作。另外，还需要从已知的 Year、Month 和 DayofMonth 列中获得日期变量：

```
> library(hflights)
> library(data.table)
> dt <- data.table(hflights)
> dt[, date := ISOdate(Year, Month, DayofMonth)]
```

下面，计算 2011 年每天的航班次数、到达延误数、被取消的航班数以及相关航班的平均飞行距离：

```
> daily <- dt[, list(
+      N          = .N,
+      Delays     = sum(ArrDelay, na.rm = TRUE),
+      Cancelled = sum(Cancelled),
+      Distance   = mean(Distance)
+ ), by = date]
> str(daily)
Classes 'data.table' and 'data.frame':  365 obs. of  5 variables:
 $ date     : POSIXct, format: "2011-01-01 12:00:00" ...
 $ N        : int  552 678 702 583 590 660 661 500 602 659 ...
 $ Delays   : int  5507 7010 4221 4631 2441 3994 2571 1532 ...
 $ Cancelled: int  4 11 2 2 3 0 2 1 21 38 ...
 $ Distance : num  827 787 772 755 760 ...
 - attr(*, ".internal.selfref")=<externalptr>
```

12.2 展现时序数据

现在，我们手头拿到了一个非常熟悉的数据结构：365 行代表 2011 年的每一天，5 列分别为第一列日期变量的 4 个度量。将这些数据转换为时序数据对象并用图形展现：

```
> plot(ts(daily))
```

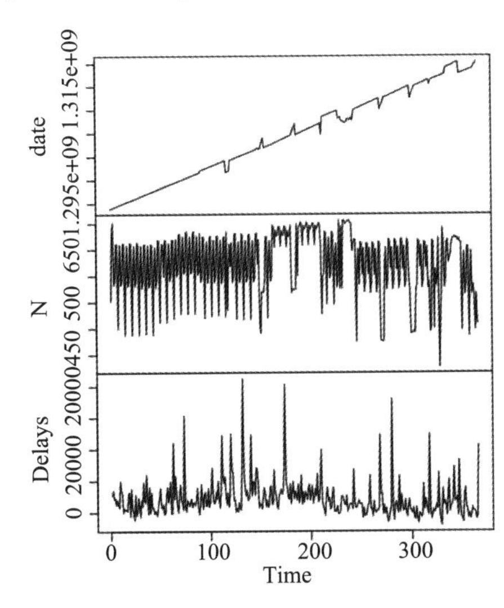

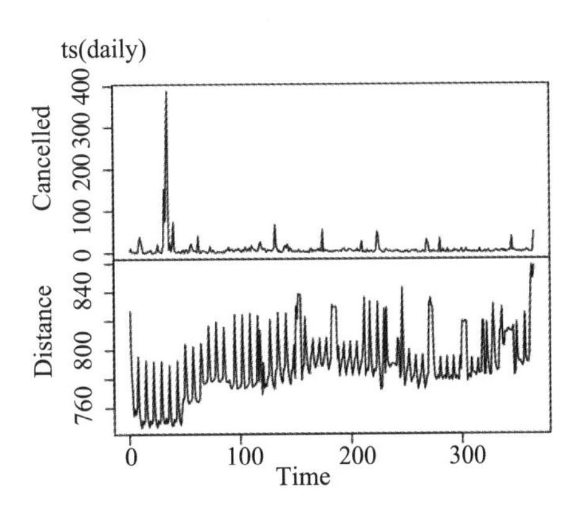

非常容易，是不是？我们刚刚将一些相互独立的时序对象绘制在线图中。不过，第一张图想说明什么问题呢？x 轴的值从 1 开始，一直到 365，这是因为 ts 函数不会自动去判断存储日期的第一列。另一方面，我们发现日期被转换为 y 轴上的时间戳了，那么这些点应该形成一条直线吗？

这就是数据可视化的美妙之一：一个简单的图形就能够解释数据之间的最重要特性。看起来，应该将这些数据按日期排序：

```
> setorder(daily, date)
> plot(ts(daily))
```

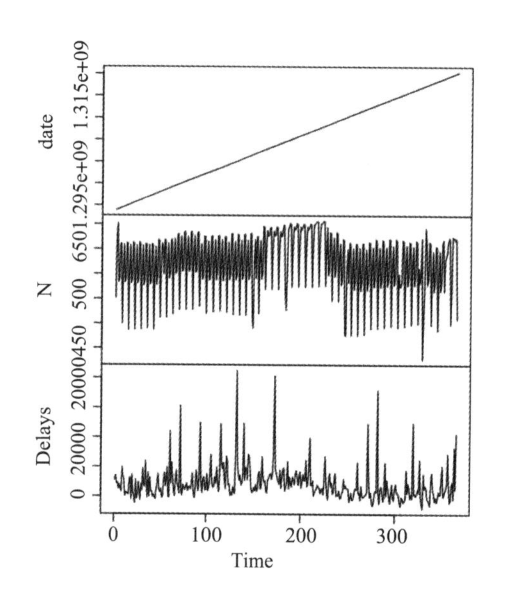

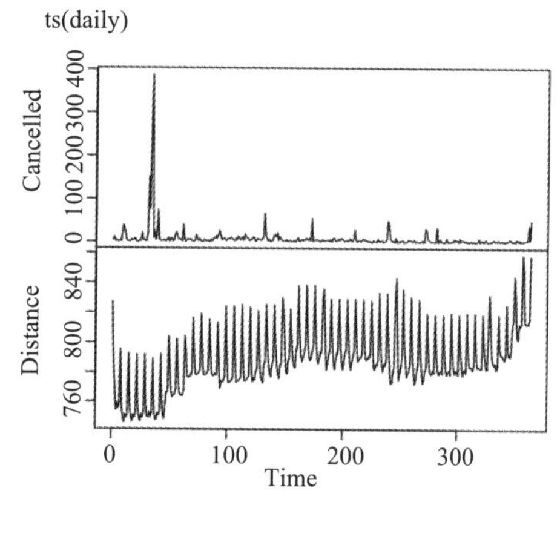

好多了！现在这些值的顺序就对了，我们可以将注意力放在一个一个的时序数据上了。首先来看一下从 2011 年第一天开始，每天的航班数：

```
> plot(ts(daily$N, start = 2011, frequency = 365),
+       main = 'Number of flights from Houston in 2011')
```

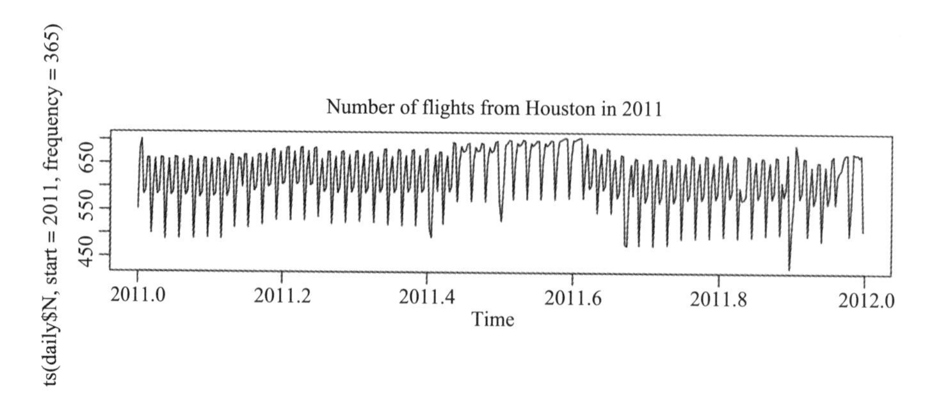

12.3　季节性分解

看起来，工作日航班数目波动非常大，这也非常吻合人们日常行为的特征。为了验证这个猜想，我们将这些时序数据分别分解为季节性、整体趋势以及去掉平均值的随机成分，以辨认并去掉其以星期为周期的特征性。

尽管可以通过集成 diff 和 lag 函数手动完成，也可以采用更直接的方式，即调用 stats 包的 decompose 函数：

```
> plot(decompose(ts(daily$N, frequency = 7)))
```

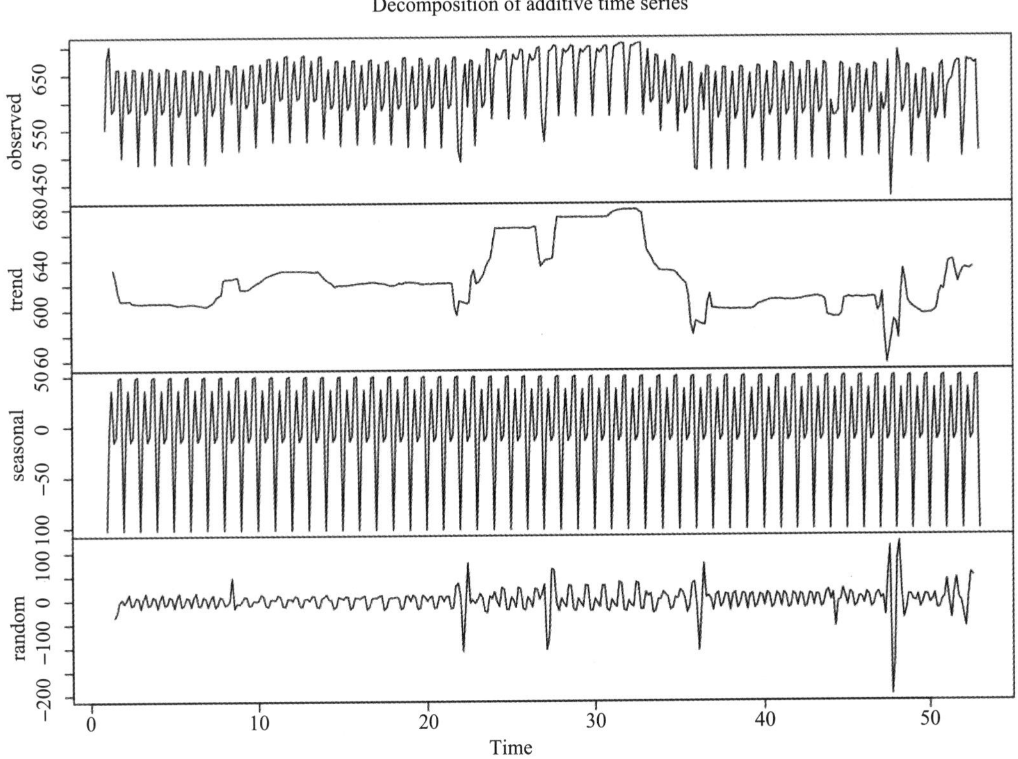

通过周季节性分解去掉图中的突起，可以观测到 2011 年航班数目的一个整体趋势。其中，x 轴代表了自 2011 从 1 月 1 日开始计算的周数（每 7 天为 1 周），在 25 周到 35 周之间出现的峰间距是暑期时间，航班数量最少的一周为第 46 周，这可能是因为感恩节的缘故。

图中展示的周季节性也许更让人感兴趣，但受每周 7 天，一年 52 周的这种重复性季节特征影响，要在上面的图中增加信息很难。因此，让我们从中抽取一些数据，并以合适的表格方式展现：

```
> setNames(decompose(ts(daily$N, frequency = 7))$figure,
+          weekdays(daily$date[1:7]))
   Saturday      Sunday      Monday     Tuesday   Wednesday
-102.171776   -8.051328   36.595731  -14.928941   -9.483886
   Thursday      Friday
  48.335226   49.704974
```

由于季节性的影响（上述数字代表的是和平均值的差异），一般而言周一和周末两天航班数最多，同时周六的航班数要相对少一点。

遗憾的是，由于数据集仅有一年的数据，因此我们没办法从上面的时序数据中分解得到年度季节性成分。按规定，数据集至少要包含给定频率的两个时间周期的数据：

```
> decompose(ts(daily$N, frequency = 365))
Error in decompose(ts(daily$N, frequency = 365)) :
  time series has no or less than 2 periods
```

更多有关季节性分解的内容，请参考 stats 包的 stl 函数，该函数使用了多项回归模型（polynomial regression model）来处理时序数据。下一节我们将探讨其中的一部分问题。

12.4 Holt-Winters 筛选

我们可以通过指数平滑（Holt-Winters）筛选来去掉季节性对时序数据的影响。如果将 HoltWinters 函数的参数 beta 设置为 FALSE，则可以通过指数平滑去掉所有的孤立点；将参数 gamma 设置为 FALSE，将得到一个非季节性模型。简单样例如下：

```
> nts <- ts(daily$N, frequency = 7)
> fit <- HoltWinters(nts, beta = FALSE, gamma = FALSE)
> plot(fit)
```

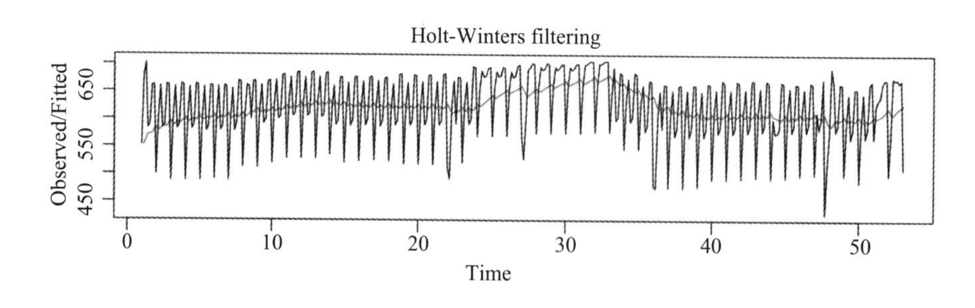

红线代表被筛选掉的时序数据，我们还可以通过激活 beta 和 gamma 参数进行二次或三次指数模型拟合，得到更好的拟合效果：

```
> fit <- HoltWinters(nts)
> plot(fit)
```

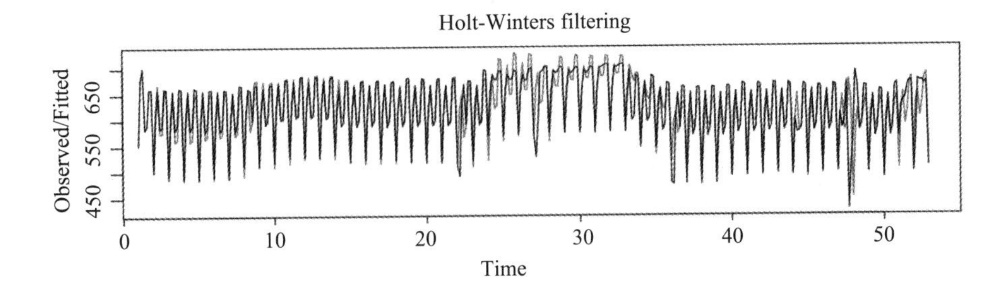

模型能够得到与原始数据集非常相似的结果，因此也可以用于预测未知值。到目前为止，我们使用的依然是 forecast 包。默认地，forecast 函数能够预测接下来 2 个周期的数值：

```
> library(forecast)
> forecast(fit)
         Point Forecast    Lo 80    Hi 80    Lo 95    Hi 95
53.14286       634.0968 595.4360 672.7577 574.9702 693.2235
53.28571       673.6352 634.5419 712.7286 613.8471 733.4233
53.42857       628.2702 588.7000 667.8404 567.7528 688.7876
53.57143       642.5894 602.4969 682.6820 581.2732 703.9057
53.71429       678.2900 637.6288 718.9511 616.1041 740.4758
53.85714       685.8615 644.5848 727.1383 622.7342 748.9889
54.00000       541.2299 499.2901 583.1697 477.0886 605.3712
54.14286       641.8039 598.0215 685.5863 574.8445 708.7633
54.28571       681.3423 636.8206 725.8639 613.2523 749.4323
54.42857       635.9772 590.6691 681.2854 566.6844 705.2701
54.57143       650.2965 604.1547 696.4382 579.7288 720.8642
54.71429       685.9970 638.9748 733.0192 614.0827 757.9113
54.85714       693.5686 645.6194 741.5178 620.2366 766.9005
55.00000       548.9369 500.0147 597.8592 474.1169 623.7570
```

函数预测了 2012 年头两周的航班数，其中（除了对每个值的准确预测）还包括了置信区间。也许在图形中展示这些预测值和它们的置信区间更有意义：

```
> plot(forecast(HoltWinters(nts), 31))
```

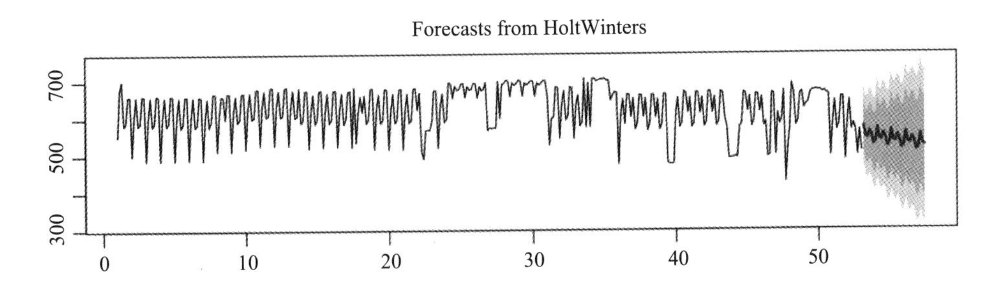

深色的震荡曲线展示了对未来 31 个时间区间的预测结果，而周围的灰色区域则包含了由 forecast 函数得到的置信区间。

12.5 自回归积分滑动平均模型

我们也可以使用自回归积分滑动平均（Autoregressive Integrated Moving Average，ARIMA）模型得到相似的结果。为了预测时序数据的值，我们通常会首先对数据进行平稳化（stationarize）处理，即数据在整个时间段内均值固定、方差固定和自相关性固定。在前面两节中，我们使用季节分解和 Holt-Winters 筛选方法来实现。本节，我们将采用自回归滑动平均（Autoregressive Moving Average，ARMA）模型的广义版本——ARIMA 来完成数据的转换。

ARIMA(p, d, q) 实际包含了三个模型，每个模型都带有三个非负整数的参数：

- ❑ p 代表模型的自回归部分
- ❑ d 代表积分部分
- ❑ q 代表滑动平均部分

ARIMA 模型相对 ARMA 模型增加了积分（差分）部分，因此可以处理非平稳时序数据，因为通过差分处理，这些非平稳数据会变得平稳——换句话说，也即参数 d 的值大于 0。

通常，如果要为某个时序数据选择最优 ARIMA，需要构建多个不同参数的模型并比较这些模型的拟合效果。另一方面，forecast 包提供了一个非常有用的函数，该函数通过执行单位根检验（unit root test）以及最小化模型的**最大似然**（maximum-likelihood，ML）以及**赤池信息量**（Akaike Information Criterion，AIC）得到最优拟合 ARIMA 模型：

```
> auto.arima(nts)
Series: ts
ARIMA(3,0,0)(2,0,0)[7] with non-zero mean

Coefficients:
         ar1      ar2     ar3    sar1    sar2  intercept
      0.3205  -0.1199  0.3098  0.2221  0.1637   621.8188
s.e.  0.0506   0.0538  0.0538  0.0543  0.0540     8.7260

sigma^2 estimated as 2626:  log likelihood=-1955.45
AIC=3924.9   AICc=3925.21   BIC=3952.2
```

看起来，AR(3) 模型在受 AR(2) 季节性影响下，其 AIC 最高，通过查阅 auto.arima 函数的帮助手册可知，模型筛选中应用到的信息准则是一个估计值，因为观测值的个数比较多（超过 100）。将参数 approximation 设为 Disable 状态，重新执行函数，将返回一个不同的模型：

```
> auto.arima(nts, approximation = FALSE)
Series: ts
ARIMA(0,0,4)(2,0,0)[7] with non-zero mean

Coefficients:
         ma1      ma2     ma3     ma4    sar1    sar2  intercept
      0.3257  -0.0311  0.2211  0.2364  0.2801  0.1392   621.9295
s.e.  0.0531   0.0531  0.0496  0.0617  0.0534  0.0557     7.9371

sigma^2 estimated as 2632:  log likelihood=-1955.83
AIC=3927.66   AICc=3928.07   BIC=3958.86
```

尽管上述季节 ARIMA 模型 AIC 值较高，我们也许更想通过指定参数 D 的值构建一个真实的 ARIMA 模型，通过以下估算得到一个集成模型：

```
> plot(forecast(auto.arima(nts, D = 1, approximation = FALSE), 31))
```

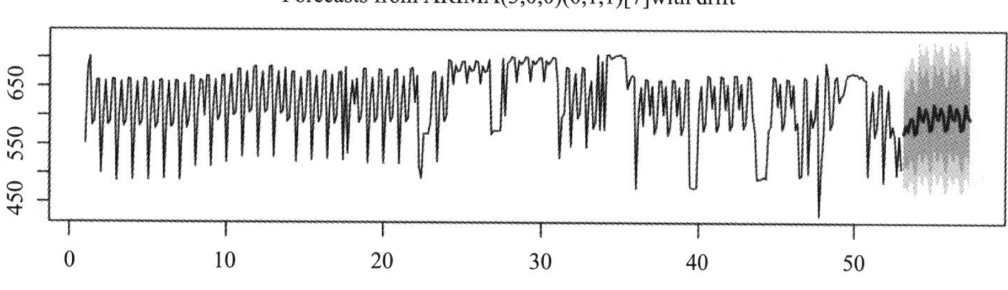

尽管某些时候时序分析存在一定困难（能够使用正确的参数找到合适的模型，要求用户非常熟悉这些统计方法），我们在上述简单的样例中也证实了即使仅对时序数据及相关方法有基本了解，某些时候也能得到不错的数据模式和预测结果。

12.6　孤立点检测

除了对未来的预测，在一组观测值中确认可疑或异常数据以避免它们对分析结果造成不利影响，也是时序数据处理经常要面临的任务之一。孤立点检测可以通过构建一个 ARIMA 模型，再分析预测值和实际值之间的距离来实现。tsoutliers 包提供了一种非常简单的方法来解决这个问题。下面，我们构建一个和 2011 年被取消的航班数相关的模型：

```
> cts <- ts(daily$Cancelled)
> fit <- auto.arima(cts)
> auto.arima(cts)
Series: ts
ARIMA(1,1,2)

Coefficients:
          ar1      ma1      ma2
      -0.2601  -0.1787  -0.7752
s.e.   0.0969   0.0746   0.0640

sigma^2 estimated as 539.8:  log likelihood=-1662.95
AIC=3333.9   AICc=3334.01   BIC=3349.49
```

现在我们可以用一个 ARIMA(1,1,2) 模型以及 tso 函数高亮（可以选择去掉）数据集中的异常值：

请注意，以下 tso 函数的调用如果是在单核 CPU 的机器执行，有可能花费好几分钟的时间，因为后台的计算量很大。

```
> library(tsoutliers)
> outliers <- tso(cts, tsmethod = 'arima',
+   args.tsmethod  = list(order = c(1, 1, 2)))
> plot(outliers)
```

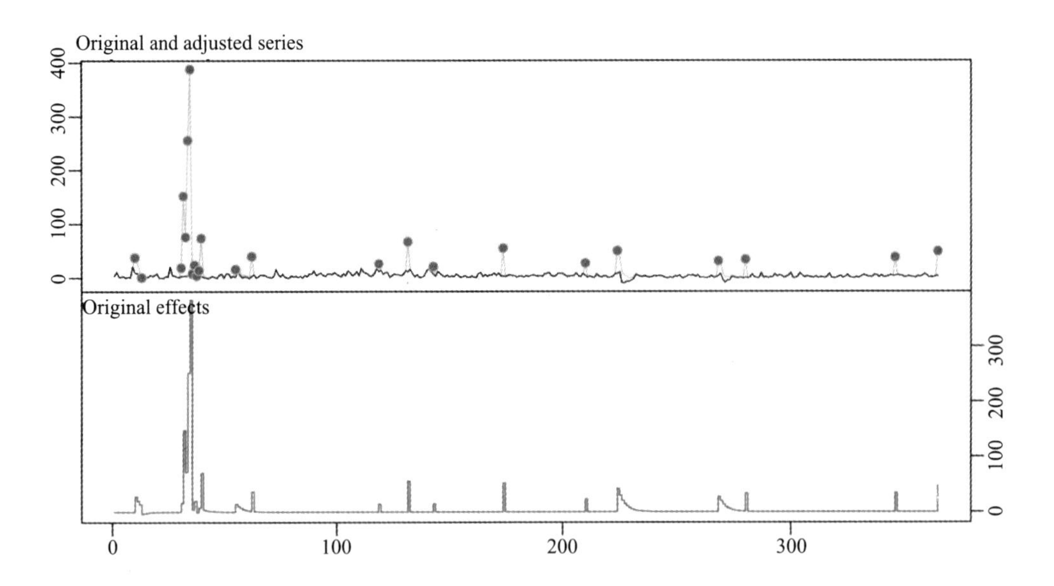

相应地，我们也可以在 tso 函数中调用 auto.arima 函数，自动执行上面所有的任务，除了指定时序数据对象，不需要再对其他任何参数做特定说明：

```
> plot(tso(ts(daily$Cancelled)))
```

不过，结果显示所有取消航班次数比较多的观测值都被当成异常值来对待，应该从数据集中被去掉。当然，将其考虑为异常时间还是不错的！不过这类信息也很有价值，它意味着，孤立事件的检验不能采用前面说过的方法。

一般而言，时序数据分析常被应用于对数据的趋势及季节性进行判断以及进行时序数据的平稳化处理。如果我们对常规事件的偏离点感兴趣，需要使用其他一些方法。

Twitter 近期发布了它的一个检验时序数据孤立点的 R 开发包。下面，我们就将使用这个 AnomalyDetection 包以一种非常便捷的方式来完成孤立点的检验。读者可能已经注意到了，tso 函数执行速度很慢，不能处理大数据集——而 AnomalyDetection 包相对就好很多。

我们可以将输入数据当做 data.frame 的向量处理，第一列存储时间戳。不过，AnomalyDetection 函数不太适合处理 data.table 对象，因此我们需要将数据集转换为传统的 data.frame 类：

```
> dfc <- as.data.frame(daily[, c('date', 'Cancelled'), with = FALSE])
```

下面，导入 AnomalyDetection 包，并且绘制检验得到的结果：

```
> library(AnomalyDetection)
> AnomalyDetectionTs(dfc, plot = TRUE)$plot
```

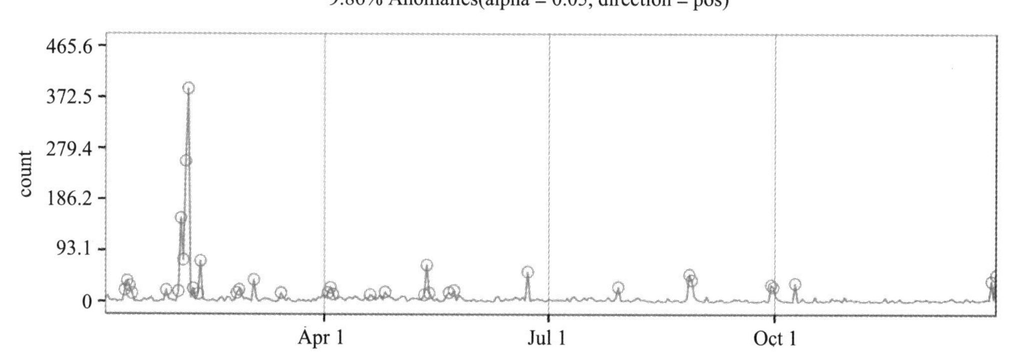

结果图和之前的非常相似，但是有两个读者可能已经注意到的问题需要说明。函数的执行速度非常快，同时，结果图中包含了一些易于理解的日期信息，而非一些难以理解的坐标轴点。

12.7 更复杂的时序对象

R 的时序对象类 ts 的最大不足（除了前面提到的 x 轴标识问题）在于其无法处理不规则的时间序列。为了克服这个缺陷，R 提供了其他几种替代方法。

zoo 包以及依赖它的包 xts 都能够兼容 ts 类对象，并提供了非常多的方法。我们现依据现有数据集构建一个 zoo 对象，并使用默认绘图方法表示它：

```
> library(zoo)
> zd <- zoo(daily[, -1, with = FALSE], daily[[1]])
> plot(zd)
```

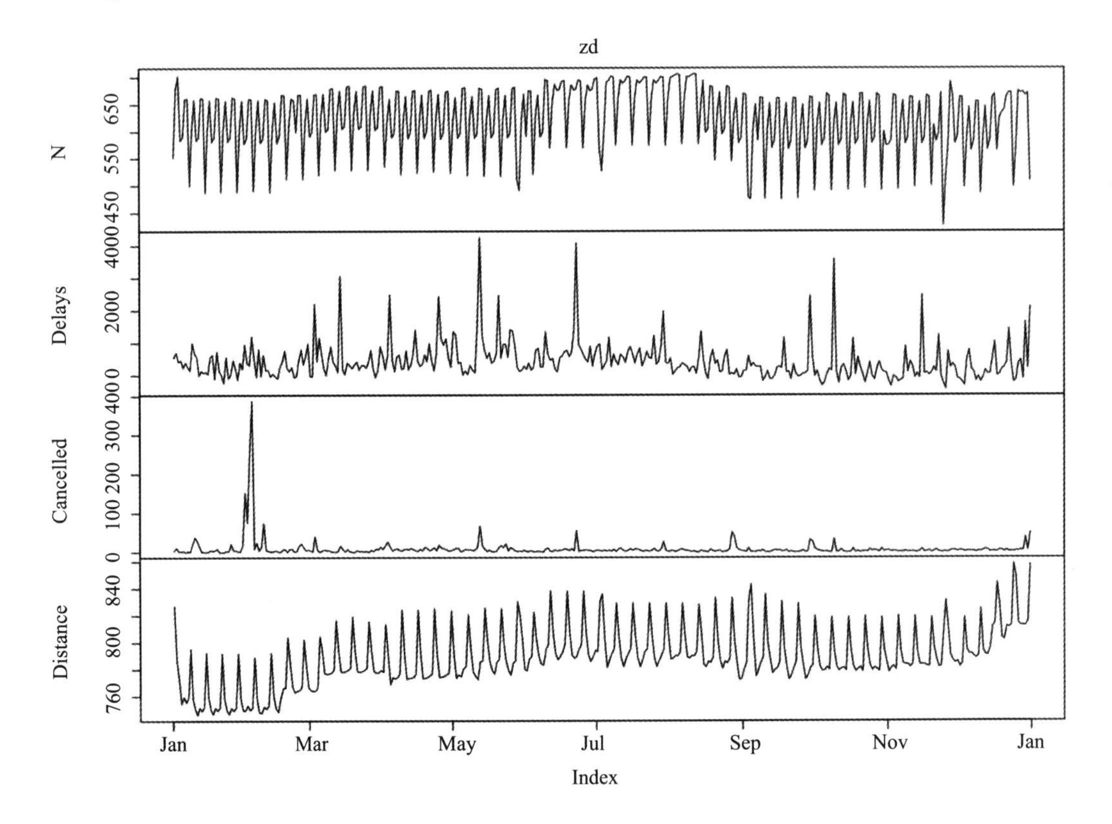

我们将 date 列定义为被观测对象的时间戳，因此在图中并未显示出来。x 轴采用了易于理解的方式表示日期，在浏览了前几页大量只用整数标识的对象后，这种方式实在是令人感觉愉快。

当然，zoo 支持大多数 ts 方法，例如 diff、lag 或累积求和等，在处理可视化数据的流量特征时，这些方法都能派上用场：

```
> plot(cumsum(zd))
```

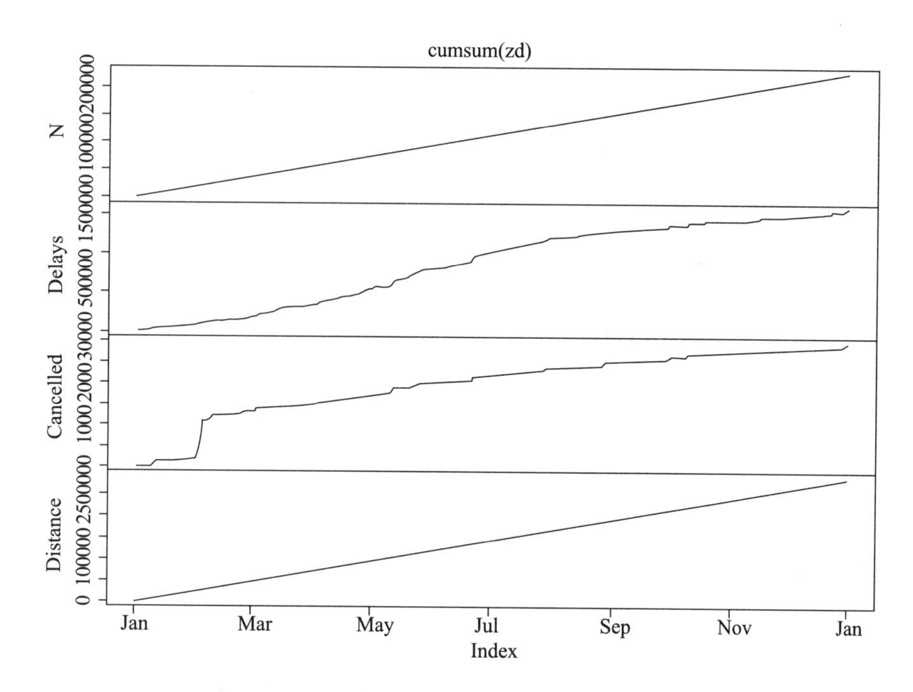

如上图所示，用直线表示的变量 N 说明数据集中没有缺失值，数据采集的频率是每天一次。另外，表示航班取消数（Cancelled）的曲线在二月份变化很大，说明在 2011 年这一天取消的航班数占了一年中被取消航班数的相当一部分。

12.8 高级时序数据分析

遗憾的是，由于篇幅限制本章并不能对时序数据进行深入讨论。老实说，即使再花上两倍甚至三倍的时间也不一定能把这个问题解释得非常清楚，因为时序分析、预测以及孤立点检验都是统计分析分析里最复杂的问题。

好消息就是有非常多的指南可以帮助我们！其中最好的资源之一——最完整的时序分析的免费资源——可从 https://www.otexts.org/fpp 处获得。上面提供了非常多的有关预测和一般时序分析实用和详细的指导，如果读者希望将来能够创建更复杂和可行的时序模型，我强烈建议大家认真阅读这些帮助文档。

12.9 小结

本章着重探讨了对时序数据的导入、展现及建模。我们无法涉及这样一个具有挑战性领域的全部内容，所以重点讨论了使用最为广泛的数据平滑及筛选算法，季节分解和 ARIMA 模型。基于以上内容，我们计算得到了一些预测值和估计值。

下一章与本章内容有些类似，我们将探讨数据集另外一个重要维度的领域无关问题：与时间无关，而是探讨数据的样本源自何方。

Chapter 13 第 13 章

我们身边的数据

空间数据，也被称为地理数据，能够确定对象的地理位置，例如，我们身边天然或者人造的环境特征。尽管所有的观测值都或多或少包含了一些空间内容，诸如观测值的采样点等，但由于空间数据自身的复杂性，绝大多数数据分析工具都无法处理它们。此外，在特定研究领域，空间特性也许也并不让人那么感兴趣（乍看起来）。

而另一方面，对空间数据的分析能够揭示数据的一些重要潜在结构，也值得我们花时间去展现这些或远或近的数据点之间的相似性和相异性。

本章，我们将就上述问题展开讨论，并会使用大量的 R 开发包来解决：

- 从 Internet 上检索空间信息
- 在地图上展示数据点和多边形
- 计算一些空间统计值

13.1 地理编码

在前面的章节中，我们使用了 hflights 数据集介绍了处理带地理信息的数据的方法。现在，我们将对数据集进行汇聚处理，就像在 12 章一样，但这里我们不是生成每天的数据，观察一下有关机场的汇聚信息，为了简单起见，我们仍然会使用第 3 章和第 4 章介绍过的 data.table 包：

```
> library(hflights)
> library(data.table)
> dt <- data.table(hflights)[, list(
+     N          = .N,
```

```
+       Cancelled = sum(Cancelled),
+       Distance  = Distance[1],
+       TimeVar   = sd(ActualElapsedTime, na.rm = TRUE),
+       ArrDelay  = mean(ArrDelay, na.rm = TRUE)) , by = Dest]
```

现在我们已经导入 hfights 数据集并将其转换为一个 data.table 对象。同时，我们将统计目的地相同的航班的这些信息：

- 行的个数
- 被取消的航班数
- 飞行距离
- 航班飞行时间的标准差
- 延误时间的算术平均值

得到的 R 对象类似下面这样：

```
> str(dt)
Classes 'data.table' and 'data.frame': 116 obs. of 6 variables:
 $ Dest     : chr  "DFW" "MIA" "SEA" "JFK" ...
 $ N        : int  6653 2463 2615 695 402 6823 4893 5022 6064 ...
 $ Cancelled: int  153 24 4 18 1 40 40 27 33 28 ...
 $ Distance : int  224 964 1874 1428 3904 305 191 140 1379 862 ...
 $ TimeVar  : num  10 12.4 16.5 19.2 15.3 ...
 $ ArrDelay : num  5.961 0.649 9.652 9.859 10.927 ...
 - attr(*, ".internal.selfref")=<externalptr>
```

现在，我们已经得到了由 5 个变量描述的 116 个观测样本，它们遍布在全世界各个地方。尽管数据集看起来像空间数据集，但我们还没有增加能使得计算机理解数据意义的相关地理信息标签。因此，下面让我们通过 ggmap 包，从谷歌地图 API（Google Maps API）获取这些机场位置的地理编码。首先看一下如果我们要得到休斯顿的地理坐标估计应该怎么做：

```
> library(ggmap)
> (h <- geocode('Houston, TX'))
Information from URL : http://maps.googleapis.com/maps/api/geocode/json?a
ddress=Houston,+TX&sensor=false
       lon      lat
1 -95.3698 29.76043
```

函数 geocode 能够返回与传递给谷歌的字串相匹配的经度和纬度值。现在，让我们查找所有航班目的地的地理坐标：

```
> dt[, c('lon', 'lat') := geocode(Dest)]
```

上面的操作看起来需要花些时间，因为必须要分别通过谷歌地图 API 执行 116 个单独的查询，因此不要在大数据集上执行该命令。该开发包中还包含了一个辅助函数 geocodeQueryCheck，它可以用来查询当天剩余免费查询次数。

我们在本章后面部分将用到的一些方法和函数不支持 data.table 对象，因此需要转换为传统的 data.frame 格式，当前对象的数据结构如下：

```
> str(setDF(dt))
'data.frame':  116 obs. of  8 variables:
 $ Dest      : chr  "DFW" "MIA" "SEA" "JFK" ...
 $ N         : int  6653 2463 2615 695 402 6823 4893 5022 6064 ...
 $ Cancelled: int  153 24 4 18 1 40 40 27 33 28 ...
 $ Distance : int  224 964 1874 1428 3904 305 191 140 1379 862 ...
 $ TimeVar  : num  10 12.4 16.5 19.2 15.3 ...
 $ ArrDelay : num  5.961 0.649 9.652 9.859 10.927 ...
 $ lon      : num  -97 136.5 -122.3 -73.8 -157.9 ...
 $ lat      : num  32.9 34.7 47.5 40.6 21.3 ...
```

非常便捷，是不是？现在我们已经得到了所有机场的经纬度信息，下面我们将尝试在地图上展示这些点。

13.2 在空间中展示数据点

由于是头一次，因此我们尽量将问题简化，导入一些包自带的多边形作为基图。现在，我们将使用 maps 包，当装载该包后，再使用 map 函数绘制美国地图，增加标题栏以及代表机场的圆点，并用稍微特别一点的符号表示休斯顿机场：

```
> library(maps)
> map('state')
> title('Flight destinations from Houston,TX')
> points(h$lon, h$lat, col = 'blue', pch = 13)
> points(dt$lon, dt$lat, col = 'red', pch = 19)
```

Flight destinations from Houston, TX

在图中增加机场的名称很简单：可以使用基础的 graphics 包提供的大家都熟悉的函数。下面，我们将三个字符串作为 text 函数的参数添加到图中，并稍微调整增大 y 的值，使得机场名称与前面展示代表机场位置的数据点不会重叠：

```
> text(dt$lon, dt$lat + 1, labels = dt$Dest, cex = 0.7)
```

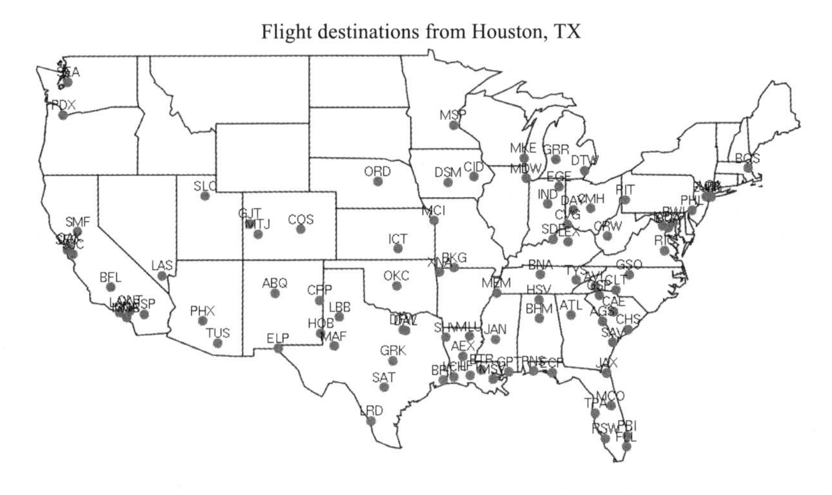

我们也可以改变图中数据点的颜色，以便在地图中能够高亮显示 2011 年飞往美国不同地区的航班数：

```
> map('state')
> title('Frequent flight destinations from Houston,TX')
> points(h$lon, h$lat, col = 'blue', pch = 13)
> points(dt$lon, dt$lat, pch = 19,
+   col = rgb(1, 0, 0, dt$N / max(dt$N)))
> legend('bottomright', legend = round(quantile(dt$N)), pch = 19,
+   col = rgb(1, 0, 0, quantile(dt$N) / max(dt$N)), box.col = NA)
```

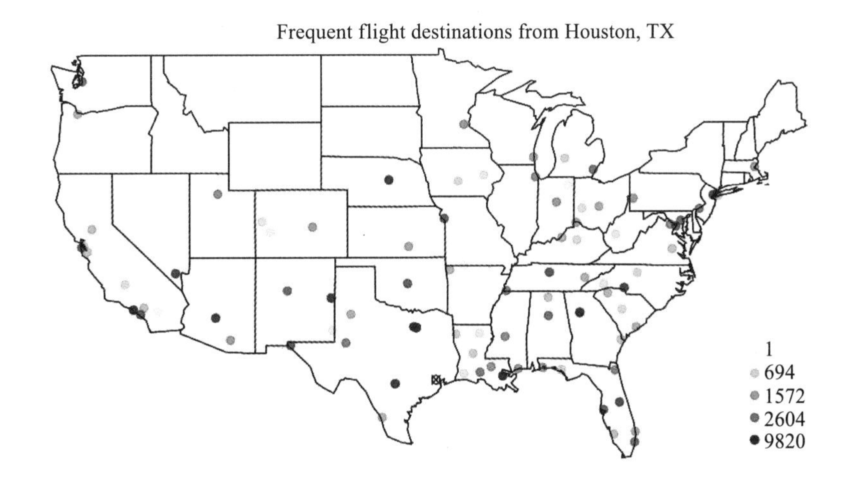

图中，不同深浅的圆点代表了给定点（机场）的航班数，其值为 1 到 10 000 之间。也许从州这一级去统计航班数会更有意义，因为这里面很多机场，相互之间的位置都非常接近，如果能够在更高一层的级别进行统计汇总可能更好。现在，我们已经完成了地图的绘制，并在地图上的相应位置标出了各个机场，使它成为了有意义的地图，而非单独的点。

13.3 找出数据点的多边形重叠区域

我们已经获得了用于定义每个机场所在州的数据，dt 数据集包括了机场位置的地理坐标信息，通过 map 函数，我们将这些州定义成若干多边形。事实上，map 函数不采用图形方式也能返回以下数据集：

```
> str(map_data <- map('state', plot = FALSE, fill = TRUE))
List of 4
 $ x     : num [1:15599] -87.5 -87.5 -87.5 -87.5 -87.6 ...
 $ y     : num [1:15599] 30.4 30.4 30.4 30.3 30.3 ...
 $ range: num [1:4] -124.7 -67 25.1 49.4
 $ names: chr [1:63] "alabama" "arizona" "arkansas" "california" ...
 - attr(*, "class")= chr "map"
```

目前，我们拥有了大概 16 000 个数据点来描述美国各州的边界信息，这张图比我们实际需要的信息要详细（参见代表华盛顿州的多边形）：

```
> grep('^washington', map_data$names, value = TRUE)
[1] "washington:san juan island" "washington:lopez island"
[3] "washington:orcas island"    "washington:whidbey island"
[5] "washington:main"
```

简而言之，一个州没有和其他州相连的区域被称为孤立的多边形，我们将那些后面没有带冒号的州名存放在列表对象中：

```
> states <- sapply(strsplit(map_data$names, ':'), '[[', 1)
```

我们将把这个列表作为聚集操作的基础。首先将这个 map 数据集转换为另一类对象，以便能够应用 sp 包的强大功能。可以使用 maptools 包完成这个转换：

```
> library(maptools)
> us <- map2SpatialPolygons(map_data, IDs = states,
+    proj4string = CRS("+proj=longlat +datum=WGS84"))
```

另外一种得到各州多边形的方法是直接导入这些数据而非如前所述那样对它们再进行转换。现在，读者可能已经发现使用 raster 包的 getData 函数来从 adm.org 下载免费的 shapefiles 非常有用。这些地图信息对前面那样一个简单的问题来说有点复杂，因此我们随时可以对这些数据集进行简化——例如，使用 rgeos 包的 gSimplify 函数。

我们现在已经创建了一个名为 us 的对象，该对象包含了给定投影下每个州的 map_data 多边形数据，我们可以和前面一样在地图中展示该对象，差别在于应该使用 plot 方法而非 map 函数：

```
> plot(us)
```

此外，sp 包还包含了其他一些非常强大的功能！例如，可以使用 over 函数来确定给定数据点的重叠区域。由于该函数与 grDevices 包的一个函数有冲突，因此在使用该函数时最好加上双冒号，通过命名空间的方式进行区分：

```
> library(sp)
> dtp <- SpatialPointsDataFrame(dt[, c('lon', 'lat')], dt,
+   proj4string = CRS("+proj=longlat +datum=WGS84"))
> str(sp::over(us, dtp))
'data.frame':  49 obs. of  8 variables:
 $ Dest     : chr  "BHM" "PHX" "XNA" "LAX" ...
 $ N        : int  2736 5096 1172 6064 164 NA NA 2699 3085 7886 ...
 $ Cancelled: int  39 29 34 33 1 NA NA 35 11 141 ...
 $ Distance : int  562 1009 438 1379 926 NA NA 1208 787 689 ...
 $ TimeVar  : num  10.1 13.61 9.47 15.16 13.82 ...
 $ ArrDelay : num  8.696 2.166 6.896 8.321 -0.451 ...
 $ lon      : num  -86.8 -112.1 -94.3 -118.4 -107.9 ...
 $ lat      : num  33.6 33.4 36.3 33.9 38.5 ...
```

发生了什么事？首先，我们将坐标与整个数据集传给了 SpatialPointsDataFrame 函数，该函数将数据集当成给定了经纬度的空间数据点处理。然后，调用 over 函数链接到美国各州的 dtp 值。

另外一种确定给定机场所在州的方法是从谷歌地图 API 查询获得更多信息。如果修改 geocode 函数的 output 参数的默认值，我们可以得到匹配成功的空间对象的所有地址信息，可以在其中找到所属州的信息。再来看下面这段代码：

```
geocode('LAX','all')$results[[1]]$address_components
```

基于此，我们能够得到所有机场的信息以及其所在州的名称缩写。用 rilist 包来完成这个任务非常方便，因为它提供了数种对列表进行操作的方法。

现在唯一的问题就是我们仅对每个州的一个机场进行了匹配，这肯定是不行的。再来看一下前面输出结果的第 4 列：LAX 是与加利福尼亚州匹配成功的机场（返回 states[4]），尽管在加利福尼亚州还有其他机场。

为了解决这个问题，我们至少要做两件事。首先，设置 over 函数的 returnList 参数，使结果能够返回 dtp 里所有匹配成功的行，然后再对这些数据进行进一步处理：

```
> str(sapply(sp::over(us, dtp, returnList = TRUE),
+   function(x) sum(x$Cancelled)))
 Named int [1:49] 51 44 34 97 23 0 0 35 66 149 ...
 - attr(*, "names")= chr [1:49] "alabama" "arizona" "arkansas" ...
```

这里，我们创建并调用了一个匿名函数，该函数能够统计由 over 返回的每个列表对象中被取消（Cancelled）的 data.frame 值。

另外，可能更清晰的方法是重新定义 dtp，使其仅包含相关的值，并将函数传递给 over 来做统计：

```
> dtp <- SpatialPointsDataFrame(dt[, c('lon', 'lat')],
+    dt[, 'Cancelled', drop = FALSE],
+    proj4string = CRS("+proj=longlat +datum=WGS84"))
> str(cancels <- sp::over(us, dtp, fn = sum))
'data.frame':  49 obs. of  1 variable:
 $ Cancelled: int  51 44 34 97 23 NA NA 35 66 149 ...
```

无论如何，我们已经有了一个向量，该向量包含了 US 各州的名称：

```
> val <- cancels$Cancelled[match(states, row.names(cancels))]
```

将缺失值处理为零（如果一个州被取消的航班数为零，该值将不属于缺失值，而确实就是零）：

```
> val[is.na(val)] <- 0
```

13.4 绘制主题图

现在绘制第一张主题图的所有准备工作都已经做好了。首先将 val 向量输入到前面调用过的 map 函数（或使用 us 对象加 plot 函数），指明图的标题，用小点表示休斯顿机场，并创建标签，说明不同的被取消的航班数：

```
> map("state", col = rgb(1, 0, 0, sqrt(val/max(val))), fill = TRUE)
> title('Number of cancelled flights from Houston to US states')
> points(h$lon, h$lat, col = 'blue', pch = 13)
```

```
> legend('bottomright', legend = round(quantile(val)),
+   fill = rgb(1, 0, 0, sqrt(quantile(val)/max(val))), box.col = NA)
```

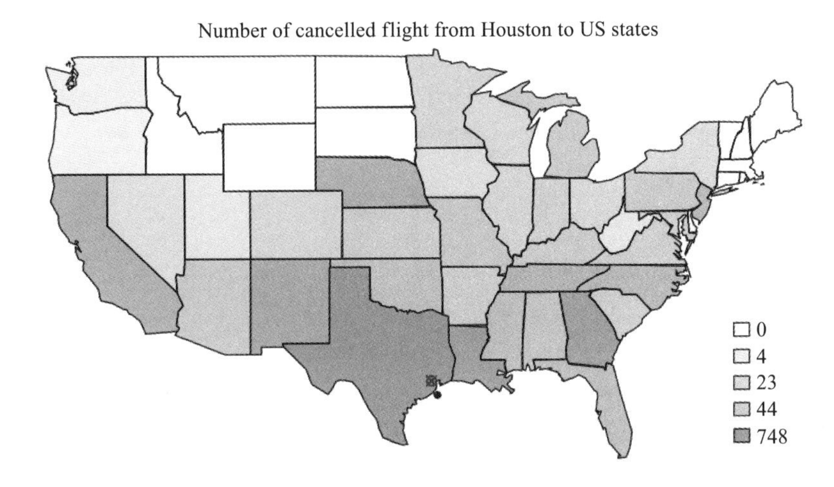

请注意，我们没有使用线性标尺，而是通过相关值的平方根来定义颜色的亮度，以便能够对不同州之间的差别突出显示。这样做有其必要性，因为得克萨斯州被取消的航班数最多（748），其他州被取消的航班数则都没超过 150（各州被取消的航班数的平均值在 45 左右）。

读者也可以很容易使用我们已经讨论过的这些包或者其他一些新的包来导入 ESRI 形状文件或其他地理向量数据格式，例如 maptools、rgdal、dismo、raster 或 shapefile 等。

此外，也许更容易的一种方法是创建地区级的主题图，特别是分级统计图，可以导入 Andy South 开发的 rworldmap 包，调用功能强大的 mapCountryData 函数。

13.5　围绕数据点绘制多边形

除了主题图，空间数据展示还可以通过基于数据值围绕数据点绘制多边形。在没有现成的多边形文件来绘制主题图时，该方法非常有效。

伪色彩图（level plot）、等高线图（contour plot）及等值线图都与导游图的设计相似，在这些图中，山的海拔高度通过以山顶为中心，将数值相同的点用线段连接在一起表示，能够很灵活地展现山的高度——将高度维投影在一个 2 维平面图中。

下面将我们得到的数据点看做另一平面图中山的高度值，重新处理以得到上述图形。数据集已经包含了这些山（机场）的高度以及山峰中心的准确地理坐标，唯一要增加的是绘制出这些对象的实际形状。换句话说，也即：

- 这些山彼此相连吗？
- 山峰有多陡峭？

- 需要考虑以下空间效应对数据的影响吗？即我们确实能够将这些点处理成 3 维的山峰而不是仅绘制得到一些零散的数据点吗？

如果最后一个问题的回答是肯定的，我们就可以着手调整绘图函数的参数以得到其他问题的答案了。现在，我们先简单假设空间效应对数据存在影响，用这样的方式来观察数据也是有意义的。接着，我们可以通过分析得到的结果图或者构建一些地理 - 空间模型来证实或推翻这个结论，这其中的一部分地理 - 空间模型将在 13.9 节进行解释说明。

13.5.1 等高线

首先，使用 fields 包将数据展开到矩阵中，可以对结果 R 对象指定任意大小的行列值，但为了分辨率效果，最好能指定大一点的值，例如，选择 256：

```
> library(fields)
> out <- as.image(dt$ArrDelay, x = dt[, c('lon', 'lat')],
+   nrow = 256, ncol = 256)
```

as.image 函数能够创建一个特殊的 R 对象，该对象包含了一个 3 维的类似矩阵一样的数据结构，其中，*x* 轴和 *y* 轴分别代表原始数据对象的经度和纬度。为了进一步简化问题，我们现在拥有了一个 256 行和 256 列的矩阵，矩阵的每个元素代表了一个均匀分布在最高和最低经纬度值中的离散值。*z* 轴为 ArrDelay 值——大多数时候这也是航班被取消的原因：

```
> table(is.na(out$z))
FALSE  TRUE
  112 65424
```

矩阵看起来像什么呢？用图表示的结果如下：

```
> image(out)
```

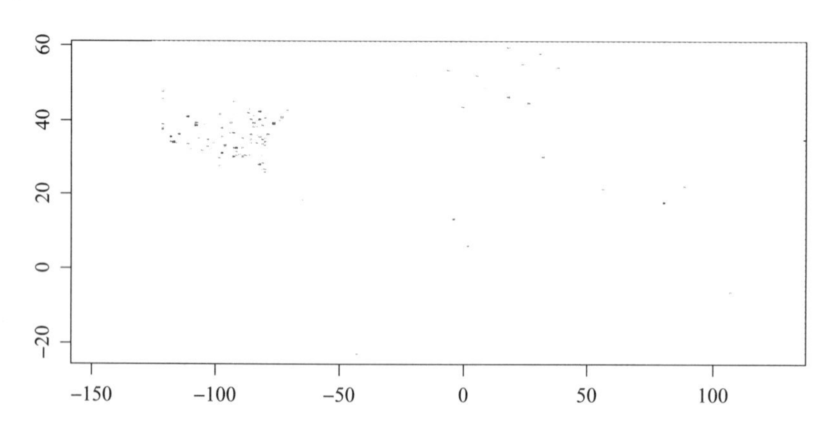

好吧，这个图看起来派不上什么用场。它说的是什么呢？数据点颜色由 z 值确定，图中很多标签是空的，因为 z 分量的缺失值很多。当前图中包含了很多美国之外的机场，如果将关注点局限在美国国内的机场，又会怎样呢？

```
> image(out, xlim = base::range(map_data$x, na.rm = TRUE),
+           ylim = base::range(map_data$y, na.rm = TRUE))
```

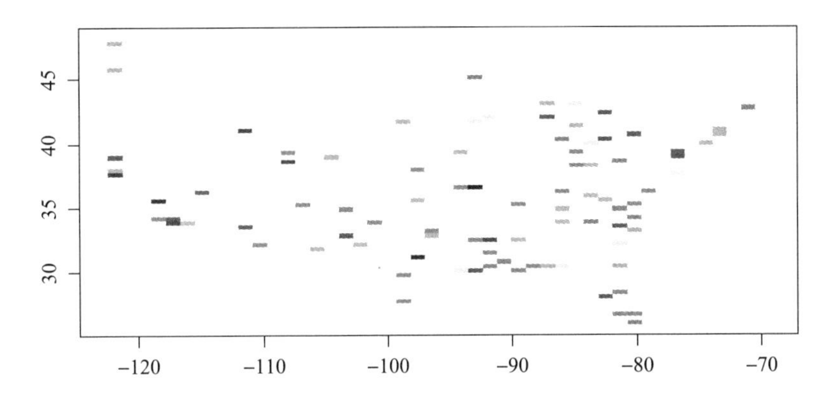

另外一种只绘制矩阵中仅为美国国内机场数据的简洁方法，可以在创建 out 对象之前从数据集中先去掉那些非美国国内机场的数据。下面我们将继续使用这个真实数据集作为教学样例，读者的注意力应放在数据集的目标子集上，而不要将时间花在数据平滑和建模上。

现在好多了！每个数据点都有了相应的标签，下面我们来尝试着确定出这些山峰的形状，以便在后面的特征图中能重新展现这些数据点。通过矩阵平滑可以达到这个目的：

```
> look <- image.smooth(out, theta = .5)
> table(is.na(look$z))
FALSE  TRUE
14470 51066
```

如结果表所示，算法从矩阵中成功地去掉了很多缺失值。image.smooth 函数基本重用了前面的数据集，对于临近的标签，如果出现重叠，则通过计算平均值来解决问题。平滑后得到的图形比较混乱，没有对行政或地理边界进行任何区分：

```
> image(look)
```

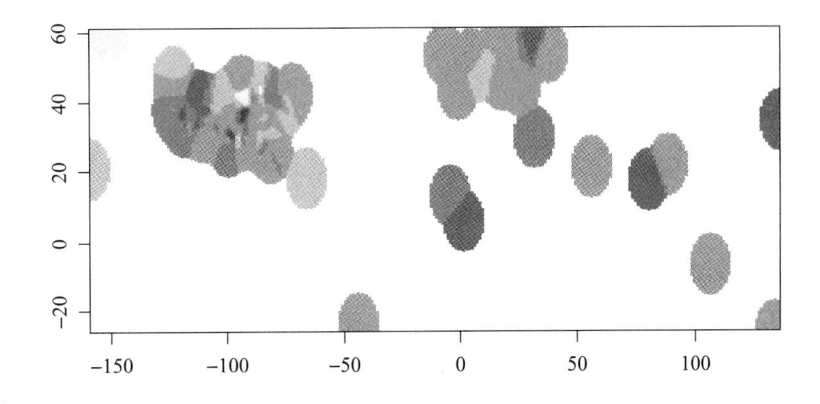

如果能在这些人工绘制的形状上增加行政区域边界信息就好了。因此，下面我们先去掉不属于美国领土范围内的所有的信息。借助 sp 包的 point.in.polygon 函数可以完成这个任务：

```
> usa_data <- map('usa', plot = FALSE, region = 'main')
> p <- expand.grid(look$x, look$y)
> library(sp)
> n <- which(point.in.polygon(p$Var1, p$Var2,
+  usa_data$x, usa_data$y) == 0)
> look$z[n] <- NA
```

简而言之，我们现在导入了不带任何子行政区域信息的美国区域图，还需要再确定 look 对象中的元素，看它们之间是否存在重叠部分，如果没有，可以简单重置元素的值。

接下来，重新绘制各州边界，加上前面已经平滑好的等高线图，在图中增加一些吸引眼球的内容，例如，大家都关心的机场：

```
> map("usa")
> image(look, add = TRUE)
> map("state", lwd = 3, add = TRUE)
> title('Arrival delays of flights from Houston')
> points(dt$lon, dt$lat, pch = 19, cex = .5)
> points(h$lon, h$lat, pch = 13)
```

整洁多了，是吧？

13.5.2 冯洛诺伊图

在多边形中展现数据点的另外一种方法是在这些元素之间生成冯洛诺伊区域。简单来说，冯洛诺伊图（Voronoi diagram）将空间划分成围绕数据点的不同区域，图中各个点被分派到离该点最邻近的多边形中。这个过程很好理解，在 R 中也非常容易实现。deldir 包提供了一个同名函数来构建德洛内（Delaunay）三角形：

```
> library(deldir)
> map("usa")
> plot(deldir(dt$lon, dt$lat), wlines = "tess", lwd = 2,
+   pch = 19, col = c('red', 'darkgray'), add = TRUE)
```

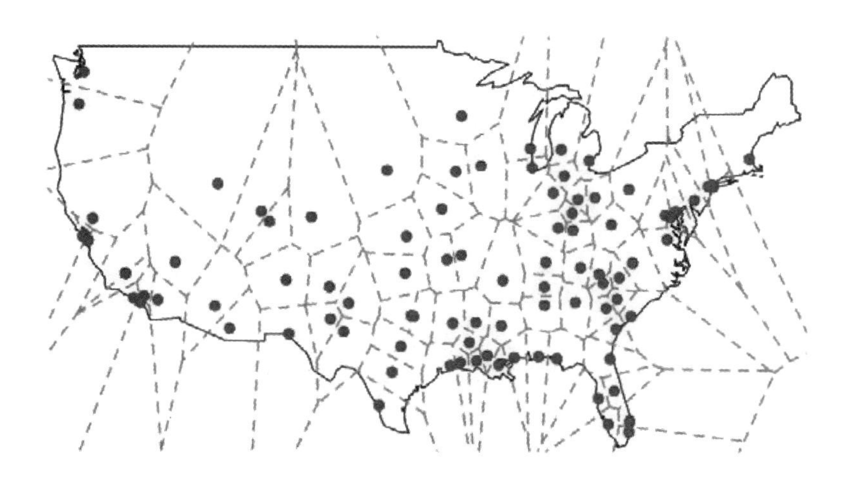

上图中，我们用数据点代表机场，就像前面样例中的方法一样，但新增了用虚线表示的 Dirichlet 镶嵌区域（冯洛诺伊区域）。更多有关修饰结果图的方法，请参考 plot.deldir 方法。

在下一节中，我们将介绍如何通过增加更多的背景图信息来完善冯洛诺伊图。

13.6　卫星图

CRAN 上提供了很多 R 的开发包，支持从谷歌地图、Stamen、Bing 或 OpenStreetMap 获取数据——我们在本章中已经介绍过的一些开发包也具备这一功能，例如 ggmap 包。类似地，dismo 包支持地理编码和谷歌地图 API 的集成，有些开发包，例如 RgoogleMaps 包，则更关注 Google 地图 API 集成。

下面，我们将使用 OpenStreetMap 包，该包不仅支持最牛的 OpenStreetMap 数据库后台，也支持其他多种数据库。例如，我们可以得到得到不错的 Stamen 格式地形图：

```
> library(OpenStreetMap)
> map <- openmap(c(max(map_data$y, na.rm = TRUE),
+                  min(map_data$x, na.rm = TRUE)),
+                c(min(map_data$y, na.rm = TRUE),
+                  max(map_data$x, na.rm = TRUE)),
+                type = 'stamen-terrain')
```

我们在地图的左上角和右下角的范围内确定需要的区域，将地图类型确定为卫星图（Satellite map）。由于这些数据所在的服务器采用墨卡托投影，因此首先要将它们转换为WGS84坐标系（之前也用过该坐标系），然后才能将数据点和多边形重新绘制在该地图的顶端：

```
> map <- openproj(map,
+   projection = '+proj=longlat +ellps=WGS84 +datum=WGS84 +no_defs')
```

最后展示结果：

```
> plot(map)
> plot(deldir(dt$lon, dt$lat), wlines = "tess", lwd = 2,
+   col = c('red', 'black'), pch = 19, cex = 0.5, add = TRUE)
```

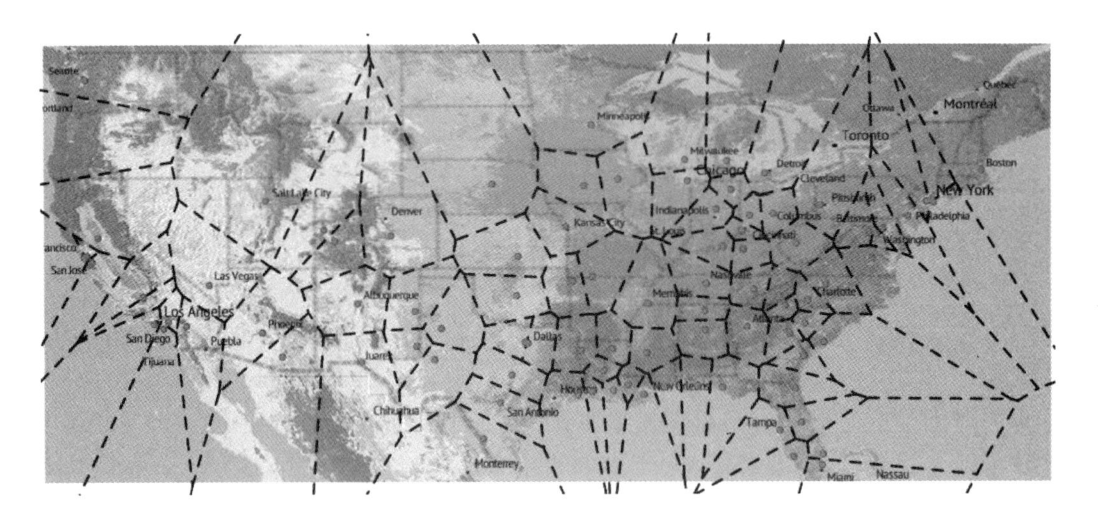

相比之前的输出结果图，上图看起来更易于理解一些。读者也可以尝试使用其他一些地图格式，例如mapquest-aerial，或展示效果更好的cloudMade地图。

13.7 交互图

除了从Web服务器上下载地图标签来处理地图的背景信息，我们还可以利用这些数据来创建一些真正的交互图（Interactive map）。谷歌可视化API（Google Visualization API）为社区提供一个展示可视化方法的平台。读者也可以利用该平台与别人分享自己的开发成果。

13.7.1 查询Google地图

R用户可以通过由Markus Gesmann和Diego de Castillo联合开发的googleVis包来访问

该 API，我们可以像使用 base 绘图函数的 SVG 对象一样直接在 Web 浏览器中查看 googleVis 包生成的 HTML 和 JavaScript 代码；另外，我们也可以将二者集成在一个 Web 页面中，例如，通过使用 IFRAME HTML 标签。

函数 gvisIntensityMap 使用 data.frame 对象集成了行政区 ISO 或美国各州编码信息和前面的数据集（在 13.3 节中介绍过的 cancels 数据集）创建一个简单的密度图。在开始动手之前，还需要进行一些数据转换。在 data.frame 中新增加州名称列，然后用零代替其中的缺失值：

```
> cancels$state <- rownames(cancels)
> cancels$Cancelled[is.na(cancels$Cancelled)] <- 0
```

导入包，并增加一些新的参数和数据值一起传递给函数，并说明我们希望构建的是美国州级别的地图：

```
> library(googleVis)
> plot(gvisGeoChart(cancels, 'state', 'Cancelled',
+                   options = list(
+                       region      = 'US',
+                       displayMode = 'regions',
+                       resolution  = 'provinces')))
```

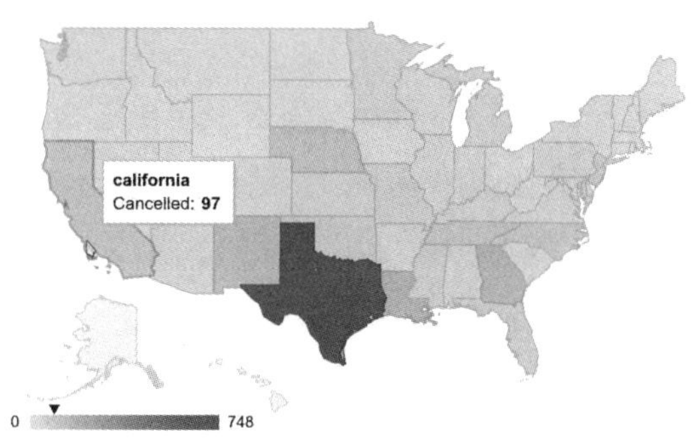

该包还通过 gvisMap 函数支持用户对谷歌地图 API 的访问。我们将在谷歌地图中重新绘制 ts 数据集的机场信息，并自动生成提示框变量。

当然，和前面的操作一样，我们仍然需要先进行一些数据转换的工作。gvisMap 函数使用由冒号分离的经度和纬度值来设置位置参数：

```
> dt$LatLong <- paste(dt$lat, dt$lon, sep = ':')
```

还需要将提示框当成新变量对待，调用 apply 函数可以很轻松地完成这个任务。我们将把由换行符分隔开的变量名称和其实际值连接在一起：

```
> dt$tip <- apply(dt, 1, function(x)
+                     paste(names(dt), x, collapse = '<br/ >'))
```

将以上这些参数全部传递给函数，得到一个实时交互图：

```
> plot(gvisMap(dt, 'LatLong', tipvar = 'tip'))
```

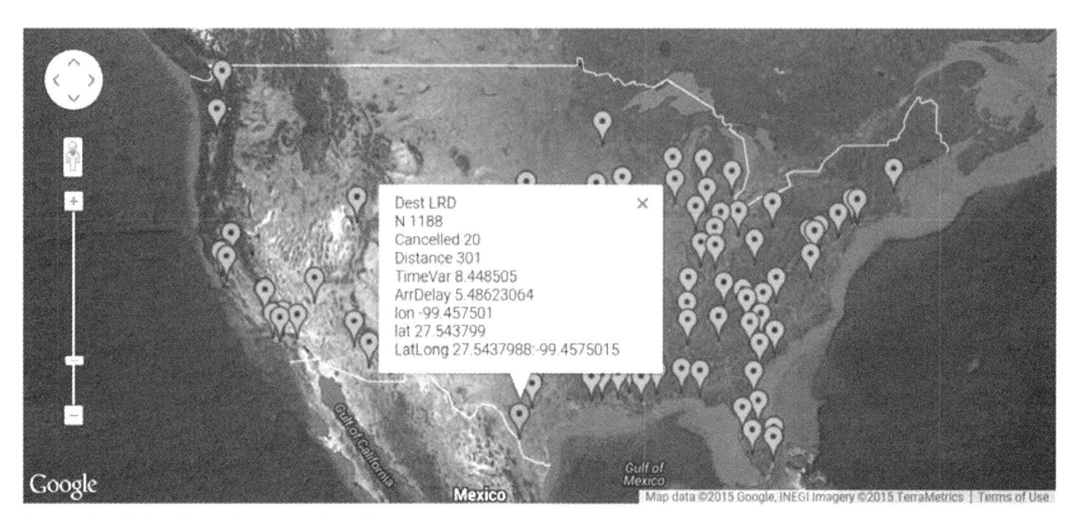

Data: dt • Chart ID: MapID4aa24b85aefa • googleVis-0.5.8
R version 3.1.3 (2015-03-09) • Google Terms of Use • Documentation and Data Policy

googleVis 包另外一个有用的功能是用户可以利用其提供的 gvisMerge 函数将不同可视化对象合并到一张图中展示。函数的使用很简单：指定任意两个希望被合并的 givs 对象，以及它们将被合并的方式，水平合并或垂直合并均可。

13.7.2 Java 脚本地图库

Java 脚本数据可视化库非常流行的唯一原因应该在于它们强大的功能。当然，可能还有其他一些原因：这些库很容易创建和部署成熟的数据模型，特别是自 Mike Bostock 发布了 D3.js 库以后更是如此。

尽管 R 中有很多功能强大并易于使用的包能够直接与 D3 和 topojson 文件（参考我在 http://bit.ly/countRies 给出的 R 用户工作指南）直接交互，我们现在仅专注于如何使用 Leaflet 库—该库可能是最常应用于交互图的 Java 脚本库。

我热爱 R 语言的根本原因在于它提供了很多包，这些包能够封装其他的工具，因此 R 的用户只需要熟悉一种程序开发语言，就可以很容易地使用 C++ 程序、Hadoop MapReduce 对象或构建基于 Java 脚本的仪表盘工具，而不需要对其背后的技术做深入了解。当使用 Leaflet 库时更是如此！

R 控制台至少提供了两种非常棒的包可以生成一个 Leaflet 图，而不需要写一行 Java 脚本。Leaflet 库参考了由 Ramnath Vaidyanathan 开发的 rCharts 包，后者包含了一些创建新对象、视窗区域设置、定义缩放级别、在地图增加点或多边形的方法，还可以将生成的 HTML 或 Java 脚本打印或重新绘制在控制台中或文件里。

遗憾的是，CRAN 上还没有添加这个包，因此需要从 GitHub 处下载该包：

```
> devtools::install_github('ramnathv/rCharts')
```

下面说明一个简单的样例，我们首先创建一个带提示框的机场 Leaflet 地图，就像在前一节用谷歌地图 API 生成地图一样。由于 setView 方法需要使用数值型的地理位置编码作为地图中心，我们将 Kansas 城的机场当做参考：

```
> library(rCharts)
> map <- Leaflet$new()
> map$setView(as.numeric(dt[which(dt$Dest == 'MCI'),
+   c('lat', 'lon')]), zoom = 4)
> for (i in 1:nrow(dt))
+     map$marker(c(dt$lat[i], dt$lon[i]), bindPopup = dt$tip[i])
> map$show()
```

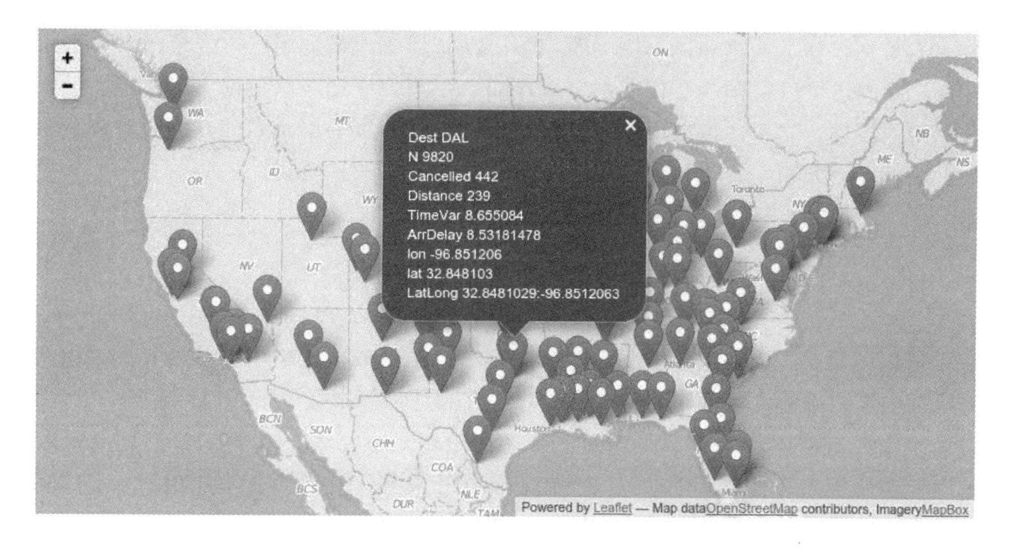

类似地，RStudio 的 leaflet 包和更普遍的 htmlwidgets 包也提供了一些简单方法来完成基于 Java 脚本的数据可视化任务。我们将导入这些库，并使用 magrittr 包的管道操作符定义操作步骤，magrittr 包被当做一个很好的由 RStudio 或 Hadley Wickham 开发并支持的包的标准：

```
> library(leaflet)
> leaflet(us) %>%
+   addProviderTiles("Acetate.terrain") %>%
```

```
+     addPolygons() %>%
+     addMarkers(lng = dt$lon, lat = dt$lat, popup = dt$tip)
```

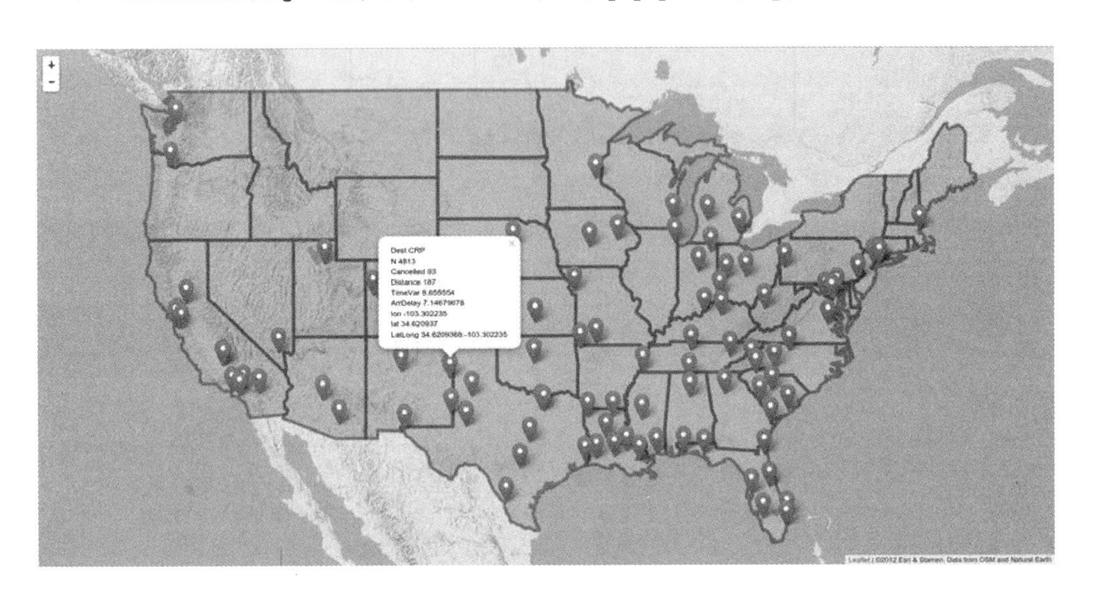

我个人特别喜欢上面这张图，因为我们可以在背景图上增加第三方卫星图，并将州用多边形区分，我们还可以在同一行代码中实现在同一张图中增加原始数据点，并用提示框来给出一些有用的信息，甚至还可以根据前面一节得到统计汇总结果对不同州进行着色渲染！尝试过在 Java 里完成同样的工作吗？

13.8 其他绘图方法

除了可以使用第三方工具，另一个我倾向在所有数据分析任务中都使用 R 的原因在于 R 在处理数据的定制分析、可视化和模型设计方面真的是功能太强大了。

让我们基于现有数据集创建一个流向地图（flow-map），在图中我们将高亮展示由休斯顿机场出发的航班以及被取消的航班。我们将使用直线和圆在一个 2 维地图上展示这两个变量，同时还会在背景中增加平均延时的等高线图。

当然，和之前一样，首先还是要做一些数据转换！为了将流型值降低到最小，我们最后还需要去掉美国之外的机场数据：

```
> dt <- dt[point.in.polygon(dt$lon, dt$lat,
+                            usa_data$x, usa_data$y) == 1, ]
```

需要使用 diagram 包（重绘从休斯顿到目的机场的带箭头的弧线）以及 scales 包来生成透明的颜色：

```
> library(diagram)
> library(scales)
```

然后，绘制在 13.5.1 节中介绍过的等高线图：

```
> map("usa")
> title('Number of flights, cancellations and delays from Houston')
> image(look, add = TRUE)
> map("state", lwd = 3, add = TRUE)
```

增加从休斯顿到每个目的地机场的弧线，其中线段的宽度代表被取消的航班数，目标圆的直径代表实际的航班数：

```
> for (i in 1:nrow(dt)) {
+   curvedarrow(
+     from       = rev(as.numeric(h)),
+     to         = as.numeric(dt[i, c('lon', 'lat')]),
+     arr.pos    = 1,
+     arr.type   = 'circle',
+     curve      = 0.1,
+     arr.col    = alpha('black', dt$N[i] / max(dt$N)),
+     arr.length = dt$N[i] / max(dt$N),
+     lwd        = dt$Cancelled[i] / max(dt$Cancelled) * 25,
+     lcol       = alpha('black',
+                    dt$Cancelled[i] / max(dt$Cancelled)))
+ }
```

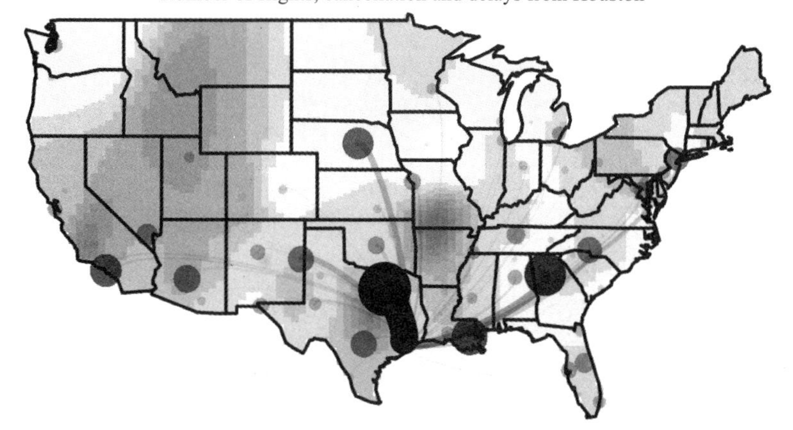

到此为止，我们已经介绍完了所有有关空间数据可视化的内容，不过有关空间数据模型拟合、原始数据筛选以及查看空间效应的内容并没有涵盖其中。在本章最后一节，我们来看看如何使用分析方法观察空间数据。

13.9 空间数据分析

绝大多数空间数据分析都包括查找、数据筛选、空间自相关等项目。简单来说，这意味着我们在寻找数据中的空间效应——例如，某些数据间的相似性可以（部分地）通过它们之间比较短的距离进行说明，距离相隔越远的点差异性越大。这一点基本毋庸置疑，所有人都会同意。但我们应该如何使用分析工具在真实数据集上验证这个观点呢？

Moran's I index 是一种广为人知并被经常用于在我们感兴趣的变量间是否存在空间自相关性的度量。它首先假设在数据集内不存在空间自相关性，是一个非常简单的统计检验。

根据我们现有的数据结构，可能最简单的计算 Moran's I 指标的方法是导入 ape 包，并将相似矩阵及感兴趣的变量传递给 Moran.I 函数。下面，首先通过欧拉距离矩阵的逆来计算相似矩阵：

```
> dm <- dist(dt[, c('lon', 'lat')])
> dm <- as.matrix(dm)
> idm <- 1 / dm
> diag(idm) <- 0
> str(idm)
 num [1:88, 1:88] 0 0.0343 0.1355 0.2733 0.0467 ...
 - attr(*, "dimnames")=List of 2
  ..$ : chr [1:88] "1" "3" "6" "7" ...
  ..$ : chr [1:88] "1" "3" "6" "7" ...
```

替换 TimeVar 列中所有可能的缺失值（因为航班数有可能为 1，其方差将为 0），再观察在航班实际飞行时间的方差中是否存在空间相关性：

```
> dt$TimeVar[is.na(dt$TimeVar)] <- 0
> library(ape)
> Moran.I(dt$TimeVar, idm)
$observed
[1] 0.1895178

$expected
[1] -0.01149425

$sd
[1] 0.02689139

$p.value
[1] 7.727152e-14
```

非常容易，是不是？根据返回的 p 值，我们可以拒绝原假设，Moran's I 指数为 0.19 也意味着航班实际飞行时间的变化受到和目的机场的距离影响，不同的距离飞行时间不同。

spdep 包和前面提到的 sp 包存在依赖关系，也可以使用它来计算 Moran's I 指数，不过需要先将相似矩阵转换为一个 list 对象：

```
> library(spdep)
> idml <- mat2listw(idm)
> moran.test(dt$TimeVar, idml)

  Moran's I test under randomisation

data:  dt$TimeVar
weights: idml

Moran I statistic standard deviate = 1.7157, p-value = 0.04311
alternative hypothesis: greater
sample estimates:
Moran I statistic       Expectation          Variance
      0.108750656      -0.011494253       0.004911818
```

检验结果与前面处理方法类似，我们仍然可以据此拒绝数据间存在零空间自相关性的假设，但得到的 Moran's I 指数和 p 值都不显著。这主要是因为 ape 包在计算中使用了权重矩阵，而 moran.test 函数使用的是多边形数据，需要所有数据的邻近对象列表。由于我们的样本数据集中包含了点数据，因此该方案不算一个特别好的解决方法。两种方法之间的另一大差别还在于 ape 包使用正态逼近，而 spdep 采用了随机的方法。但两个结果之间的差异仍然太大了，不是吗？

了解了函数的参考文档后，我们可以对 spdep 方法进行一些改进：在将矩阵转换为 list 对象时，我们可以指明原始矩阵的类型。在本样例中，由于我们要使用反距离矩阵，行标准化的格式更合适一点：

```
> idml <- mat2listw(idm, style = "W")
> moran.test(dt$TimeVar, idml)

  Moran's I test under randomisation

data:  dt$TimeVar
weights: idml

Moran I statistic standard deviate = 7.475, p-value = 3.861e-14
alternative hypothesis: greater
sample estimates:
Moran I statistic       Expectation          Variance
     0.1895177587     -0.0114942529      0.0007231471
```

现在的结果和 ape 方法的结果之间的差别就在可以接受的范围之内了，对吗？

遗憾的是，本节不能对所有相关问题或其他的空间数据统计方法展开讨论，但确实还有许多与该主题相关的实用工具，读者可以参考本书附言一节以获得一些建议。

13.10 小结

恭喜你们，已经完成了本书最后一个系统章节的学习！本章，我们着重探讨了使用数据可视化工具来分析空间数据的方法。

下面，我们将学习如何将前面学到的所有方法组织在一起。在本书最后一部分，我们将使用各种数据科学工具来分析 R 社区。如果你喜欢这一章，我相信你也一定会喜欢本书后面的内容。

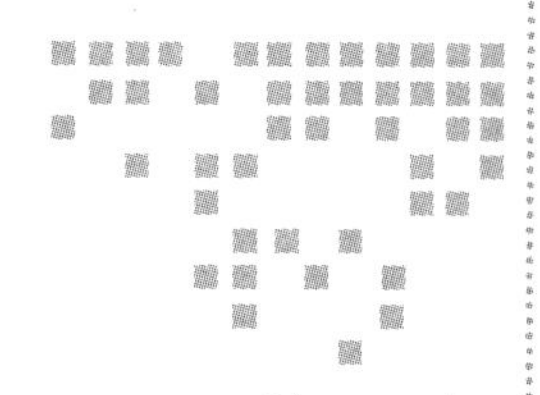

第 14 章 Chapter 14

分析 R 社区

在本书最后一章，我将总结读者在前 13 章学习的内容。我们将创建一个源于实际的学习样例，与前面介绍过的 hflights 和 mtcars 都无关，样例将对 R 社区的规模进行分析。这是个有一定难度的任务，因为没有人拥有所有 R 学习者的信息，所以需要基于一部分不完整的数据集来构建预测模型。

本章，我们将了解以下知识：

- 从 Internet 上各数据源采集活动数据
- 数据清洗并将其转换为标准数据格式
- 执行一些简单的描述性、试探性的数据分析方法
- 展现分析得到的结果
- 基于彼此独立的 R 用户名单，构建基于 R 用户个数的对数线性模型

14.1 R 创始团队的成员

我们现在可以完成的一件比较容易的任务是统计 R 创始团队的成员数——该组织负责协调所有 R 核心代码的开发工作。一般而言，在谈到 R 的创始团队时，默认仅包括 R 的核心开发团队（R Development Core Team），我们还应该考虑其他会员。在支付一小笔年费后，任何人都能成为创始团队的会员—我强烈推荐读者申请成为会员。名单在 http://r-project.org 获取，我们可使用 XML 包（更多有关细节，参考本书第 2 章）来解析 HTML 页面：

```
> library(XML)
> page <- htmlParse('http://r-project.org/foundation/donors.html')
```

将 HTML 页面导入到 R 会话中，直接使用 XML 路径语言（XML Path Language）读取

Supporting members 标签后的列表，得到创始团队的会员名单：

```
> list <- unlist(xpathApply(page,
+     "//h3[@id='supporting-members']/following-sibling::ul[1]/li",
+     xmlValue))
> str(list)
 chr [1:279] "Klaus Abberger (Germany)" "Claudio Agostinelli (Italy)"
```

该字符向量包含了 279 个姓名及国籍，下面我们将会员的姓名和国籍分开：

```
> supporterlist <- sub(' \\([a-zA-Z ]*\\)$', '', list)
> countrylist   <- substr(list, nchar(supporterlist) + 3,
+                             nchar(list) - 1)
```

去掉字符串中所有圆括号中的内容，将名字信息单独提取出来，然后再将国籍与从姓名和原始字符串中抽取出来的位置信息进行匹配。

除了得到 279 个 R 创始团队的会员的姓名，我们还获得了他们的国籍或居住地信息：

```
> tail(sort(prop.table(table(countrylist)) * 100), 5)
     Canada Switzerland          UK     Germany         USA
   4.659498    5.017921    7.168459   15.770609   37.992832
```

展现全世界会员信息

大多数会员来自美国这个结果应该不会让人觉得惊讶，其他会员更多来自欧洲一些国家。我们先保存好这张表，然后进行一些数据转换，以便能在地图上展示这些信息：

```
> countries <- as.data.frame(table(countrylist))
```

如本书 13 章所述，rworldmap 包能够很容易绘制国家一级的地图，我们只需要在地图上增加必要的数据和区域说明。本样例将使用 joinCountryData2Map 函数，先激活 verbose 选项以查看是否有被遗漏的国家名称：

```
> library(rworldmap)
> joinCountryData2Map(countries, joinCode = 'NAME',
+    nameJoinColumn = 'countrylist', verbose = TRUE)
32 codes from your data successfully matched countries in the map
4 codes from your data failed to match with a country code in the map
     failedCodes failedCountries
[1,] NA          "Brasil"
[2,] NA          "CZ"
[3,] NA          "Danmark"
[4,] NA          "NL"
213 codes from the map weren't represented in your data
```

刚才我们试图对存储在国家数据框架中的国家名称进行匹配，但仍然遗漏了上面 4 个国家的信息。尽管也可以采用手工方法来弥补这个错误，但大多数情况下，我们最好还是采用自动化的方法完成任务。因此，下面将所有被遗漏的国家名称送给谷歌地图 API，再来看一下返回的结果：

```
> library(ggmap)
> for (fix in c('Brasil', 'CZ', 'Danmark', 'NL')) {
+   countrylist[which(countrylist == fix)] <-
+       geocode(fix, output = 'more')$country
+ }
```

借助谷歌地理编码服务，我们弥补了刚才的漏洞，现在，重新生成频数表，然后使用 rworldmap 包将这些值添加到相应的多边形上：

```
> countries <- as.data.frame(table(countrylist))
> countries <- joinCountryData2Map(countries, joinCode = 'NAME',
+   nameJoinColumn = 'countrylist')
36 codes from your data successfully matched countries in the map
0 codes from your data failed to match with a country code in the map
211 codes from the map weren't represented in your data
```

输出结果的质量提高了不少！现在我们已经统计得到各国的会员数目并能够很容易地在地图中进行展示：

```
> mapCountryData(countries, 'Freq', catMethod = 'logFixedWidth',
+   mapTitle = 'Number of R Foundation supporting members')
```

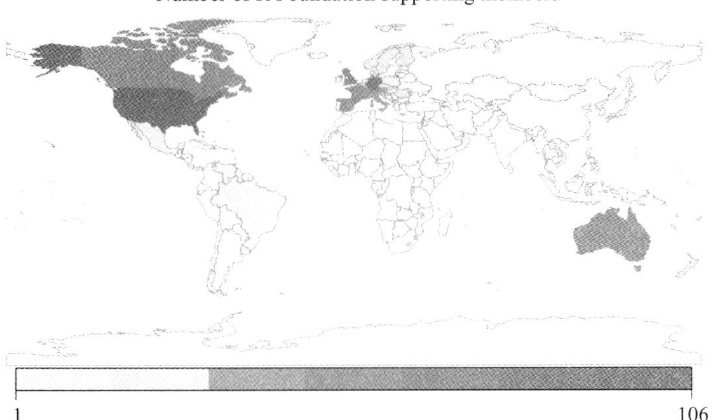

很明显，大多数 R 的支撑用户都来自美国、欧洲、澳大利亚以及新西兰（20 年前，新西兰就是 R 的发源地）。

但是，R 支撑用户的成员数的确是太少了，因此我们需要获取并观察其他的数据源，以便能够估计出全世界的 R 用户数目。

14.2 R 开发包的维护人员

另外一个类似的比较直观的数据源可能是 R 开发包维护人员名单。我们可以从 CRAN

的一个公开页面上下载得到这些维护人员的姓名和 e-mail 地址，它们被存放在一个架构良好的易于解析的 HTML 表中：

```
> packages <- readHTMLTable(paste0('http://cran.r-project.org',
+   '/web/checks/check_summary.html'), which = 2)
```

可以通过一些快速的数据清洗及转换处理，例如，正则表达式，将 Maintainer 列的姓名抽取出来。请注意，列名由空格起头—所以我们需要用引号将它标识：

```
> maintainers <- sub('(.*) <(.*)>', '\\1', packages$' Maintainer')
> maintainers <- gsub(' ', ' ', maintainers)
> str(maintainers)
 chr [1:6994] "Scott Fortmann-Roe" "Gaurav Sood" "Blum Michael" ...
```

结果包含了约 7000 人的维护人员姓名，一部分是重复的（如果他们的维护工作不止一个开发包）。列出其中排名靠前的一些高产的开发人员：

```
> tail(sort(table(maintainers)), 8)
    Paul Gilbert     Simon Urbanek Scott Chamberlain   Martin Maechler
              22                22                24                25
        ORPHANED       Kurt Hornik    Hadley Wickham Dirk Eddelbuettel
              26                29                31                36
```

尽管上面的名单中有一个比较古怪的名称（名为“ orphaned”意味着该开发包目前无人维护——整体来说，在 6994 个开发包中仅有 26 个开发包无人维护，还是相当不错的），其他人的确都属于 R 社区中鼎鼎有名的人物，开发了一大批功能强大的 R 包。

每个开发包的维护人员数

另一方面，名单中很多人也仅与某一个或若干个包关联。这次，我们不再选择简单的条形图或直方图来展现每个维护人员的工作量，而是导入 fitdistrplus 包，根据数据集来分析展现数据的分布模型：

```
> N <- as.numeric(table(maintainers))
> library(fitdistrplus)
> plotdist(N)
```

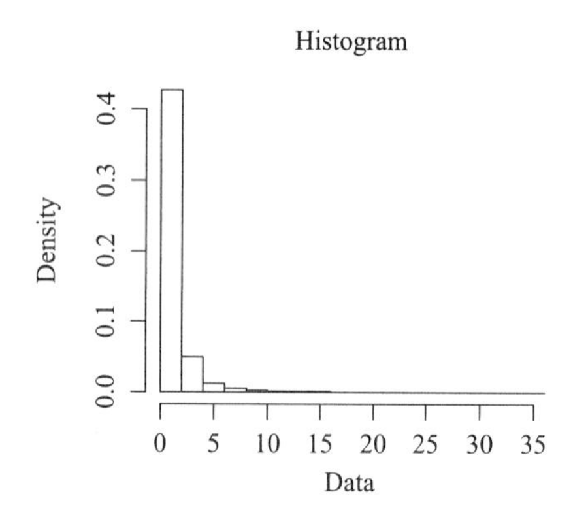

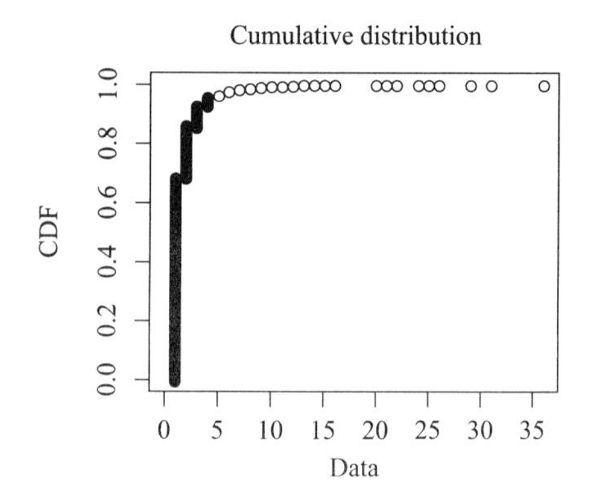

由上图可知，大多数人一般都仅维护一个开发包，通常不会超过 2 个或 3 个。如果我们对分布的重尾程度感兴趣，可以调用 descdist 函数，得到一些有关该经验分布的重要的描述统计结果，同时还可以通过峰度 – 偏度图模拟使用不同理论分布对数据集的拟合效果：

```
> descdist(N, boot = 1e3)
summary statistics
------
min:  1   max:  36
median:  1
mean:  1.74327
estimated sd:  1.963108
estimated skewness:  7.191722
estimated kurtosis:  82.0168
```

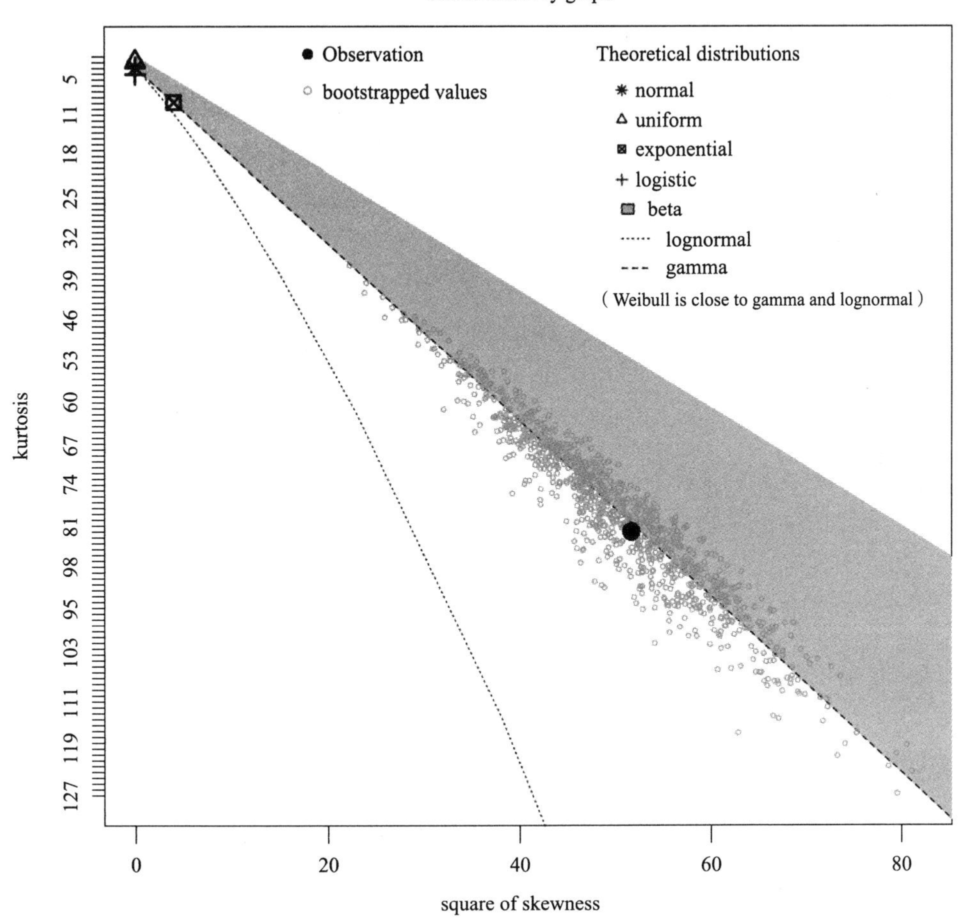

从图可知，该经验分布看起来峰度值很大，重尾程度很高，而伽玛分布对样例数据集的拟合效果最优。让我们再查看一下该伽马分布（gamma distribution）各项参数的估计值：

```
> (gparams <- fitdist(N, 'gamma'))
Fitting of the distribution ' gamma ' by maximum likelihood
Parameters:
      estimate Std. Error
shape 2.394869 0.05019383
rate  1.373693 0.03202067
```

我们可以使用 rgamma 函数来模拟仿真更多 R 开发包的维护人员模型。下面，我们来看看在 CRAN 上可以得到多少 R 包，例如，100 000 个包的维护人员：

```
> gshape <- gparams$estimate[['shape']]
> grate  <- gparams$estimate[['rate']]
> sum(rgamma(1e5, shape = gshape, rate = grate))
[1] 173655.3
> hist(rgamma(1e5, shape = gshape, rate = grate))
```

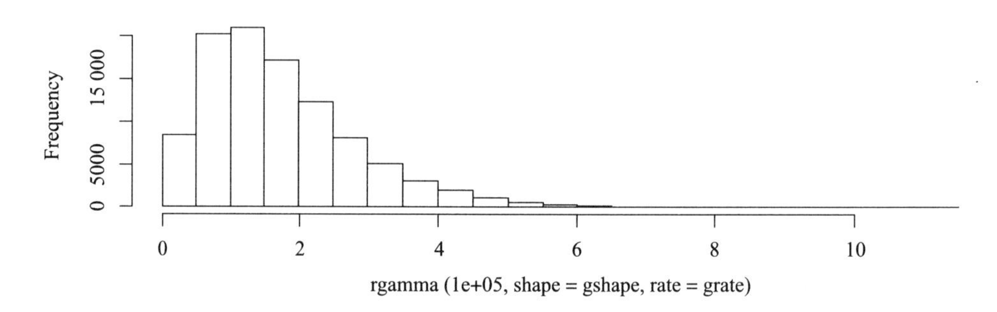

很明显，该数据集和实际数据集不同，是非重尾分布：即使有 100 000 个仿真样本，从图中可得的最多的维护数也不超过 10。而实际上，很多 R 开发包的维护人员都同时维护了多达 20 ~ 30 个开发包。

接下来，我们将根据前面的伽马分布，来估计工作任务不超过两个包的维护人员比例来验证刚才的结论：

```
> pgamma(2, shape = gshape, rate = grate)
[1] 0.6672011
```

而实际数据集中该比例更高一些：

```
> prop.table(table(N <= 2))
    FALSE      TRUE
0.1458126 0.8541874
```

这意味着可能长尾分布的模型更适合我们的样例数据集。下面让我们再看看使用帕累托分布（Pareto distribution）对数据集的拟合效果怎么样。将最小值作为分布的定位，维护数除以所有维护数的对数与定位点的对数之差的和作为分布形状的参数：

```
> ploc <- min(N)
> pshp <- length(N) / sum(log(N) - log(ploc))
```

但在基础的 stats 包中不包含 ppareto 函数，因此我们首先要先导入 actuar 或 VGAM 包来计算分布函数：

```
> library(actuar)
> ppareto(2, pshp, ploc)
[1] 0.9631973
```

结果比实际值更高一点！看起来前面模拟的几种分布都不适合我们的数据集——当然这种情况也很常见。下面我们将这些分布的拟合结果放在一张联合图（joint plot）中进行比较：

```
> fg <- fitdist(N, 'gamma')
> fw <- fitdist(N, 'weibull')
> fl <- fitdist(N, 'lnorm')
> fp <- fitdist(N, 'pareto', start = list(shape = 1, scale = 1))
> par(mfrow = c(1, 2))
> denscomp(list(fg, fw, fl, fp), addlegend = FALSE)
> qqcomp(list(fg, fw, fl, fp),
+   legendtext = c('gamma', 'Weibull', 'Lognormal', 'Pareto'))
```

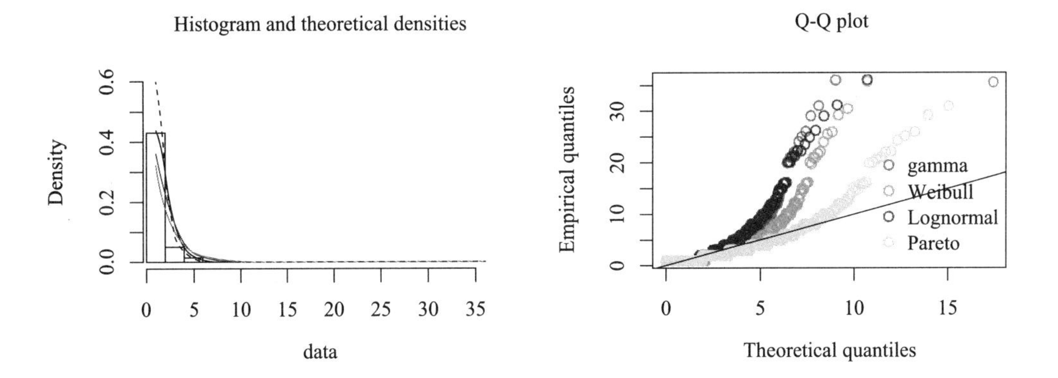

总体看来，还是帕累托分布对我们的重尾数据拟合效果最佳。但更重要的是，我们从图中可知除了前面确定的 279 位 R 创始团队的会员，还有超过 4000 的 R 用户的存在：

```
> length(unique(maintainers))
[1] 4012
```

那么从其他数据源中我们还能否得到关于 R 用户（数）的更多信息呢？

14.3　R-help 邮件列表

R-help 是官方提供的很重要的邮件列表，它提供了关于使用 R 过程中比较常见的一些问题的解决方案，每天都有很多活跃用户和几十封邮件。幸运的是，该公共邮件列表在好几个站点都有备份，我们可以从这些站点上很容易地下载这些按月份压缩的文件，例如，ETH Zurich 提供的 R-help 文档：

```
> library(RCurl)
> url <- getURL('https://stat.ethz.ch/pipermail/r-help/')
```

通过 XPath 查询，从该页获得月度文档的 URL：

```
> R.help.toc <- htmlParse(url)
> R.help.archives <- unlist(xpathApply(R.help.toc,
+      "//table//td[3]/a", xmlAttrs), use.names = FALSE)
```

为进一步分析解压缩文件到本地：

```
> dir.create('r-help')
> for (f in R.help.archives)
+     download.file(url = paste0(url, f),
+          file.path('help-r', f), method = 'curl'))
```

如果用户的操作系统或 R 版本不一样，有可能不能像样例中一样使用 curl 操作使用 HTTPS 协议下载文件。此时，用户可以尝试其他方法或更新查询以便能够使用 RCurl、curl 或 httr 包。

下载完这些大约 200 个文档需要一定时间，可以在循环中增加一个 Sys.sleep 的调用以避免服务器超负荷。不管怎么说，最终我们能在本地得到一个 r-help 文件夹，R-help 邮件列表即存放在该文件夹内，以备进一步的分析：

```
> lines <- system(paste0(
+     "zgrep -E '^From: .* at .*' ./help-r/*.txt.gz"),
+                  intern = TRUE)
> length(lines)
[1] 387218
> length(unique(lines))
[1] 110028
```

此处没有使用 grep 将所有文本文件都导入到 R，而是先通过 Linux 命令行 zgrep 工具对文件进行预筛查，该命令可以很容易地处理 gzipped（压缩）格式的文本文件。如果用户没有安装 zgrep（Windows 版本或 Mac 版本都支持），可以先解压缩文件，然后使用标准的 grep 方法获得同样的正则表达式。

现在，我们对所有以 Form 开头的包含了邮件列表和标签的字符串进行筛选，保留了邮件发送人的地址和姓名。在大约 387 000 封邮件中，我们找到大约 110 000 个不同的邮件发送地址。为了能够理解下面的正则表达式，我们来看看每一行代码的意思：

```
> lines[26]
[1] "./1997-April.txt.gz:From: pcm at ptd.net (Paul C. Murray)"
```

去掉其中的固定前缀，抽取出 e-mail 地址后圆括号中的姓名：

```
> lines    <- sub('.*From: ', '', lines)
> Rhelpers <- sub('.*\\((.*)\\)', '\\1', lines)
```

可以得到最活跃的 R-help 讨论者名单：

```
> tail(sort(table(Rhelpers)), 6)
       jim holtman      Duncan Murdoch          Uwe Ligges
              4284                6421                6455
Gabor Grothendieck  Prof Brian Ripley     David Winsemius
              8461                9287               10135
```

上面的名单看起来确实是那么回事，是吗？尽管我一开始猜测应该是 Brian Ripley 教授和他的简单信息会占据榜首。基于前面的一些经验积累，我能预计姓名匹配会比较麻烦和微妙，因此我们需要确实数据集足够干净，每个人的名字只有一个版本：

```
> grep('Brian( D)? Ripley', names(table(Rhelpers)), value = TRUE)
 [1] "Brian D Ripley"
 [2] "Brian D Ripley [mailto:ripley at stats.ox.ac.uk]"
 [3] "Brian Ripley"
 [4] "Brian Ripley <ripley at stats.ox.ac.uk>"
 [5] "Prof Brian D Ripley"
 [6] "Prof Brian D Ripley [mailto:ripley at stats.ox.ac.uk]"
 [7] "         Prof Brian D Ripley <ripley at stats.ox.ac.uk>"
 [8] "\"Prof Brian D Ripley\" <ripley at stats.ox.ac.uk>"
 [9] "Prof Brian D Ripley <ripley at stats.ox.ac.uk>"
[10] "Prof Brian Ripley"
[11] "Prof. Brian Ripley"
[12] "Prof Brian Ripley [mailto:ripley at stats.ox.ac.uk]"
[13] "Prof Brian Ripley [mailto:ripley at stats.ox.ac.uk] "
[14] "          \tProf Brian Ripley <ripley at stats.ox.ac.uk>"
[15] "  Prof Brian Ripley <ripley at stats.ox.ac.uk>"
[16] "\"Prof Brian Ripley\" <ripley at stats.ox.ac.uk>"
[17] "Prof Brian Ripley<ripley at stats.ox.ac.uk>"
[18] "Prof Brian Ripley <ripley at stats.ox.ac.uk>"
[19] "Prof Brian Ripley [ripley at stats.ox.ac.uk]"
[20] "Prof Brian Ripley <ripley at toucan.stats>"
[21] "Professor Brian Ripley"
[22] "r-help-bounces at r-project.org [mailto:r-help-bounces at
r-project.org] On Behalf Of Prof Brian Ripley"
```

```
[23] "r-help-bounces at stat.math.ethz.ch [mailto:r-help-bounces at stat.
math.ethz.ch] On Behalf Of Prof Brian Ripley"
```

看起来，Brian Ripley 教授同时使用了好几个 Form 地址，因此对他的信息进行估计的更合理的方法应该是：

```
> sum(grepl('Brian( D)? Ripley', Rhelpers))
[1] 10816
```

所以，使用便捷的正规表达式从邮件列表中抽取姓名可以返回绝大多数我们感兴趣的内容，但如果要得到完整的信息还需要花费一点时间。按照惯例，此处也可以适用 Pareto 定律：我们有大约 80% 的时间花在了数据的预处理上面，而在剩下的 20% 的时间里可以得到 80% 需要的数据。

由于篇幅有限，我们在这里不会花过多篇幅来介绍数据清洗，但我强烈建议读者访问 Mark van der Loo 的 stringdist 页面，在该页面提供了估算字符串距离和相似性的函数，例如，合并相似的姓名就属于这个范围。

14.3.1 R-help 邮件列表的规模

除了邮件发送人，这些邮件可能还包含了一些其他我们感兴趣的内容。例如，我们可以从中获取邮件发送的日期和时间——对邮件列表发送的频率和时间信息建模。

下面，让我们从压缩的文本文件中取出一些其他数据行：

```
> lines <- system(paste0(
+     "zgrep -E '^Date: [A-Za-z]{3}, [0-9]{1,2} [A-Za-z]{3} ",
+     "[0-9]{4} [0-9]{2}:[0-9]{2}:[0-9]{2} [-+]{1}[0-9]{4}' ",
+     "./help-r/*.txt.gz"),
+                   intern = TRUE)
```

与前面 Form 打头的数据行相比，该命令返回的结果要少一些：

```
> length(lines)
[1] 360817
```

这是因为在邮件的标签中使用了各式各样的日期和时间格式，有时候可能是一周的哪一天没有在邮件中指明，或者与绝大多数邮件相比，确实有少部分邮件的日期、月份或年份信息缺失。无论如何，我们仅关注那些日期格式标准的邮件，但如果读者对将其他格式的时间数据转换为标准格式感兴趣，可以访问 Hadley Wickham 的 lubridate 包来完成这个任务。需注意的是，没有一个通用的算法可以猜测年、月、日的顺序——因此，读者为了保证质量，可能需要最后手工进行部分数据清洗。

下面看一下得到的数据：

```
> head(sub('.*Date: ', '', lines[1]))
[1] "Tue, 1 Apr 1997 20:35:48 +1200 (NZST)"
```

去掉 Date 前缀，通过 strptime 函数来解析时间戳：

```
> times <- strptime(sub('.*Date: ', '', lines),
+                   format = '%a, %d %b %Y %H:%M:%S %z')
```

现在数据已经被解析好（本地时区也被转换为 UTC），很容易观察到，例如每年发送的邮件的数量：

```
> plot(table(format(times, '%Y')), type = 'l')
```

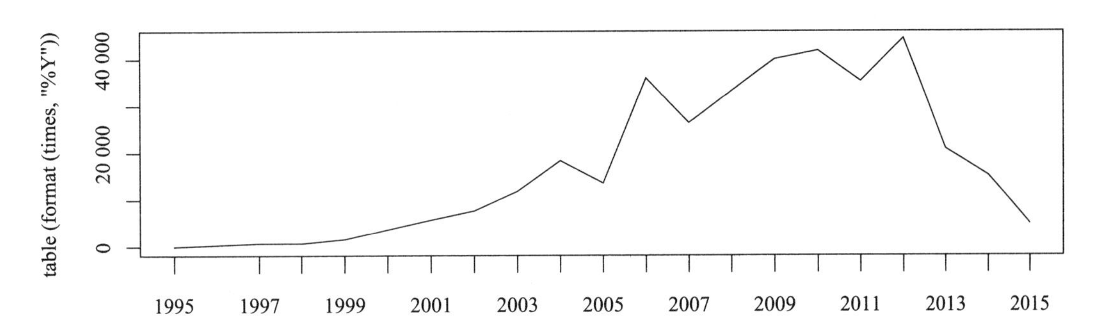

尽管 R-help 邮件列表的规模看起来在最近几年有所下降，但并不能说明是 R 的活跃度降低了：R 用户，以及 Internet 上的其他用户，相比使用邮件，现在更倾向于使用其他的信息传输渠道——例如 StackOverflow 和 GitHub（甚至包括 Facebook 和 LinkedIn）。相关研究，请参考 BogdanVasilescu 等发表的论文（http://web.cs.ucdavis.edu/~filkov/papers/r_so.pdf）。

我们还能做得更好一点，是吗？让我们再把数据整理一下，然后使用更优雅的图形——受 GitHub 的 punch card 图启发，来展示一周每天及每小时的邮件频率：

```
> library(data.table)
> Rhelp <- data.table(time = times)
> Rhelp[, H := hour(time)]
> Rhelp[, D := wday(time)]
```

使用 ggplot 函数绘制数据集非常直观：

```
> library(ggplot2)
> ggplot(na.omit(Rhelp[, .N, by = .(H, D)]),
+       aes(x = factor(H), y = factor(D), size = N)) + geom_point() +
+       ylab('Day of the week') + xlab('Hour of the day') +
+       ggtitle('Number of mails posted on [R-help]') +
+       theme_bw() + theme('legend.position' = 'top')
```

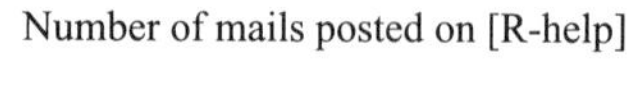

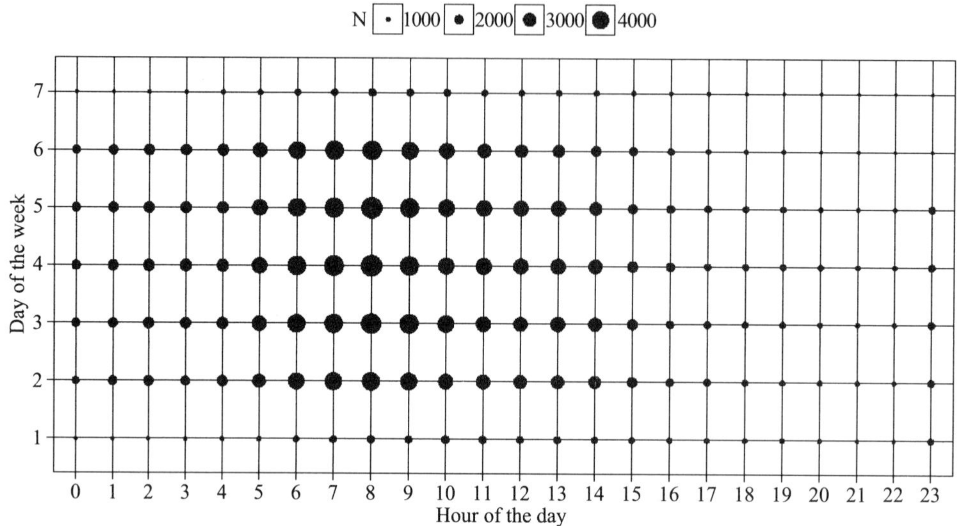

由于时间采用 UTC 格式，从每天早上的邮件列表数量可知大多数 R-help 的用户生活在 GMT 的正时区范围内——假设多数邮件都在上班时间发送。至少，周末邮件数比较低也能够证明这一点。

看起来，在 UTC，UTC+1，UTC+2 这几个时区用户的活跃度要相对更高一些，不过在 US 时区范围内的 R-help 用户也不少：

```
> tail(sort(table(sub('.*([+-][0-9]{4}).*', '\\1', lines))), 22)
-1000 +0700 +0400 -0200 +0900 -0000 +0300 +1300 +1200 +1100 +0530
  164   352   449  1713  1769  2585  2612  2917  2990  3156  3938
-0300 +1000 +0800 -0600 +0000 -0800 +0200 -0500 -0400 +0100 -0700
 4712  5081  5493 14351 28418 31661 42397 47552 50377 51390 55696
```

14.3.2 预测未来的邮件规模

我们也可以使用当前已经相对比较干净的数据集来预测未来 R-help 邮件的规模。为此，我们首先对原始数据集进行统计，得到每一天的邮件数量，和我们在第 3 章使用的方法一样：

```
> Rhelp[, date := as.Date(time)]
> Rdaily <- na.omit(Rhelp[, .N, by = date])
```

然后将该 data.table 对象转换为一个时间序列对象，将邮件发送时间作为索引，每天发送的量为对象值：

```
> Rdaily <- zoo(Rdaily$N, Rdaily$date)
```

新数据集与年度邮件数据集相比起伏比较大：

```
> plot(Rdaily)
```

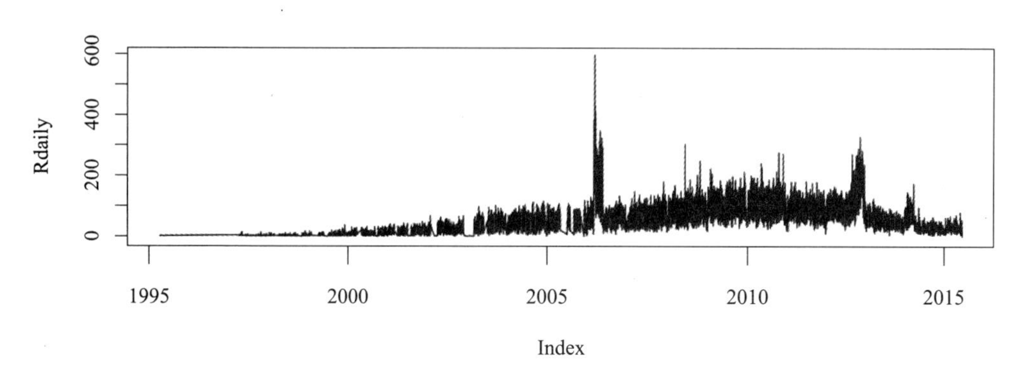

我们不会像在 12 章那样，对数据集进行平滑或分解操作，而是直接使用一些自动模型基于现有历史数据集来简单预测未来邮件的规模。我们现在要使用 forecast 包：

```
> library(forecast)
> fit <- ets(Rdaily)
```

etc 函数实现了一个全自动的方法，能够筛选出给定时序数据集的最优趋势、季节以及错误类型。接下来，调用 predict 或 forecast 函数预测给定范围的估计值，样例中仅对第二天的邮件数进行预测：

```
> predict(fit, 1)
     Point Forecast   Lo 80    Hi 80         Lo 95    Hi 95
5823       28.48337 9.85733 47.10942 -0.002702251 56.96945
```

从结果可知，我们的模型预测得出第 2 天的邮件数量为 28 封，置信区间 80%，最少 10 封，最多 47 封。采用标准的 plot 函数，再新增一些参数，可以展现更长时间范围内的预测结果：

```
> plot(forecast(fit, 30), include = 365)
```

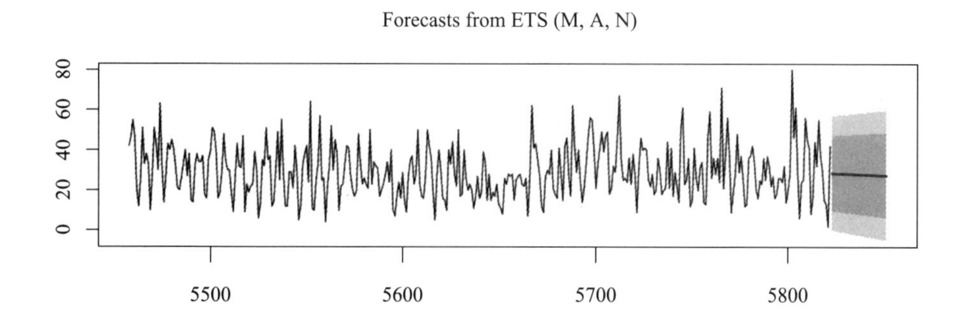

14.4 分析用户列表的重叠部分

但我们问题的初衷是预测全世界的 R 用户数目，而非关注这些很小的细节，对吗？现在我们获得了多个数据源，可以开始构建一些模型来集成这些数据源，以完成对全球 R 用户数的估计。

该方法最核心的思想是捕获 - 再捕获（capture-recapture）方法，这是一种在生态学中常见的方法，我们先从样本数据集确定个体的概率，再凭借该概率来预测未捕获到的个体数量。

在本样例中，R 用户是我们观察的个体，样本就是下列已经获得的姓名列表：

- R 创始团队的会员
- R 开发包的维护者，要求至少向 CRAN 提交了一个包
- R-help 邮件列表的发送人

让我们将这些列表对象整合在一起，并用标签进行区分：

```
> lists <- rbindlist(list(
+     data.frame(name = unique(supporterlist), list = 'supporter'),
+     data.frame(name = unique(maintainers),   list = 'maintainer'),
+     data.frame(name = unique(Rhelpers),      list = 'R-help')))
```

接下来，查询同时在一个、二个和三个组的成员数量：

```
> t <- table(lists$name, lists$list)
> table(rowSums(t))
    1      2      3
44312    860     40
```

从结果可知，至少有 40 个人属于 R 的创始团队，每个人都在 CRAN 上维护着至少一个开发包，自 1997 年起，发了至少 1 封邮件给 R-help！我很开心也很自豪自己是这 40 人中的一个——特别是因为名字的地域发音原因导致的拼写问题，经常存在字符串匹配的困难。

现在，如果我们假定这些列表都是参照的同一人群，也即全世界的 R 用户，我们就可以利用这些常规事件来预测 R 用户的数量，他们有可能不是 R 创始团队的会员，也不是 CRAN 上 R 开发包的维护者，或者也没向 R-help 发过邮件。尽管该假设明显不成立，我们还是对它进行一个简单实验，再来回答上面这些的问题。

R 最棒之处就在于无论什么问题，你都可能找到相应的包来解决它。导入 Rcapture 包，该包提供了一些先进，但易于使用的方法来实现捕获 - 再捕获模型：

```
> library(Rcapture)
> descriptive(t)

Number of captured units: 45212

Frequency statistics:
          fi     ui     vi     ni
```

```
i = 1  44312    279    157    279
i = 2    860   3958   3194   4012
i = 3     40  40975  41861  41861
fi: number of units captured i times
ui: number of units captured for the first time on occasion i
vi: number of units captured for the last time on occasion i
ni: number of units captured on occasion i
```

第一列 fi 的数字与前面结果表的结果类似，代表分别符合第一、第二和第三列要求的 R 用户数量。如果可以再使用其他一些模型对这些数据进行拟合，会更有意思：

```
> closedp(t)

Number of captured units: 45212

Abundance estimations and model fits:
                abundance     stderr  deviance df       AIC       BIC
M0               750158.4    23800.7 73777.800  5 73835.630 73853.069
Mt               192022.2     5480.0   240.278  3   302.109   336.986
Mh Chao (LB)     806279.2    26954.8 73694.125  4 73753.956 73780.113
Mh Poisson2     2085896.4   214443.8 73694.125  4 73753.956 73780.113
Mh Darroch      5516992.8  1033404.9 73694.125  4 73753.956 73780.113
Mh Gamma3.5    14906552.8  4090049.0 73694.125  4 73753.956 73780.113
Mth Chao (LB)    205343.8     6190.1    30.598  2    94.429   138.025
Mth Poisson2    1086549.0   114592.9    30.598  2    94.429   138.025
Mth Darroch     6817027.3  1342273.7    30.598  2    94.429   138.025
Mth Gamma3.5   45168873.4 13055279.1    30.598  2    94.429   138.025
Mb                  -36.2        6.2   107.728  4   167.559   193.716
Mbh                -144.2       25.9    84.927  3   146.758   181.635
```

再一次，我必须申明这些估计都不能说明目前世界上 R 用户的兴旺程度，因为：

- 我们提供的独立的用户列表更多是指特定类型的用户
- 模型假设不成立
- R 社区的定义不是封闭的人群，使用一些开发样本模型更合适
- 如前所示，我们遗漏了一些非常重要的数据清洗过程

扩展捕获 – 再捕获模型的思路

尽管上述玩笑性的样例并不能为我们预测全世界 R 的用户数提供实际帮助，但如果对基本思想进行一些扩展还是可行的。首先，我们可以考虑在更小的数据块规模上分析数据——例如，在不同年份的 R-help 文档中查找一些邮件地址和姓名。这样可能可以预测出那些也许考虑向 R-help 提问，但最后没发送邮件（因为另外一位提问者的问题已经得到了解答或者他 / 她在没有外援的条件下解决了问题）的用户数量。

另一方面，我们也可以在模型中添加其他的数据源，这样，可以对那些和 R 创始团队，CRAN 或 R-help 没有联系的 R 用户数量做出更可靠的估计。

在过去 2 年里，我一直在做一个和这个问题类似的研究，我从以下一些数据源来获取数据：

- R 创始团队一般会员、捐赠者及受益人
- 2004 年至 2015 年期间参加了 R 年会的人数
- 2004 年至 2015 年期间在 CRAN 上每个包以及每个地区的下载次数
- R 用户组和聚会成员数
- 2013 年 http://www.r-bloggers.com 的访问人数
- GitHub 用户，其库至少有一个是 R 源码开发的
- Google 上与 R 相关的主题搜索记录

读者可以在 http://rapporter.net/custom/R-activity 上得到一个 CSV 格式的文件，该文件包含了国家级的汇聚数据，读者也可以得到有关这些数据的交互图，离线数据可视化结果在过去两期 *useR!* 会议都可得到（http://bit.ly/useRs2015）。

14.5 社交媒体内的 R 用户数

另外，我们也可以通过在分析社交媒体中与 R 相关的话题来估计 R 的用户数量。在 Facebook 上，要完成这个任务非常简单，可以通过其提供的营销 API，基于某些付费广告，查询得到所谓的目标受众的规模。

当然，现在我们实际上对在 Facebook 上创建一个付费广告并不感兴趣，尽管通过 fbRads 包很容易实现，但我们可以利用这个特性来预测对 R 感兴趣的目标群体的规模：

```
> library(fbRads)
> fbad_init(FB account ID, FB API token)
> fbad_get_search(q = 'rstats', type = 'adinterest')
          id                          name audience_size path description
6003212345926 R (programming language)        1308280 NULL          NA
```

读者如果需要运行上面的程序，首先需要有一个（免费）Facebook 开发者账号，一个已经注册的应用程序和生成的令牌（请参考包的操作文档获得更详细的帮助），但这些工作是值得的：我们首先发现大约全世界有超过 130 万用户都对 R 感兴趣！这真是太棒了，尽管这个数字在我看来有一点高，特别是和其他统计软件相比，例如：

```
> fbad_get_search(fbacc = fbacc, q = 'SPSS', type = 'adinterest')
             id      name audience_size path description
1 6004181236095      SPSS        203840 NULL          NA
2 6003262140109 SPSS Inc.          2300 NULL          NA
```

谈到这里，R 与其他程序开发语言的比较结果也说明上面的受众规模也许是正确的：

```
> res <- fbad_get_search(fbacc = fbacc, q = 'programming language',
+                        type = 'adinterest')
> res <- res[order(res$audience_size, decreasing = TRUE), ]
> res[1:10, 1:3]
              id                          name audience_size
1  6003030200185          Programming language     295308880
71 6004131486306                           C++      27812820
72 6003017204650                           PHP      23407040
73 6003572165103               Lazy evaluation      18251070
74 6003568029103   Object-oriented programming      14817330
2  6002979703120   Ruby (programming language)      10346930
75 6003486129469                      Compiler      10101110
76 6003127967124                    JavaScript       9629170
3  6003437022731   Java (programming language)       8774720
4  6003682002118 Python (programming language)       7932670
```

从结果可知，全世界的程序员真不少！但他们都在谈论些什么，对什么内容感兴趣呢？我们将在下一节对这些问题作出回答。

14.6　社交媒体中与 R 相关的贴子

可以通过处理 Twitter 提供的推文（Tweet）数据流来采集过去几天内社交媒体的帖子。推文流数据和其相应的 API 能够支持用户访问大概 1% 的推文数据。如果你对所有这类数据感兴趣，必须要先获得一个商业化 Twitter 账号。在下面的样例中，我们使用的是免费 Twitter 搜索 API，该 API 能够返回与查询相关的 3200 条推文——这对于简单分析 R 用户感兴趣的主题已经足够了。

导入 twitteR 包，通过从 https://apps.twitter.com 得到的应用程序的句柄和密码，初始化到 API 的连接：

```
> library(twitteR)
> setup_twitter_oauth(...)
```

现在可以使用 searchTwitter 函数来搜索包含任何关键字的推文数据，包括标签和内容。该查询可以通过一组参数来调优，包括 Since，until 和 *n*，分别确定查询开始和结束的日期，以及返回的推文数量。可以通过设置 lang 属性的值确定 ISO 639-1 格式的语言类别——例如，使用 en 代表英文。

以下是最近的带有官方 R 标签的推文：

```
> str(searchTwitter("#rstats", n = 1, resultType = 'recent'))
Reference class 'status' [package "twitteR"] with 17 fields
 $ text         : chr "7 #rstats talks in 2014"| __truncated__
 $ favorited    : logi FALSE
 $ favoriteCount: num 2
 $ replyToSN    : chr(0)
 $ created      : POSIXct[1:1], format: "2015-07-21 19:31:23"
 $ truncated    : logi FALSE
 $ replyToSID   : chr(0)
 $ id           : chr "623576019346280448"
 $ replyToUID   : chr(0)
 $ statusSource : chr "Twitter Web Client"
 $ screenName   : chr "daroczig"
$ retweetCount : num 2
$ isRetweet    : logi FALSE
$ retweeted    : logi FALSE
$ longitude    : chr(0)
$ latitude     : chr(0)
$ urls         :'data.frame':   2 obs. of  5 variables:
 ..$ url          : chr [1:2]
    "http://t.co/pStTeyBr2r" "https://t.co/5L4wyxtooQ"
 ..$ expanded_url: chr [1:2] "http://budapestbiforum.hu/2015/en/cfp"
    "https://twitter.com/BudapestBI/status/623524708085067776"
 ..$ display_url : chr [1:2] "budapestbiforum.hu/2015/en/cfp"
    "twitter.com/BudapestBI/sta..."
 ..$ start_index : num [1:2] 97 120
 ..$ stop_index  : num [1:2] 119 143
```

对于长度不超过 140 个字符的微博信息而言，结果真是令人震惊，对不对？除了包含实际推文的文本，我们也得到了一些元数据——例如作者信息、发帖时间、对同一帖子感兴趣的用户数或他们浏览帖子的次数、Twitter 顾客姓名、帖子的 URL、包括网址缩写、网址扩展及显示格式。如果用户允许，也可以获得推文发送的位置。

除了这些信息，我们还可以从其他不同的角度来观察 Twitter 上的 R 社区，例如：

- 统计关注 R 的人数
- 分析社交网络与 Twitter 的交互
- 有关发帖时间的时序分析
- 推文位置的空间数据分析

❑ 推文内容的文本分析

当然，如果能同时使用这些方法或其它一些方法可能效果会更好，我极力推荐读者能够使用我们介绍过的方法来实践这些任务。不过，在本章接下来的内容中，我们仅关注推文内容的文本分析这一项任务。

首先，我们需要抓取一些最新的有关 R 编程语言的推文，使用 Rtweets 封装函数来搜索 #rstats 的帖子，而不是和之前那样提供相关的标签：

```
> tweets <- Rtweets(n = 500)
```

函数返回了接近 500 个和之前看到相类似的参考类，我们可以统计其中的原始推文及跟帖的数目：

```
> length(strip_retweets(tweets))
[1] 149
```

当前任务是寻找倾向性的话题，所以我们感兴趣的是推文的原始帖子，当然跟帖也一样重要，因为跟帖数目很自然地体现了原始帖子的权重。将参考类的列表转换为 data.frame：

```
> tweets <- twListToDF(tweets)
```

该数据集包含了 500 条推文和 16 个变量，以及如前所述的内容、作者、发帖位置等属性。由于我们只对推文的实际内容感兴趣，因此可以装载 tm 包，并如第 7 章介绍过的那样，导入语料库：

```
> library(tm)
Loading required package: NLP
> corpus <- Corpus(VectorSource(tweets$text))
```

保证数据格式都正确后，就可以进行数据的清洗，去掉数据集中的常见英语单词，将所有字符转换为小写格式并去掉多余的空格：

```
> corpus <- tm_map(corpus, removeWords, stopwords("english"))
> corpus <- tm_map(corpus, content_transformer(tolower))
> corpus <- tm_map(corpus, removePunctuation)
> corpus <- tm_map(corpus, stripWhitespace)
```

去掉 R 标签也是不错的选择，因为所有推文都包含了它：

```
> corpus <- tm_map(corpus, removeWords, 'rstats')
```

使用 wordcloud 包展现最重要的单词：

```
> library(wordcloud)
Loading required package: RColorBrewer
> wordcloud(corpus)
```

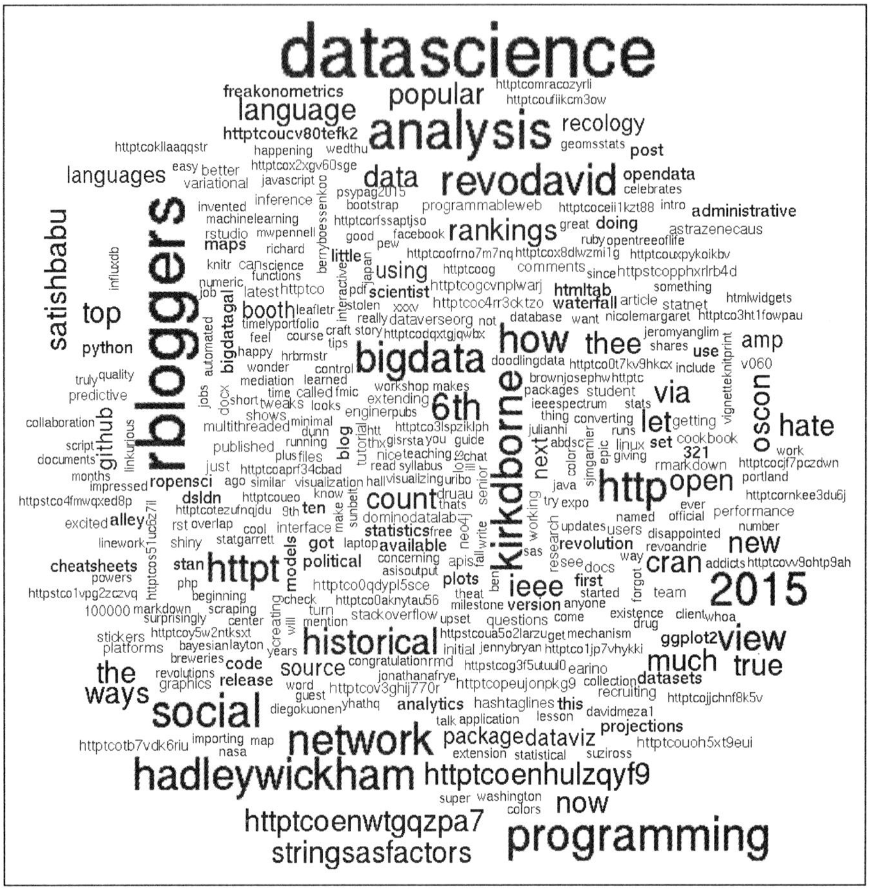

14.7 小结

在本章中，我尝试着介绍了一些与数据科学和 R 编程相关的内容，当然由于篇幅有限，很多重要的方法和问题都还未能涉及。因此，我在本书附录中列出了一些参考阅读资料。要提醒读者注意的是，现在该轮到你来实践从本书学到的每种方法了。但愿读者们能从实践的旅途中获得更多的乐趣和成就感！

再一次，感谢阅读本书，希望它能为你提供必要的帮助。如果读者有任何疑问、意见或者阅读反馈，欢迎随时联系我，期待你的消息！

附　　录

尽管在 Internet 上有太多不错的 R 和数据科学的资源（例如 StackOverflow、GitHub 维基百科、http://www.r-bloggers.com/ 或者是一些其他免费的电子资源），但在某些时候，就像读者们已经做得那样，购买一本精心编写的书仍是更好的学习方法。

在本书附录部分，我列出了一些对学习 R 有帮助的书及其他类型的参考资源，如果读者希望成为一名专业的精通 R 语言的数据科学家而非简单的自学成才，建议你至少能够稍微了解一下我列出的参考资料。

为了方便读者使用，本书用到的 R 开发包均列出了实际的版本以及安装来源。

R 的大众读物

下面列出的参考资源对应了本书的相关章节内容，包含了 R 语言的基本内容和高级功能：

- Robert I. Kabacoff 的《Quick-R》(http://www.statmethods.net)
- R 官方指南（https://cran.r-project.org/manuals.html）
- Joseph Ricker 的《An R "meta" book》(http://blog.revolutionanalytics.com/2014/03/an-r-meta-book.html)
- Andrie de Vries 和 Joris Meys 的《R For Dummies》(Wiley 出版社，2012 年)
- Robert I. Kabacoff 的《R in Action, Manning》(2015 年)
- Joseph Adler 的《R in a Nutshell》(O'Reilly 出版社，2010 年)
- Norman Matloff 的《Art of R Programming》(2011 年)
- Partrick Burns available 的《The R Inferno》(http://www.burns-stat.com/documents/books/the-r-inferno/)
- Hadley Wickham 的《Advanced R》(http://adv-r.had.co.nz，2015 年)

第 1 章

R 开发包的版本（按文中引用顺序为序）：

- ❑ hflights 0.1（CRAN）
- ❑ microbenchmark 1.4-2（CRAN）
- ❑ R.utils 2.0.2（CRAN）
- ❑ sqldf 0.4-10（CRAN）
- ❑ ff 2.2-13（CRAN）
- ❑ bigmemory 4.4.6（CRAN）
- ❑ data.table 1.9.4（CRAN）
- ❑ RMySQL 0.10.3（CRAN）
- ❑ RPostgreSQL 0.4（CRAN）
- ❑ ROracle 1.1-12（CRAN）
- ❑ dbConnect 1.0（CRAN）
- ❑ XLConnect 0.2-11（CRAN）
- ❑ xlsx 0.5.7（CRAN）

相关包：

- ❑ mongolite 0.4（CRAN）
- ❑ MonetDB.R 0.9.7（CRAN）
- ❑ RcppRedis 0.1.5（CRAN）
- ❑ RCassandra 0.1-3（CRAN）
- ❑ RSQLite 1.0.0（CRAN）

参考资料：

- ❑ R 数据输入 / 输出手册
  （https://cran.r-project.org/doc/manuals/r-release/R-data.html）
- ❑ R 高性能及并行计算
  （http://cran.r-project.org/web/views/HighPerformanceComputing.html）
- ❑ Hadley Wickham 有关数据库的 dplyr 插件
  （https://cran.r-project.org/web/packages/dplyr/vignettes/databases.html）
- ❑ RODBC 插件
  （https://cran.r-project.org/web/packages/RODBC/vignettes/RODBC.pdf）
- ❑ Docker 文档
  （http://docs.docker.com）
- ❑ VirtualBox 手册
  （http://www.virtualbox.org/manual）
- ❑ MySQL 下载地址
  （https://dev.mysql.com/downloads/mysql）

第 2 章

R 开发包的版本（按文中引用顺序为序）：

- RCurl 1.95-4.1（CRAN）
- rjson 0.2.13（CRAN）
- plyr 1.8.1（CRAN）
- XML 3.98-1.1（CRAN）
- wordcloud 2.4（CRAN）
- RSocrata 1.4（CRAN）
- quantmod 0.4（CRAN）
- Quandl 2.3.2（CRAN）
- devtools 1.5（CRAN）
- GTrendsR（BitBucket @ d507023f81b17621144a2bf2002b845ffb00ed6d）
- weatherData 0.4（CRAN）

相关包：

- jsonlite 0.9.16（CRAN）
- curl 0.6（CRAN）
- bitops 1.0-6（CRAN）
- xts 0.9-7（CRAN）
- RJSONIO 1.2-0.2（CRAN）
- RGoogleDocs 0.7（OmegaHat.org）

参考资料：

- Chrome Devtools 手册
  （https://developer.chrome.com/devtools）
- CodeSchool 上的 Chrome Devtools 课程
  （http://discoverdevtools.codeschool.com/）
- Mozilla 开发者网络的 XPath
  （https://developer.mozilla.org/en-US/docs/Web/XPath）
- Firefox 开发者工具
  （https://developer.mozilla.org/en-US/docs/Tools）
- Firefox 的 Firebug
  （http://getfirebug.com/）
- Deborah Nolan 和 Duncan Temple Lang，《 XML and Web Technologies for Data Sciences with R 》
  （Springer 出版社，2014 年）

- Jeroen Ooms，“ The jsonlite Package: A Practical and Consistent Mapping Between JSON Dataand R Objects”
  （2014 年，http://arxiv.org/abs/1403.2805 ）
- Scott Chamberlain，Karthik Ram，Christopher Gandrud 和 Patrick Mair，“ Web Technologies and Services CRAN Task View”
  （2014 年，http://cran.r-project.org/web/views/WebTechnologies.htm）

第 3 章

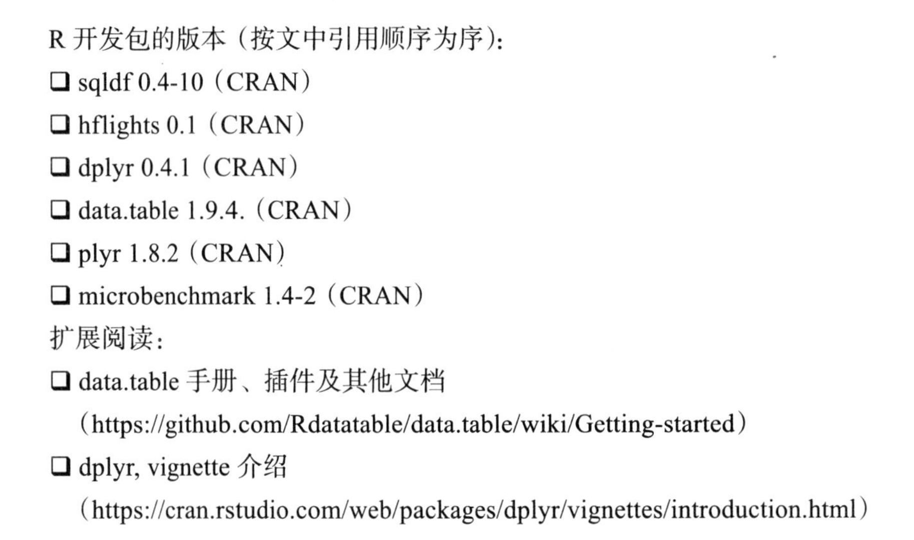

R 开发包的版本（按文中引用顺序为序）：

- sqldf 0.4-10（CRAN）
- hflights 0.1（CRAN）
- dplyr 0.4.1（CRAN）
- data.table 1.9.4.（CRAN）
- plyr 1.8.2（CRAN）
- microbenchmark 1.4-2（CRAN）

扩展阅读：

- data.table 手册、插件及其他文档
  （https://github.com/Rdatatable/data.table/wiki/Getting-started）
- dplyr, vignette 介绍
  （https://cran.rstudio.com/web/packages/dplyr/vignettes/introduction.html）

第 4 章

R 开发包的版本（按文中引用顺序为序）：

- hflights 0.1（CRAN）
- dplyr 0.4.1（CRAN）
- data.table 1.9.4.（CRAN）
- pryr 0.1（CRAN）
- reshape 1.4.2（CRAN）
- ggplot2 1.0.1（CRAN）
- tidyr 0.2.0（CRAN）

扩展包：

- jsonlite 0.9.16（CRAN）

扩展阅读：

- ❑ MattDowle，“Introduction to data.table, Tutorial slides at the useR!”（2014 年，会议论文，http://user2014.stat.ucla.edu/files/tutorial_Matt.pdf）
- ❑ Hadley Wickham，“Reshaping data with the reshape package”（2006 年，http://had.co.nz/reshape/introduction.pdf）
- ❑ Hadley Wickham，“Practical tools for exploring data and models”（2008 年，http://had.co.nz/thesis/）
- ❑ Package vignette，“Two-table verbs”（https://cran.r-project.org/web/packages/dplyr/vignettes/two-table.html）
- ❑ Package vignette，“Introduction to dplyr”（http://cran.r-project.org/web/packages/dplyr/vignettes/introduction.html）
- ❑ Data Wrangling cheat sheet, RStudio（2015 年，https://www.rstudio.com/wpcontent/uploads/2015/02/data-wrangling-cheatsheet.pdf）
- ❑ Hadley Wickham，“Data manipulation with dplyr, Tutorial slides and materials at the useR!”（2014 年，会议论文，http://bit.ly/dplyr-tutorial）
- ❑ Hadley Wickham，“Tidy data”（2014 年，The Journal of Statistical Software. 59（10）: 1:23，http://vita.had.co.nz/papers/tidy-data.html）

第 5 章

R 开发包的版本（按文中引用顺序为序）：

- ❑ gamlss.data 4.2-7（CRAN）
- ❑ scatterplot3d 0.3-35（CRAN）
- ❑ Hmisc 3.16-0（CRAN）
- ❑ ggplot2 1.0.1（CRAN）
- ❑ gridExtra 0.9.1（CRAN）
- ❑ gvlma 1.0.0.2（CRAN）
- ❑ partykit 1.0-1（CRAN）
- ❑ rpart 4.1-9（CRAN）

扩展阅读：

- ❑ David G. Kleinbaum，Lawrence L. Kupper，Azhar Nizam 和 Keith E. Muller，《Applied regression analysis and other multivariable methods》

(Duxbury 出版，2008 年)

- John Fox，“An R Companion to Applied Regression, Sage, Web companion”
  (2011 年，http://socserv.socsci.mcmaster.ca/jfox/Books/Companion/appendix.html)
- Julian J, Faraway，“Practical Regression and Anova using R”
  (2012，https://cran.r-project.org/doc/contrib/Faraway-PRA.pdf)
- Julian J,《Linear Models》
  (2014 年，CRC, Faraway，http://www.maths.bath.ac.uk/~jjf23/LMR/)

第 6 章

R 开发包的版本（按文中引用顺序为序）:

- catdata 1.2.1（CRAN）
- vcdExtra 0.6.8（CRAN）
- lmtest 0.9-33（CRAN）
- BaylorEdPsych 0.5（CRAN）
- ggplot2 1.0.1（CRAN）
- MASS 7.3-40（CRAN）
- broom 0.3.7（CRAN）
- data.table 1.9.4.（CRAN）
- plyr 1.8.2（CRAN）

扩展包:

- LogisticDx 0.2（CRAN）

扩展阅读:

- DavidG. Kleinbaum, Lawrence L. Kupper, Azhar Nizam 和 Keith E. Muller，《Applied regression analysis and other multivariable methods.》
  (Duxbury 出版，2008 年)
- John Fox，“An R Companion to Applied Regression, Sage, Web companion”
  (2011 年，http://socserv.socsci.mcmaster.ca/jfox/Books/Companion/appendix.html)

第 7 章

R 开发包的版本（按文中引用顺序为序）:

- tm 0.6-1（CRAN）
- wordcloud 2.5（CRAN）
- SnowballC 0.5.1（CRAN）

扩展包：

- ❑ coreNLP 0.4-1（CRAN）
- ❑ topicmodels 0.2-2（CRAN）
- ❑ textcat 1.0-3（CRAN）

扩展阅读：

- ❑ Christopher D. Manning, Hinrich Schütze，《Foundations of StatisticalNatural Language Processing》
（1999 年，MIT）
- ❑ Daniel Jurafsky, James H. Martin，《Speech and Language Processing》
（Prentice Hall 出版，2009 年）
- ❑ Christopher D. Manning, Prabhakar Raghavan, Hinrich Schütze，《Introduction to Information Retrieval. Cambridge University Press》
（Cambridge University 出版，2008 年，http://nlp.stanford.edu/IR-book/html/htmledition/irbook.html）
- ❑ Ingo Feinerer，《Introduction to the tm Package Text Mining in R》
（https://cran.r-project.org/web/packages/tm/vignettes/tm.pdf）
- ❑ Ingo Feinerer，《A Text Mining Framework in R and Its Applications》
（2008 年，http://epub.wu.ac.at/1923/1/document.pdf）
- ❑ Yanchang Zhao，"Text Mining with R: Twitter Data Analysis"
（http://www.rdatamining.com/docs/text-mining-with-r-of-twitter-data-analysis）
- ❑ Stefan Thomas Gries，《Quantitative Corpus Linguistics with R：A Practical Introduction》
（2009 年，Routledge）

第 8 章

R 开发包的版本（按文中引用顺序为序）：

- ❑ hflights 0.1（CRAN）
- ❑ rapportools 1.0（CRAN）
- ❑ Defaults 1.1-1（CRAN）
- ❑ microbenchmark 1.4-2（CRAN）
- ❑ Hmisc 3.16-0（CRAN）
- ❑ missForest 1.4（CRAN）
- ❑ outliers 0.14（CRAN）
- ❑ lattice 0.20-31（CRAN）
- ❑ MASS 7.3-40（CRAN）

扩展包:

- ❑ imputeR 1.0.0（CRAN）
- ❑ VIM 4.1.0（CRAN）
- ❑ mvoutlier 2.0.6（CRAN）
- ❑ randomForest 4.6-10（CRAN）
- ❑ AnomalyDetection 1.0（GitHub @c78f0df02a8e34e37701243faf79a6c00120e797）

扩展阅读:

- ❑ Donald B. Rubin，“Inference and Missing Data”
  （1976 年，Biometrika 63（3），581-592）
- ❑ Stef van Buuren，《Flexible Imputation of Missing Data》
  （CRC，2012 年）
- ❑ Martin Maechler，“Robust Statistical Methods CRAN Task View”
  （https://cran.r-project.org/web/views/Robust.html）

第 9 章

R 开发包的版本（按文中引用顺序为序）:

- ❑ hflights 0.1（CRAN）
- ❑ MVN 3.9（CRAN）
- ❑ ellipse 0.3-8（CRAN）
- ❑ psych 1.5.4（CRAN）
- ❑ GPArotation 2014.11-1（CRAN）
- ❑ jpeg 0.1-8（CRAN）

扩展包:

- ❑ mvnormtest 0.1-9（CRAN）
- ❑ corrgram 1.8（CRAN）
- ❑ MASS 7.3-40（CRAN）
- ❑ sem 3.1-6（CRAN）
- ❑ ca 0.58（CRAN）

扩展阅读

- ❑ Sebastien Le, Julie Josse, Francois Husson，“FactoMineR: An R Package for Multivariate Analysis, JSS”
  （2008 年，http://factominer.free.fr/docs/article_FactoMineR.pdf）
- ❑ Francois Husson, Sebastien Le, Jerome Pages，“Exploratory Multivariate Analysis by Example using R”

（CRC，2010 年）
- ❑ Kaiser, H. F.，“An index of factor simplicity”
  （1974 年，Psychometrika 39, 31–36）
- ❑ Gregory B. Anderson，“Principal Component Analysis in R”
  （http://www.ime.usp.br/~pavan/pdf/MAE0330-PCA-R-2013）
- ❑ John Fox，“Structural Equation Modeling With the sem Package in R”
  （2006 年，http://socserv.mcmaster.ca/jfox/Misc/sem/SEM-paper.pdf）
- ❑ Michael Greenacre，“Correspondence Analysis in R, with Two- and Three-dimensional Graphics: Theca Package”
  （2007 年，JSS by Oleg Nenadic，http://www.jstatsoft.org/v20/i03/paper）
- ❑ Victor Powell，“PCA explained visually”
  （http://setosa.io/ev/principalcomponent-analysis/）

第 10 章

R 开发包的版本（按文中引用顺序为序）：

- ❑ NbClust 3.0（CRAN）
- ❑ cluster 2.0.1（CRAN）
- ❑ poLCA 1.4.1（CRAN）
- ❑ MASS 7.3-40（CRAN）
- ❑ nnet 7.3-9（CRAN）
- ❑ dplyr 0.4.1（CRAN）
- ❑ class 7.3-12（CRAN）
- ❑ rpart 4.1-9（CRAN）
- ❑ rpart.plot 1.5.2（CRAN）
- ❑ partykit 1.0-1（CRAN）
- ❑ party 1.0-2-（CRAN）
- ❑ randomForest 4.6-10（CRAN）
- ❑ caret 6.0-47（CRAN）
- ❑ C50 0.1.0-24（CRAN）

扩展包：

- ❑ glmnet 2.0-2（CRAN）
- ❑ gbm 2.1.1（CRAN）
- ❑ xgboost 0.4-2（CRAN）
- ❑ h2o 3.0.0.30（CRAN）

扩展阅读：

- Trevor Hastie, Robert Tibshirani, Jerome Friedman，《The Elements of Statistical Learning. Data Mining, Inference, and Prediction》（Springer，2009 年，http://statweb.stanford.edu/~tibs/ElemStatLearn/）
- Gareth James, DanielaWitten, Trevor Hastie, Robert Tibshirani，《An Introduction to Statistical Learning》（Springer，2013 年，http://www-bcf.usc.edu/~gareth/ISL/）
- Yanchang Zhao，"R and Data Mining: Examples and Case Studies"（http://www.rdatamining.com/docs/r-and-data-mining-examples-andcase-studies）
- Szilard Pafka，"Machine learning benchmarks"（2015 年，https://github.com/szilard/benchm-ml）

第 11 章

R 开发包的版本（按文中引用顺序为序）：

- tools 3.2
- plyr 1.8.2（CRAN）
- igraph 0.7.1（CRAN）
- visNetwork 0.3（CRAN）
- miniCRAN 0.2.4（CRAN）

扩展阅读：

- Eric D. Kolaczyk, GáborCsárdi，《Statistical Analysis of Network Data with R》（Springer，2014 年）
- Albert-László Barabási，《Linked》（Plume Publishing，2013 年）
- Sean J. Westwood，"Social Network Analysis Labs in R and SoNIA"（2010 年，http://sna.stanford.edu/rlabs.php）

第 12 章

R 开发包的版本（按文中引用顺序为序）：

- hflights 0.1（CRAN）
- data.table 1.9.4（CRAN）
- forecast 6.1（CRAN）
- tsoutliers 0.6（CRAN）

- AnomalyDetection 1.0（GitHub）
- zoo 1.7-12（CRAN）

扩展包：

- xts 0.9-7（CRAN）

扩展阅读：

- Rob J Hyndman, GeorgeAthanasopoulos，《Forecasting: principles and practice》（OTexts，2013 年，https://www.otexts.org/fpp）
- Robert H. Shumway, David S.Stoffer，《Time Series Analysis and Its Applications》（Springer，2011 年，http://www.stat.pitt.edu/stoffer/tsa3/）
- Avril Coghlan，《Little Book of R for Time Series》（2015 年，http://a-littlebook-of-r-for-time-series.readthedocs.org/en/latest/）
- Rob J Hyndman，"Time Series Analysis CRAN Task View"（https://cran.rproject.org/web/views/TimeSeries.html）

第 13 章

R 开发包的版本（按文中引用顺序为序）：

- hflights 0.1（CRAN）
- data.table 1.9.4（CRAN）
- ggmap 2.4（CRAN）
- maps 2.3-9（CRAN）
- maptools 0.8-36（CRAN）
- sp 1.1-0（CRAN）
- fields 8.2-1（CRAN）
- deldir 0.1-9（CRAN）
- OpenStreetMap 0.3.1（CRAN）
- rCharts 0.4.5（GitHub @ 389e214c9e006fea0e93d73621b83daa8d3d0ba2）
- leaflet 0.0.16（CRAN）
- diagram 1.6.3（CRAN）
- scales 0.2.4（CRAN）
- ape 3.2（CRAN）
- spdep 0.5-88（CRAN）

扩展包：

- raster 2.3-40（CRAN）
- rgeos 0.3-8（CRAN）

- rworldmap 1.3-1（CRAN）
- countrycode 0.18（CRAN）

扩展阅读：

- Roger Bivand, Edzer Pebesma, Virgilio Gómez-Rubio，《Applied Spatial Data Analysis with R》（Springer，2013年）
- Richard E. Plant，《Spatial Data Analysis in Ecology and Agriculture Using R》（CRC，2012年）
- Daniel Borcard, Francois Gillet 和 Pierre Legendre，《Numerical Ecology with R》（Springer，2012年）
- Chris Brunsdon, Lex Comber，《An Introduction to R for Spatial Analysis and Mapping》（Sage，2015年）
- Chris Brunsdon, Alex DavidSingleton，《Geocomputation, A Practical Primer》（Sage，2015年）
- Roger Bivand，“Analysis of Spatial Data CRAN Task View”（https://cran.rproject.org/web/views/Spatial.html）

第14章

R开发包的版本（按文中引用顺序为序）：

- XML 3.98-1.1（CRAN）
- rworldmap 1.3-1（CRAN）
- ggmap 2.4（CRAN）
- fitdistrplus 1.0-4（CRAN）
- actuar 1.1-9（CRAN）
- RCurl 1.95-4.6（CRAN）
- data.table 1.9.4（CRAN）
- ggplot2 1.0.1（CRAN）
- forecast 6.1（CRAN）
- Rcapture 1.4-2（CRAN）
- fbRads 0.1（GitHub @ 4adbfb8bef2dc49b80c87de604c420d4e0dd34a6）
- twitteR 1.1.8（CRAN）
- tm 0.6-1（CRAN）
- wordcloud 2.5（CRAN）

扩展包：

- jsonlite 0.9.16（CRAN）
- curl 0.6（CRAN）
- countrycode 0.18（CRAN）
- VGAM 0.9-8（CRAN）
- stringdist 0.9.0（CRAN）
- lubridate 1.3.3（CRAN）
- rgithub 0.9.6（GitHub @ 0ce19e539fd61417718a664fc1517f9f9e52439c）
- Rfacebook 0.5（CRAN）

扩展阅读：

- Bogdan Vasilescu, Alexander Serebrenik, Prem Devanbu 和 Vladimir Filkov，《How social Q&A sites are changing knowledge sharing in open source softwarecommunities 》（ACM，2014 年，http://web.cs.ucdavis.edu/~filkov/papers/r_so.pdf）
- James Cheshire，“Where is the R Activity?”（2014 年，http://blog.revolutionanalytics.com/2014/04/seven-quick-facts-about-r.html）
- Gergely Daroczi，“The attendants of useR! 2013 around the world”（2013 年，http://blog.rapporter.net/2013/11/the-attendants-of-user-2013-around-world.html）
- Gergely Daroczi，“R users all around the world”（2014 年，http://blog.rapporter.net/2014/07/user-at-los-angeles-california.html）
- Gergely Daroczi，“R activity around the world”（2014 年，http://rapporter.net/custom/R-activity）
- Gergely Daroczi，“R users all around the world（updated)”（2015 年，https://www.scribd.com/doc/270254924/R-users-all-around-the-world-2015 ）

推荐阅读

数据挖掘与R语言

作者：Luis Torgo ISBN：978-7-111-40700-3 定价：49.00元

R语言经典实例

作者：Paul Teetor ISBN：978-7-111-42021-7 定价：79.00元

R语言编程艺术

作者：Norman Matloff ISBN：978-7-111-42314-0 定价：69.00元

R语言与数据挖掘最佳实践和经典案例

作者：Yanchang Zhao ISBN：978-7-111-47541-5 定价：49.00元

R语言与网站分析

作者：李明 ISBN：978-7-111-45971-2 定价：79.00元

R的极客理想——工具篇

作者：张丹 ISBN：978-7-111-47507-1 定价：59.00元